高等职业教育食品营养与健康专业教材（职业本科适用）

中国轻工业“十四五”规划教材

功能性食品

主编 ▶▶ 孙金才

中国轻工业出版社

图书在版编目（CIP）数据

功能性食品/孙金才主编. —北京:中国轻工业出版社,2025. 1
ISBN 978-7-5184-4039-9

Ⅰ. ①功… Ⅱ. ①孙… Ⅲ. ①保健食品—高等职业教育—教材
Ⅳ. ①TS218

中国版本图书馆 CIP 数据核字(2022)第 105697 号

责任编辑:张　靓　刘逸飞
策划编辑:张　靓　　责任终审:白　洁　　封面设计:锋尚设计
版式设计:砚祥志远　　责任校对:吴大朋　　责任监印:张　可

出版发行:中国轻工业出版社(北京鲁谷东街 5 号,邮编:100040)
印　　刷:三河市万龙印装有限公司
经　　销:各地新华书店
版　　次:2025 年 1 月第 1 版第 4 次印刷
开　　本:710× 1000　1/16　印张:19. 5
字　　数:418 千字
书　　号:ISBN 978-7-5184-4039-9　定价:49. 00 元
邮购电话:010-85119873
发行电话:010-85119832　010-85119912
网　　址:http://www. chlip. com. cn
Email:club@ chlip. com. cn

242574J2C104ZBW

本书编写人员 ▶▶

主　编：孙金才（浙江药科职业大学）

副主编：周春晖（广东轻工职业技术学院）
钟建荣（杭州民生健康药业股份有限公司）
王彩霞（宁波御坊堂生物科技有限公司）
许新德（浙江医药股份有限公司）

参编人员（以姓氏笔画为序）：

朱　菲（浙江药科职业大学）
伍芳芳（广东药科大学）
刘爱琴（浙江医药股份有限公司）
李文婧（山东商业职业技术学院）
杨　萌（山东药品食品职业学院）
杨媛媛（南阳医学高等专科学校）
肖功年（浙江科技大学）
张莉华（浙江药科职业大学）
袁海娜（浙江科技大学）
晏永球（宁波御坊堂生物科技有限公司）
谭　慧（沈阳农业大学）

前　言

▼

PREFACE

我国正处于高质量发展时期，大众消费观念升级。人们的健康管理意识增强，伴随着老龄化日益严峻的趋势，以及亚健康问题凸显，功能性食品的作用越来越重要，功能性食品为消费者对营养与健康的需求提供了一个新的选择。从党的十九大报告“实施健康中国战略”到二十大报告“推进健康中国建设”，以及《“健康中国 2030”规划纲要》对功能性食品及大健康产业形成了最有力支撑。同时，随着食品工业新技术的发展，功能性食品的研发和生产技术也获得了创新的契机。学习与探讨功能性食品及其开发应用相关知识，可以提高食品、生物、药学等相关专业学生的专业素养与技能，更能拓宽其未来的就业岗位。本教材围绕国家现行的保健食品政策法规，密切联系市场和研发生产实际，在功能性食品及其生产技术的基础上，系统性介绍了如何开展功能性食品的研发、应用及管理。在培养学生学习知识的同时，掌握基本的产品设计思路、开发应用技能，为学生毕业后胜任食品、功能性食品开发与生产、质量控制和管理、服务与监管等工作打好基础。

本教材根据职业本科、高等职业教育特色，以食品行业技术领域对食品及保健食品岗位的任职要求及其职业能力分析为依据，始终贯彻基础知识、基本理论、基本技能的要求，力求更具先进性、实践性、职业性、实用性、针对性和前瞻性。本教材可通用于保健食品、保健食品开发与设计、功能性食品开发与应用等课程。

全书共分为十二章，内容主要有功能性食品原料、功能性食品的生物活性成分、功能性食品研发思路与流程、功能性食品生产新技术和质量监督管理，以及有助于增强免疫力、有助于抗氧化、缓解体力疲劳等新 24 项保健功能的功能性食品的开发与应用，13 项操作性的实训项目等。每章设有知识目标、能力目标、职业素养目标，还有必要的案例讨论、知识链接、思政课堂及复习思考题等，并配套了数字化教学资源（电子教材、PPT 课件、视频链接等）。

本教材为校企合作编写，主要编写人员由具有十年以上食品或保健食品企业工作经历人员组成，侧重企业、行业，突出实用，可达到实学实效的目的。具体编写分工为：第一章由孙金才、钟建荣、朱菲编写，第二章由伍芳芳、杨萌编写，第三章由钟建荣、孙金才编写，第四章由许新德、刘爱琴编写，第五章由周春晖、杨媛媛、肖功年编写，第六章由周春晖、伍芳芳、谭慧、孙金才编写，第七章由杨萌编写，第八章由孙金才、周春晖编写，第九章由王彩霞、周春晖、晏永球编写，第十章由张莉华、孙金才编写、第十一章由孙金才、袁海娜、李文婧编写，第十二章由周春晖、钟建荣、袁海娜编写。全书由孙金才、周春晖统稿。

本教材可作为高校食品类、生物类、中药学和药学等专业教学用书，也适合于食品及功能性食品生产企业各层次员工培训使用，同时可供食品等相关行业从业人员参考。

本教材的编写完成，得到众多专家的支持和指导，也得到了著名食品企业和行业内人士的指导，在此致以衷心的感谢。本书编写过程中参考了大量国内外文献资料和相关专业网站资料，有些未能列出，在此向这些文献资料的作者表示感谢。同时，感谢杭州胡庆余堂天然食品有限公司潘嬿高级工程师的指导，感谢宁波大学食品与药学学院徐洋洋研究生参与校对。

保健食品生产的法律法规和技术标准不断更新，管理要求也在不断提高，涉及相应的内容、管理要求时，以最新的为准。

由于作者水平有限，书中疏漏及不妥之处恳请读者不吝指正。

编者

目　录

▼

CONTENTS

第一章

概　述

【知识目标】

1. 掌握功能性食品的概念及其基本要求。
2. 熟悉功能性食品的分类方法；功能性食品中功效成分的主要类型。
3. 了解功能性食品原料及其管理；我国功能性食品存在的问题和发展趋势。

【能力目标】

1. 能正确认识功能性食品的功能作用，开展对功能性食品的宣传普及；开展营养健康宣传教育，开展健康膳食指导。
2. 学会运用现代网络/网站、搜索引擎，学习掌握功能性食品要求、原料管理及生产应用的法规标准。

【职业素养目标】

1. 深刻认识到“人民健康是民族昌盛和国家强盛的重要标志”；健康是广大人民群众的共同追求，培养健康心理和健全人格，树立疾病预防和促进康复的健康中国理念。
2. 认识到功能性食品在健康中国建设中的作用，感悟以“国家富强、人民健康幸福”为己任的食品产业从业人员的精神，增强投身生命健康产业的专业志趣和职业情怀。
3. 充分理解药食同源/医食同源的思想，特别是中华优秀传统文化中“尚”和“合”的思想精华和时代价值。

思政小课堂 ▶▶

2017 年 10 月，党的十九大报告把健康中国上升为国家战略。习近平总书记曾指出：“没有全民健康，就没有全面小康！”“做身体健康的民族！”“要把人民健康放在优先发展的战略地位，以普及健康生活、优化健康服务、完善健康保健、建设健康环境、发展健康产业为重点，加快推进健康中国建设，努力全方位、全周期保障人民健康”！2022 年 10 月，习近平总书记在党的二十大报告更是指出“人民健康是民族昌盛和国家强盛的重要标志。”

驱动健康产业发展的主要因素：

（1）社会环境　全球膳食结构改变、环境污染加剧、工作压力大，亚健康范围扩大，营养免疫要求提高。

（2）意识环境　健康意识增强，食品安全和营养健康意识深入人心。

（3）政策环境　国务院印发《“健康中国 2030”规划纲要》和《健康中国行动（2019—2030 年）》等重要文件，2022 年卫生健康委员会发文《临床营养科建设与管理指南》。

讨论：

1. 健康中国行动是全方位的，解释有哪些因素可以干预健康？其中“实施合理膳食行动”有何作用和意义？

2. 为推进疾病预防和促进康复的健康中国理念，功能性食品将扮演怎样的角色？为此你能做出哪些贡献？

随着人们生活水平的提高，大众消费观念升级，人民对美好生活诉求不断增加，伴随着老龄化日益严峻的趋势，亚健康、“文明病”日益严重，功能性食品的作用越来越重要，功能性食品为消费者对健康与功能营养的需求提供了一个新的选择。中共中央、国务院于 2016 年 10 月 25 日发布《“健康中国 2030”规划纲要》，要求制订国民营养计划，深入开展食物（农产品、食品）营养功能评价研究，全面普及膳食营养知识，推进健康饮食文化建设，对功能性食品及大健康产业形成了最有力支撑。同时，食品工业技术与时俱进的发展，为功能性食品的研发和生产技术的创新创造了新的契机。

第一节 ▸▸ 功能性食品的概念及分类

一、功能性食品的概念

能量充分、营养全面均匀的饮食是人体健康的可靠基础，是人类智慧、文化和道德发展的必要条件。食品的本质是机体处于正常状态下的营养补给源和维持机体必要运动的能量补给源。食品的第一功能或营养功能，是正常生理活动必不可少的要素；食品的第二功能或感官功能，是人们对食品的色、香、味、形和质构的享受；食品的第三功能或生理调节功能，强调其成分对人体具有增强身体防御功能、调节生理节律以及预防疾病和促进康复等的调节功能。

功能性食品（functional foods），是以一种或多种可食性天然产物（植物、动物、微生物及其代谢产物等）及其功能因子为主要原料，按相关的标准和规范要求进行设计、试验、研究与开发，经相应功能性评价，具有特定生理调节和保健功能的一类食品。它应符合以下 4 条要求。

（1）无毒、无害，应具有类属食品的基本特性（组织形态、口感和滋味、气味）、营养素要求。

（2）其功能必须是明确的、具体的，而且经过科学验证是肯定的。同时，其功能不能取代人体正常的膳食摄入和对各类必需营养素的需要。

（3）功能性食品通常是针对需要调整某方面机体功能的特定人群而研制生产的。

（4）它不以治疗为目的，不能取代药物对病人的治疗作用。

功能性食品有时也称为保健食品（health food）。保健食品称谓在我国由来已久，在生产和销售单位一直沿用，在国家法律法规及监管层面也以保健食品名称出现。保健食品具有明确的法律定位，产品属性为食品。GB 16740—2014《食品安全国家标准　保健食品》中对保健食品有严格定义：保健食品是指声称并具有特定保健功能或者以补充维生素、矿物质为目的的食品，即适宜于特定人群食用，具有调节机体功能，不以治疗疾病为目的，并且对人体不产生任何急性、亚急性或者慢性危害的食品。《中华人民共和国食品安全法》明确指出："国家对保健食品、特殊医学用途配方食品和婴幼儿配方食品等特殊食品实行严格监督管理。"保健食品是介于食品和药品之间的一种特殊食品，应获得注册或备案。

功能性食品起源于我国的"食疗""食补""医食同源"，但其概念的提出最早在日本，并有"特定保健用食品"（FOSHU）一词，是指能充分显示身体的防御功能，调节生理节律以及预防疾病、促进康复等功能的工程化食品。在欧美国家采用"健康食品"（healthy food）、"营养增补剂"（nutritional supplement）、"改善食品"（reform foods）等名称。

二、功能性食品中的功效成分

功能性食品中能够起到调节人体特定生理机能且不对机体产生不良作用的活性物质称为功效成分（生物活性成分），也称为功能因子、活性成分。显然这些成分是功能性食品的基料，是生产功能性食品的关键。保健食品的功效成分主要可分为九大类：①多糖类，如膳食纤维、活性多糖（香菇多糖、灵芝多糖、虫草多糖、海藻多糖等）；②活性多肽和活性蛋白质类，如谷胱甘肽、免疫球蛋白等；③功能性油脂（脂肪酸）类，如多不饱和脂肪酸、磷脂、胆碱等；④功能性矿物质及微量元素类，如钙、锌、硒等；⑤维生素类，如维生素 A、维生素 E、维生素 C 等；⑥自由基清除剂类，如超氧化物歧化酶（SOD）、过氧化氢酶（CAT）、谷胱甘肽过氧化酶（GSH-Px）等；⑦功能性甜味料（剂）类，如功能性单糖、功能性低聚糖和多元糖醇等；⑧活性菌类，如乳杆菌、双歧杆菌等；⑨其他功效成分/标志性成分：如黄酮类（银杏黄酮、茶叶黄酮等）、多酚、皂苷、植物甾醇、二十八烷醇、大蒜素等。

不同的功效成分，调节人体功能的作用各不相同，本书将在后面的章节中详细介绍。

三、功能性食品的分类

（一）按消费对象分类

1. 日常功能性食品

根据各种不同的健康消费群（如婴儿、学生和老年人等）的生理特点和营养需求而设计的，旨在促进生长发育、维持活力和精力，提高身体防御能力和调节生理节律。它分为婴儿日常功能性食品、学生日常功能性食品和老年人日常功能性食品等。婴儿日常功能性食品应该完美地符合婴儿迅速生长对各种营养素和微量活性物质的要求，促进婴儿健康、活泼地生长。学生日常功能性食品应该能够促进学生的智力发育，促进大脑以旺盛的精力应付紧张的学习和生活。老年人日常功能性食品应该满足以下要求：含有足够的蛋白质、膳食纤维、维生素和矿物元素；低糖、低脂肪、低胆固醇和低钠。

2. 特种功能性食品

特种功能性食品着眼于某些特殊消费人群的身体状况，强调功能性食品在预防疾病和促进康复方面的调节功能，如有助于控制体内脂肪的功能性食品、提高免疫力的功能性食品和美容功能性食品等。

（二）按科技含量分类

1. 第一代产品（强化食品）

第一代产品是根据各类人群的营养需要，有针对性地将营养素添加到食品中去，使营养作用得到增强的食品。这类食品是根据食品的各类营养素成分或者强化的营养素来推知该食品的功能，而这些功能并没有经过任何试验予以证实。

2. 第二代产品（初级产品）

第二代产品具有某种生理调节功能，强调科学性与真实性，要求经过人体及动物试验，证实该产品具有某种生理调节功能。

3. 第三代产品（高级产品）

第三代产品具有明确的功能因子（或功效成分）。不仅仅需要经过人体及动物试验证明该产品具有某种生理功能，而且需要确知该功能有效成分的化学结构和含量，它应具有功效成分明确、含量可以测定、作用机理清楚、研究资料充实、效果确切等特点。

第二代和第三代功能性食品一般也称为保健食品。

（三）按调节人体机能的作用分类

2023年国家市场监督管理总局颁布的《允许保健食品声称的保健功能目录

非营养补充剂（2023 年版）》，由原卫生部发布的《保健食品检验与评价技术规范（2003 年版）》规定的 27 项保健功能，取消促进泌乳、改善生长发育、改善皮肤油分 3 项保健功能和原卫生部已不再受理审批抑制肿瘤、辅助抑制肿瘤、抗突变、延缓衰老 4 项保健功能，调整为以下 24 项功能：①有助于增强免疫力；②有助于抗氧化；③辅助改善记忆；④缓解视觉疲劳；⑤清咽润喉；⑥有助于改善睡眠；⑦缓解体力疲劳；⑧耐缺氧；⑨有助于控制体内脂肪；⑩有助于改善骨密度；⑪改善缺铁性贫血；⑫有助于改善痤疮；⑬有助于改善黄褐斑；⑭有助于改善皮肤水分状况；⑮有助于调节肠道菌群；⑯有助于消化；⑰有助于润肠通便；⑱辅助保护胃黏膜；⑲有助于维持血脂（胆固醇/甘油三酯）健康水平；⑳有助于维持血糖健康水平；㉑有助于维持血压健康水平；㉒对化学性肝损伤有辅助保护作用；㉓对电离辐射危害有辅助保护作用；㉔有助于排铅。

（四）按产品形态分类（保健食品生产许可分类）

按产品形态可分为片剂类、粉剂类、颗粒剂类、茶剂类、胶囊剂类、口服液类、丸剂类、膏剂类、饮料类、酒类、饼干类、糖果类，糕点类、液体乳类、原料提取物、复配营养素等不同类型功能性食品。

（五）按功能因子的种类分类

按功能因子的种类可分为功能性碳水化合物、氨基酸类、活性多类肽与活性蛋白质类、功能性油脂类、维生素与矿物质类、植物活性成分、微生物类功效成分等功能性食品。

四、功能性食品的基本要求

功能性食品是一类不同于普通食品又有别于药品的特殊食品，其设计和开发应用符合以下基本要求：

1. 产品应具有食用安全性

功能性食品具有食品的功能，是在满足食品的营养特性之上而具有特殊调节生理活动的功能。因此保证对人体不产生任何急性、亚急性或者慢性的危害是功能性食品的基本条件。

2. 产品必须经过国家主管部门批准

国家市场监督管理总局负责保健食品注册管理、进口保健食品备案管理，省、自治区、直辖市市场监督管理部门负责保健食品备案管理。

3. 产品中所含的功能因子应达到可靠的有效含量

功能性食品所含的功能因子的含量必须达到一定的有效值，同时还应具有类属食品应有的营养素及相应的色、香、味等感官性状，能为消费者所接受。

4. 能够针对某一特定人群，具备调节人体某一种生理功能

功能性食品应具有针对某一特定人群，而具有特定的调节人体某种机能的功能。该功能需要经过功能性食品相关法律法规规定的科学实验验证，证明功能性食品含有的功能因子具有明确、稳定的调节人体机能的作用。产品应标明适合食用的人群和合理的摄入量。

5. 产品的配方设计和工艺流程科学合理

原料中所含有的或所添加的功能因子应明确其化学结构和特性，在加工、贮藏及运输过程中具有良好的稳定性。所选用的原料和辅料及其农药、兽药、生物毒素和其他污染物的残留限量应符合相应国家标准或行业标准的规定。

6. 产品生产过程、质量管理符合 GMP 的要求

功能性食品的整个生产应在符合保健食品良好生产规范（good manufacturing practice，GMP）的生产车间中进行，同时其生产过程和质量管理应符合 GMP 的要求，也即符合保健食品生产许可（SC）认证要求。

7. 功能性食品标签及说明书的要求

功能性食品的标签、说明书不得涉及疾病预防、治疗功能，内容应当真实，与注册或者备案的内容相一致，载明适宜人群、不适宜人群、功效成分或者标志性成分及其含量等，并声明“本品不能代替药物”。标签应当标注保健食品标志、批准文号。

第二节 ▸▸ 功能性食品的原料

一、功能性食品的常用原料

（一）药食两用的动植物品种

至今，中华人民共和国卫生健康委员会（以下简称卫健委）公布了属于药食两用的动、植物品种名单有 100 多种。

2002 年卫生部公布 87 种既是食品又是药品的物质名单：枣（大枣、酸枣、黑枣）、酸枣仁、刀豆、白扁豆、赤小豆、淡豆豉、杏仁（苦、甜）、桃仁、薏苡仁、火麻仁、郁李仁、砂仁、决明子、莱菔子、肉豆蔻、麦芽、龙眼肉、黑芝麻、胖大海、榧子、芡实、莲子、白果（银杏种子）、沙棘、枸杞子、栀子、山楂、桑椹、乌梅、佛手、木瓜、黄荆子、余甘子、罗汉果、益智、青果、香橼、陈皮、橘红、花椒、小茴香、黑胡椒、八角茴香、甘草、葛根、白芷、肉桂、姜（干姜、生姜）、高良姜、百合、薤白、山药、鲜白茅根、鲜芦根、莴苣、金银花、菊花、丁香、代代花、鱼腥草、蒲公英、薄荷、藿香、马齿苋、香薷、淡竹叶、紫苏、桑叶、荷叶、乌梢蛇、蝮蛇、蜂蜜、牡蛎、鸡内金、茯

苓、昆布、阿胶、白扁豆花、覆盆子、槐花、槐米、桔梗、橘皮、小蓟、玉竹、枳椇子、紫苏籽。

2014 年新增 15 种中药材物质名单［人参、山银花、芫荽（胡荽）、玫瑰花、松花粉、油松、粉葛（葛根）、布渣叶、夏枯草、当归、山柰、西红花、草果、姜黄、荜茇］，在限定使用范围和剂量内作为药食两用；2018 年新增 9 种中药材物质作为按照传统既是食品又是中药材物质名单（党参、肉苁蓉、铁皮石斛、西洋参、黄芪、灵芝、天麻、山茱萸、杜仲叶），在限定范围和剂量内作为药食两用试点。

2020 年国家市场监督管理总局会同卫健委、国家中医药管理局制定了辅酶 Q_{10} 等 5 种保健食品原料目录：辅酶 Q_{10}、破壁灵芝孢子粉、螺旋藻、鱼油、褪黑素；2023 年 6 月新增“二十二碳六烯酸（DHA）”的原料 DHA 藻油和保健食品原料大豆分离蛋白和乳清蛋白。

2023 年 11 月，卫健委和国家市场监督管理总局发布公告，将党参、肉苁蓉（荒漠）、铁皮石斛、西洋参、黄芪、灵芝、山茱萸、天麻、杜仲叶等 9 种物质纳入按照传统既是食品又是中药材的物质目录。2024 年 8 月，将地黄、麦冬、天冬、化橘红等 4 种物质纳入按照传统既是食品又是中药材的物质目录。

（二）用于功能性食品的部分中草药

目前，卫健委允许使用部分中草药来开发现阶段的功能性食品，这些中草药名单如下：人参、人参叶、人参果、三七、土茯苓、大蓟、女贞子、山茱萸、川牛膝、川贝母、川芎、马鹿胎、马鹿茸、马鹿骨、丹参、五加皮、五味子、升麻、天门冬、天麻、太子参、巴戟天、木香、木贼、牛蒡子、牛蒡根、车前子、车前草、北沙参、平贝母、玄参、生地黄、生何首乌、白及、白术、白芍、白豆蔻、石决明、石斛、地骨皮、当归、竹茹、红花、红景天、西洋参、吴茱萸、怀牛膝、杜仲、杜仲叶、沙苑子、牡丹皮、芦荟、苍术、补骨脂、诃子、赤芍、远志、麦门冬、龟甲、佩兰、侧柏叶、制大黄、制何首乌、刺五加、刺玫果、泽兰、泽泻、玫瑰花、玫瑰茄、知母、罗布麻、苦丁茶、金荞麦、金樱子、青皮、厚朴、厚朴花、姜黄、枳壳、枳实、柏子仁、珍珠、绞股蓝、葫芦巴、茜草、荜茇、韭菜子、首乌藤、香附、骨碎补、党参、桑白皮、桑枝、浙贝母、益母草、积雪草、淫羊藿、菟丝子、野菊花、银杏叶、黄芪、湖北贝母、番泻叶、蛤蚧、越橘、槐实、蒲黄、蒺藜、蜂胶、酸角、墨旱莲、熟大黄、熟地黄、鳖甲。

（三）新食品原料品种

新食品原料涉及的物品（或原料）是我国新研制、新发现、新引进的无食用习惯或仅在个别地区有食用习惯的，按照《新资源食品卫生管理办法》的有关规定执行。卫健委公布的“新食品原料（新资源食品）名单”；使用的物品（或原料）涉及真菌、益生菌等的，按照卫健委公布“可用于食品的菌种名单”

“可用于婴幼儿食品的菌种名单”执行。

（四）营养素补充剂

国家市场监督管理总局会同卫健委、国家中医药管理局发布《保健食品原料目录 营养素补充剂（2023 年版）》，公布营养素补充剂共 24 个（86 种化合物），包括：钙、镁、钾、锰、铁、锌、硒、铜、维生素 A、维生素 D、维生素 B_1、维生素 B_2、维生素 B_6、维生素 B_{12}、烟酸、叶酸、生物素、胆碱、维生素 C、维生素 K、泛酸、维生素 E、β-胡萝卜素、二十二碳六烯酸（DHA）等矿物质、维生素。

二、功能性食品原料的管理

（一）我国的原料管理制度

我国功能性食品原料包括药食两用原料、新资源食品原料及其他功能性食品原料目录里包含的原料。同时，也明确了禁止添加进功能性食品的若干原料。自 1995 年出台的《中华人民共和国食品卫生法》确立功能性食品的法律地位开始，我国陆续出台了各种法律法规来规范功能性食品的申请、生产、销售、贮藏、运输及上市的具体过程。其中原料管理是功能性食品监管的基础性工作。《中华人民共和国食品安全法》明确提出：应当建立包含原料名称、用量及其对应的功效的保健食品原料目录；列入保健食品原料目录的原料只能用于保健食品生产，不得用于其他食品生产；保健食品原料目录和允许保健食品声称的保健功能目录，由国务院食品安全监督管理部门会同国务院卫生行政部门、国家中医药管理部门制定、调整并公布。同时，随着全球健康食品产业的发展，各国都在不断完善此类食品的原料管理法规制度。

功能性食品原料的采购、运输、验收、仓储等环节的规范要求可扫二维码学习。

功能性食品原料的采购、运输、验收、仓储等环节的规范要求

（二）其他国家的原料管理制度

（1）美国膳食补充剂的原料管理　美国的膳食补充剂的目的是对膳食进行补充，其包括维生素、矿物质和草本（草药）或其他植物、氨基酸等，以增加每日总摄入量而补充的膳食成分，或是以上成分的浓缩品、代谢物、提取物或组合产品等。美国对膳食补充剂采取膳食补充剂原料备案管理制度，膳食补充剂的原料企业应当在其产品上市前至少 75d 内向美国食品药品监督管理局（Food and Drug Administration，FDA）备案，FDA 会对其原料的安全性信息进行审核。

（2）欧盟食品补充剂的原料管理　欧盟与我国的功能性食品类别相似的产

品大多数属于食品补充剂，还包括部分带健康声称的普通食品。其作用是通过对浓缩形式的营养素或具有营养或生理功效的其他物质进行加工或复配补充日常膳食的不足。欧盟采用食品补充剂的原料目录制度。

（3）日本保健机能食品的原料管理　日本的保健机能食品包括特定保健用食品、营养机能食品、机能标示食品 3 个类别。目前日本的特定保健用食品尚未建立明确的原料目录。营养机能食品的原料目录目前包括 1 种不饱和脂肪酸、6 种矿物质和 13 种维生素，且各种成分的营养成分功能声称、每日摄入剂量范围、注意事项标示等信息均有明确的规定。机能标示食品的原料管理由企业自主负责，企业根据科学依据，对产品的机能性作出标注，无须得到政府部门批准。

第三节 ▸▸ 功能性食品的现状与发展趋势

我国功能性食品的研究历史由来已久，几千年前我国的医药文献中就记载了“医食同源”“食疗”和“食补”的概念。如《素问》中记载道“枣为脾之果，脾病宜食之”，古人认为大枣能够滋养血脉、强脾健胃、调和百药，其观点与现代研究发现的大枣中含有多种维生素，提高人体免疫力的作用十分相符。又如《内经-脏气法时论》中提到“肝气青，宜食粳米；心色赤，宜食小豆；肺色白，宜食麦；脾色黄，宜食大豆；肾色黑，宜食黄黍”展示出古人利用常见的食物作为食疗保健的原材料。

但古人的药食同源食品研究侧重于基于实践的经验之谈，缺乏深层次作用机理的研究。我国现代功能性食品的研究开始于 20 世纪 80 年代初期，大致经历了几个不同的时期，尤其是近年来，随着科学技术的发展及人们生活水平的提高，功能性食品的开发与研究越来越规范，其发展速度也十分迅速。

国外较早开始研究的功能性食品是强化食品。20 世纪 10—20 年代，芬克（Funk）提出了人体必需的“生物胺”（Vitamine）的概念，随后被命名为“维生素”（Vitamin）。对于维生素生理功能的研究，以及对它的“缺乏症”的研究，使人类进一步认识到它对于人体生理机能的重要性，并通过补充维生素而很快使维生素缺乏引起的疾病得到缓解甚至治愈。不同国家对于功能性食品的研发也依据各国人群的特点有不同的侧重点。

近年来，随着亚健康人群的逐年增多，人们对于功能性食品的关注度越来越高。亚健康状态是一种兼具生理与心理的状态。生理方面的亚健康主要表现在持续或者难以恢复的疲劳、常常感觉体力不支或者睡眠障碍。其诱因主要是过度疲劳、不良的生活习惯、各种慢性疾病或术后恢复或者人体逐渐的衰老造成的。而功能性食品，恰恰可以对这种状态进行一定程度的调节，满足现代人的需求。

一、功能性食品的发展历史

（一）我国功能性食品的发展历史

我国功能性食品行业的发展起始于20世纪80年代，虽起步较晚，但发展迅速，经过了一系列由缓慢到高速，由经验到规范的发展过程，现已成为中国健康产业的支柱。

1. 1980—1994年

从传统滋补产品起步，功能性食品的生产开始了较快速的发展。从20世纪80年代初的不足100家保健品厂，快速增长到1994年的3000余家，产品种类超过3000种，年产值达到300亿元人民币，占到了当时食品生产总值的10%左右。这一阶段的产品多为第一代产品，主要是根据原材料的功能来推断功能性食品的功能，高利润使得功能性食品行业取得了突破性进展。

2. 1995—2002年

1995年10月公布的《中华人民共和国食品卫生法》首次确立了功能性食品的法律地位。1996年又接连发布了《保健食品管理办法》《保健食品评审技术规程》和《保健食品功能学评价程序和方法》。这些法律法规规范了该行业的市场，淘汰了不符合要求的生产厂家，促进了行业更加快速健康地发展。由于部分企业离开市场，产值发生了一定程度的降低，但已经初步形成了功能性食品的完整产业链。到2002年底，功能性食品总销售收入达到193亿元人民币。

3. 2003—2008年

2003年由于“非典型肺炎”的发生和流行，很多消费者重新重视起功能性食品的作用，当年的销售额一度达到了300亿元人民币。2003年6月，原卫生部停止受理功能性食品审批，10月起由国家食品药品监督管理局正式受理。2005年4月30日，国家食品药品监督管理局公布新的《保健食品注册管理办法（试行）》，并于7月1日开始施行。自此，功能性食品产业发展进入新的时期。

4. 2009—2015年

新医改方案把预防和控制疾病放在了首位，政府对卫生保健加大公共财政和人力资源的投入。截至2015年底，中国批准（蓝帽子）15373个功能性食品，其中国产14711个，进口662个；我国功能性食品行业年产值规模达3000亿元人民币，企业3000家，从事人员600万人；我国正步入成为全球第二大保健食品消费市场。

5. 2016年至今

功能性食品进入良好发展期。新《中华人民共和国食品安全法》（2015年）实施，《健康中国“2030”规划纲要》《国民营养计划（2017—2030）》推出，《保健食品注册与备案管理办法》（2016年）等新的保健食品监管条例和规范相继出台，完善了制度建设，有效提升了监管效能。全国获得保健食品生产许可的生产企业1690多家，在产注册产品12780多件，在产备案产品5090多件。全国保健食品的经营主体超过120多万家。表现出产业开始整合，品牌化趋势明显；消费者更加理性，健康、质量和安全性的要求更高。2020年突如其来的在世界大流行的新冠肺炎疫情，更使人们重视提高自身免疫力，通过各种手段，守护自己和家人的健康。人们在身体保健方面投入越来越多，功能性食品获得了前所未有的关注，极大地推进了功能性食品产业的发展。我国功能性食品行业年产值规模可达5000亿元人民币。

（二）其他国家功能性食品的发展历史

1. 美国

1935年美国提出了强化食品，随后强化食品得到迅速发展。1938年路斯提出了必需氨基酸的概念，他指出20种氨基酸中有8种人体必须通过食物补充。1942年美国公布了强化食品法规，对强化食品的定义、范围和强化标准都做了明确规定。美国食品药品监督管理局（FDA）还曾规定了一些必须强化的食品，包括面粉、面包、通心粉、玉米粉、面条和大米等。另外，营养专家对微量元素的深入研究，不断拓宽了强化剂的范围，使得人类对食品强化的作用和意义有了更深刻的认识。至今，通过在牛乳、奶油中强化维生素A和维生素D，防止了婴幼儿由于维生素D缺乏而引起的佝偻病；以食用强化的碘盐来消除地方性缺碘引起的甲状腺肿疾病；强化硒盐能防止克山病；在米面中强化维生素B_1，使缺乏维生素B_1引起的脚气病几乎绝迹；通过必需氨基酸的强化，提高蛋白质的营养价值。

2. 日本

1962年日本率先提出了“功能性食品”，并围绕着“调节功能”做文章。随着衰老机制、肿瘤成因、营养过剩疾病、免疫学机理等基础理论研究的进展，功能性食品研究开发的重点转移到这些热点上来。

从日本功能性食品的发展历程可以看出，它的出现标志着在国民温饱问题解决后，人们对食品功能的一种新需求，它的出现是历史的必然。功能性食品的需求量随着国民经济发展而发展，随着人民生活水平的提高而不断增长。

二、功能性食品产业现状和发展趋势

（一）我国功能性食品产业现状

我国的功能性食品产业正处在破旧立新的良好关键时期，经过持续科研经费投入和发展，我国食品营养健康取得了令人瞩目的成就。保健食品注册备案双轨制改革进一步推进、落实，相关政策、规章、标准等都在不断改革中实施，基本建立了健全特殊食品监管的长效机制；企业主体责任进一步压实，企业加强诚信自律，注重用大数据、人工智能等信息技术提升管理水平和能力，全过程质量安全控制和全员的质量安全管理有效运行。改革创新推动产业健康可持续发展，从低技术含量时代进入高质量创新发展时代，将迎来中国特殊食品行业拥有自主创新的关键技术和强大的研究体系。但是，我国功能性食品产业发展，与发达国家相比，我国食品营养健康核心技术领域还存在以下几个突出问题。

1. 前沿技术研究深度不够

发达国家和地区在功能性食品、营养健康领域的基础研究方面已比较深入，不仅用现代生物学、医学、营养学的基本理论来阐述、界定及干预亚健康状态，而且已将功能性食品作用机理的研究深入分子营养学的水平，且已经形成了优势研究团队。国内研究团队虽然有所突破，但是尚未形成引领食品功能性与营养科技发展的科学家队伍。

2. 推动功能性食品产业发展的科技支撑体系尚未形成

目前功能性食品学科力量分散，相关学科的融合与合作能力较弱，以及人才培养滞后等，不能适应功能性食品产业发展的需要。此外，科研投入严重不足，导致新产品的研发力量薄弱，产品技术含量低，影响了功能性食品产业的健康快速发展。

3. 企业科技创新能力亟待加强

发达国家和地区的专利申请主体主要聚焦于大型企业，企业具备良好研发能力。而我国专利技术申请的主体是高校与科研院所，技术主要处于小试或中试阶段，作为技术创新主体的企业不具备核心竞争力的技术。

4. 核心技术保护严重不足

我国在功能性食品与营养健康领域三方专利量严重偏少，而发达国家和地区的关键技术形成了为数众多的同族专利，这必将成为限制我国食品营养健康产业发展的“卡脖子”环节，影响我国在食品营养健康领域的国际竞争能力。

（二）我国功能性食品的发展趋势

在中国食品企业也即食品产业发展模式由数量扩张向素质提升，食品的供给侧从以供给能量到营养、功能甚至是情感和文化等多种复合需求的转变过程中，其对于功能性食品的关注度有着前所未有的上升。开发第三代功能性食品、以中医药理论和养生文化为支撑的中国特色功能食品、保健品快消等观点不断引发人们的思考和讨论。中国的功能性食品在政策利好、资本介入和消费升级等动力推动下，功能性食品行业迎来了一个改变传统面貌，借势升级的发展契机。用发展的眼光，以新的思维方式看待、理解先进市场、先进理念。我国功能性食品将是人类的未来食品，其发展趋势有以下几个方面。

1. 个性化创制，加强第三代功能性食品开发

针对“健康中国”战略对食品科技提出的高标准、新要求，重点开展食品营养健康基础理论和关键技术研究，系统分析食物营养成分、功能因子对人体靶基因表达的影响，制造个性化功能性产品。进一步在现代功能性食品的应用基础研究的基础上，开发出具有明确量效和构效的第三代功能性食品，就能与国际接轨，参与国际竞争。随着大众消费观念升级，食品的营养和保健功能越来越受到人们的重视，具有明确功能因子的第三代功能性食品的需求量必然增加。因此，发展第三代功能性食品，推动功能性食品的升级换代前景广阔。

2. 功能性食品研究关键技术创新与高新技术应用

生产技术决定了产品的技术含量。现代食品生产技术的快速发展，也要求功能性食品在研发过程中实现新的技术突破。例如，食品细胞工厂生产技术，针对新型食品功能因子等特定食品组分及食品添加剂，联合微生物编辑技术和代谢工程手段构建具有高效、定向、精准生物制造能力的细胞工厂；分子食品创制技术，针对功能因子系统开发新型微囊、脂质体、纳米载体等稳态化和递送技术。推广使用现代高新生产技术，如膜分离技术、微胶囊技术、超临界流体萃取技术、生物技术等现代加工技术，提高生产效率。

采用现代高新技术，实现从原料中提取有效成分，剔除有害成分的加工过程。再以各种有效成分为原料，根据不同的科学配方和产品要求，确定合理的加工工艺，进行科学配制、重组、调味等加工处理，生产出一系列名副其实的科学、营养、健康、方便的功能性食品。而先进的传感技术与人工智能相结合创建复杂的生产监控系统，为提高功能性食品生产效率、保证功能效果和安全提供担保。

3. 系统化功能性食品制造技术突破，产品向多元化方向发展

膳食营养与健康大数据及靶向调控技术、营养健康食品创制关键技术、全生命周期精准营养干预技术、食品营养及功能与安全评价关键技术 4 类食品营养与健康领域关键技术突破，将有利于功能性食品的总体评价分析。

随着生命科学和食品加工技术的进步，未来功能性食品的加工更精细、配方更科学、功能更明确、效果更显著、食用更方便。产品形式除以往较多的口服液、胶囊、饮料、冲剂、粉剂外，一些新形式的食品，如低热量糖果、烘焙、膨化、挤压类等食品也将不断增加市场份额，功能性食品将向多元化的方向发展。在老龄化社会背景下，适用于老年人的功能性食品逐渐增多；在慢性病高发、生活方式病不断上升的时代，有助于预防多种疾病，辅助临床治疗的功能性食品成为发展主流。

4. 加强对功能性食品原料的研究和应用

要进一步研究开发新的功能性食品原料，特别是一些具有中国特色的基础原料，不仅要研究其中的功能因子，还应研究分离保留其活性和稳定性的工艺

技术，包括如何去除这些原料中的有毒物质。更多新资源食品的开发和应用，更多的药用植物（果蔬）的植物化学元素的认识和应用，每一个新食品原料许可都能够带动后续产业的升级，如2021年初国家卫健委发文批准透明质酸作为新食品原料可应用于普通食品添加，之后很短时间内，含透明质酸的食品大量出现。

5. 以科学基础研究支撑产业发展，实行高质量发展

对于一个产业的发展，科学基础支撑是核心。首先要有科学基础研究的支撑，然后将科学基础转换成技术支撑，再通过技术支撑产品，从而满足消费者的需求。“品牌产品”和“明星企业”对于一个产业的推动作用十分重要。大数据、人工智能等信息技术提升管理水平和能力，在未来几年内，行业整合加速，推动行业优胜劣汰，着手扶持和组建一些功能性食品企业，使之成为该行业的龙头企业，以带动整个功能性食品行业健康发展。从低技术含量时代进入高质量创新发展时期，拥有自主创新的关键技术和强大的研究体系。

6. 完善科学的市场监管体系

随着原有《保健食品检验与评价技术规范》（2003年版）废止后，保健食品的管理动态成为国内外各生产企业、研发单位、检测机构等相关单位极为关注的问题。国家成立“特殊食品安全监督管理司”，保健食品行业步入“注册制”与“备案制”双轨并行时代，市场监管总局先后出台了多个法规标准：《保健食品命名指南》《保健食品标注警示用语指南》《保健食品理化及卫生指标检验与评价技术指导原则》《保健食品原料用菌种安全性检验与评价技术指导原则》《保健食品原料目录与保健功能目录管理办法》《保健食品及原料安全性毒理学检验与评价技术指导原则》《益生菌类保健食品申报与审评规定（征求意见稿）》《允许保健食品声称的保健功能目录　非营养素补充剂（2023年版）》《保健食品功能检验与评价技术指导原则（2023年版）》《保健食品功能检验与评价方法（2023年版）》《保健食品人群试食试验伦理审查工作指导原则（2023年版）》等相关法规标准。同时，随着行业的发展与壮大，行业自律性逐渐加强，各企业也更加自觉地遵守相关法律法规。我国将逐步建立起政府、市场、第三方机构、消费者之间协作的功能性食品安全多中心治理模式，从而促进整个行业的规范化。

（三）国外功能性食品现状与发展趋势

1. 国外功能性食品发展现状

不同国家由于具体国情的差异，在发展功能性食品产业的过程中也呈现出各自的特点。欧美国家经济发达，生活水平较高，但冠心病、高血压、糖尿病、癌症等患者数呈上升趋势，社会医疗费用支出庞大。现代科学揭示了不合理的饮食营养是这些疾病的重要影响因素。功能性食品的出现给上述问题的解决带

来了希望。欧美国家纷纷加强营养健康宣传教育，同时制定一系列相应的法规，加强对功能性食品的生产、流通等领域的管理。康复病人食品、老年人食品等针对特殊人群的功能性食品在美国获得较好发展，而日本则根据产品功能特点重点发展具有调节体内循环、调节血糖、血脂和抗衰老、抗氧化、低能量等类型的食品。

近年来，国外功能性食品市场呈现以下特点：一是低脂肪、低热量、低胆固醇的保健食品品种多，销售量大；二是植物性食品受宠，保健茶、中草药在国外崛起，销路看好；三是工艺先进、纯度高、性能好、食用方便、易于吸收的高档功能性食品异军突起。

2. 国外功能性食品的发展趋势

目前，功能性食品在全球范围内进入快速发展阶段，行业规模正在不断扩大。功能性食品已成为当今世界最具创造活力的新领域，在发达国家中功能性食品的年增加率均在15%以上，各国政府都把功能性食品看成解决社会老龄化、降低医疗费开支和预防各种慢性病、老年病的一把钥匙，他们纷纷制定标准，积极发展功能性食品。重点是降血压、改善动脉硬化、降低胆固醇等与调节循环系统有关的食品，降低血糖值、预防糖尿病等调节血糖的食品以及防癌、抗衰老食品与整肠、减肥的低热食品等。

在技术创新方面，合成生物学制造技术是未来食品制造领域创新的战略高地，营养功能性物质的定向合成生物学制造也是未来全球关注的重点。精准营养和个性化定制技术正加速催生功能性食品新业态。以精准个性化营养健康调控为代表的食品制造核心关键技术已成为世界各国争夺的战略高地，发达国家正在将生物工程、基因工程、现代分子营养设计等前沿绿色制造技术应用于健康食品，靶向制造精准营养与个性化食品，在全球范围的未来功能性食品产业将形成强有力的竞争。

在产业发展趋势方面体现出以下特点：一是生产规模扩大。随着大制造商的加入，功能性食品将继续迅速发展，在食品销售额中的占比将继续增加。二是全球化趋势。功能性食品将席卷全球，并最终实现全球社会化和全球贸易化。三是低脂肪、低胆固醇、低热量的功能性食品将主导市场。四是维生素、矿物质类功能性食品所占比例稳定。五是小麦胚油、深海鱼油、卵磷脂、鲨鱼软骨、鱼鲨烯等软胶囊制剂类新产品销量增加，并有不断扩大市场之势。六是素食及植物性功能性食品所占比重逐渐增大。七是保健茶、中草药功能性食品继续风行市场，深受广大消费者欢迎。

知识拓展▶

健康与亚健康

健康是指一个人在身体、精神和社会等方面都处于良好的状态。传统的健康观是“无病即健康”，现代人的健康观是整体健康，世界卫生组织提出“健康不仅是躯体没有疾病，还要具备心理健康、社会适应良好和有道德”。

亚健康是指人体处于健康和疾病之间的一种临界状态，又称“次健康”“第三状态”等称谓，是介于健康和疾病之间的连续过程中的一个特殊阶段。处于亚健康状态者表现为一定时间内的活力降低、功能和适应能力减退的症状，其主要特征包括：①身心上不适应的感觉所反映出来的种种症状，如疲劳、虚弱、情绪改变等，其状况在相当时期内难以明确；②与年龄不相适应的组织结构或生理功能减退所致的各种虚弱表现；③微生态失衡状态；④某些疾病的病前生理病理学改变。

导致亚健康的主要因素有：饮食不合理、缺乏运动、作息不规律、睡眠不足、精神紧张、心理压力大、长期不良情绪，以及其他人体自然老化、身体功能障碍等。

每个人的健康和寿命：15%取决于遗传因素，10%取决于社会因素，8%取决于医疗条件，7%取决于气候条件，60%取决于自我保健。

从亚健康状态既可以向好的方向转化恢复到健康状态，也可以向坏的方向转化而进一步发展为疾病。这是一种从量变到质变的准备阶段。功能性食品在帮助人们促进健康、摆脱亚健康状态方面可发挥重要的作用。

第一章　配套教学课件

复习思考题▶▶

1. 简述功能性食品的概念及特征。
2. 什么是功能性食品的功效成分？功效成分包括哪些类型？
3. 功能性食品在调节人体机能时主要有哪些作用？
4. 功能性食品如何分类？功能性食品原料有哪些？
5. 简述我国功能性食品产业现状，存在问题和发展趋势。

实训项目一

功能性食品/保健食品市场调研

一、实训目的

（1）了解功能性食品/保健食品市场的产品类型及其功能性成分。

（2）调查现行市面上销售的功能性食品/保健食品法律法规遵循情况。

（3）了解国内外功能性食品/保健食品的发展及现状。

（4）能够进行食品新产品消费情况市场调查，撰写调研报告。

二、实训内容及操作步骤

（1）通过网络搜索引擎，或国家市场监督管理总局及其相关网站，查看近几年我国有关功能性食品/保健食品的法规、标准，了解其本质内容。

（2）到食品超市、商店，或到保健食品企业调查3～5种保健食品，对照现行保健食品的法规、标准，看其生产、包装（标签）、销售等是否符合要求，并分析评判其保健食品类型，及其功能性成分。

（3）食品新产品市场调查中首先需要进行“经营环境调查”“市场需求调查”“顾客情况调查”“竞争对手调查”“市场销售策略调查”等工作。问卷调查是市场调查的访问法中经常采用的方法之一，设计制作一份拟研发的功能性食品“×××产品”消费情况市场调查问卷（至少包含12个以上的题目或问题）。

（4）根据调查结果撰写一份调研报告，并提交。

第二章

功能性食品的生物活性成分

【知识目标】

1. 掌握膳食纤维、功能性油脂类及矿物质的生理功能；功能性食品的各种活性成分的作用。

2. 熟悉功能性食品的生物活性成分的种类；功能性碳水化合物、活性蛋白质、磷脂在功能性食品中的应用；维生素、矿物质的定义与分类；功能性食品微生物类原料相关规定。

3. 了解活性多糖、活性蛋白质、矿物质、维生素的种类；多不饱和脂肪酸，活性蛋白质、维生素及矿物质的食物来源和供给。

【能力目标】

1. 学会查找关于功能性碳水化合物、氨基酸与活性肽、活性蛋白质、功能性油脂、营养素补充剂、功能性食品微生物原料文献、资料的方法。

2. 学会查阅食物含量表推测人体对各种元素及能量的需要量。

3. 能够运用维生素、矿物质相关知识解决营养健康以及功能性食品开发的实际问题。

【职业素养目标】

1. 通过培养科学判断力，提高勇于质疑、科学思辨的能力，树立正确的价值观。

2. 深刻理解中国传统植物活性成分背后的中华传统文化，增强对于传统文化的认同感和民族自豪感，坚定历史自信、文化自信，坚持古为今用，推陈出新。

3. 培养科学探索精神，以科技助力药食同源物质的精深加工和综合利用，为从事农业生产的人开辟新的致富途径。

案例导入▶

北京时间2018年10月3日17时45分许，瑞典皇家科学院在斯德哥尔摩宣布将2018年度诺贝尔化学奖授予美国科学家弗朗西斯·阿诺德（Frances

H. Arnold)、美国科学家乔治·史密斯 (George P. Smith) 和英国科学家乔治·保罗·温特 (Gregory P. Winter)，以表彰他们在“酶的定向进化”，以及“多肽与抗体的噬菌体展示技术”领域的贡献。自德国科学家 Fischer 合成了世界上第一个多肽物质，并于 1902 年荣获诺贝尔奖以来，科学界对肽的研究已经持续了逾百年。自此，肽与诺贝尔奖就结下了不解之缘。迄今为止，关于“肽”的相关研究共诞生了 27 位诺贝尔奖获得者。这在诺贝尔奖创立一百多年以来是前所未有的。目前，世界各国正在竞相研究和开发肽类药物和功能性食品。

讨论：

1. 生物活性肽的功能特性有哪些?
2. 试举例说明生物活性肽在保健食品中的应用有哪些?

生物活性成分即功效成分（functional composition)，通常指在功能性食品中能够激活酶的活性或通过其他途径调节人体机能的物质。功能性食品的功效成分应与该产品的保健功能相对应，并含有其功效成分的最低有效含量，必要时应控制其有效成分的最高限量。

功效成分是功能性食品中起生理作用的成分，又称活性成分或有效成分、功能因子。功能性食品的功效成分种类较多，在第一章中已对其分类进行了介绍。本章以具有代表性的功效成分展开讨论。

第一节 ▸▸ 功能性碳水化合物

碳水化合物大多数是生物大分子物质，几乎存在于所有生物体中，约占人类膳食能量来源的 40%~80%。近 30 年来的研究表明，从一些生物体内提取的多糖物质具有增强机体免疫力、抗肿瘤活性、抗衰老、降血脂、调节血糖、抗辐射、调节肠道菌群等生理功能。这类具有某种特殊生理活性的物质统称为功能性碳水化合物。

一、膳食纤维

（一）膳食纤维的概念和分类

1. 膳食纤维的概念

膳食纤维（dietary fiber）是指不被人体小肠消化吸收，却能被大肠内的某些微生物菌群不同程度发酵分解的植物可食部分、多糖、木质素或相关类似物。这一定义包括了食品中的大量组成成分如纤维素、半纤维素、木质素、胶质、改性纤维素、黏质、寡糖、果胶以及在植物体内含量较少的成分，如糖蛋白、角质、蜡质和多酚酯等。

2. 膳食纤维的分类

膳食纤维的种类较多，根据溶解性的不同，可将其分为可溶性膳食纤维和不溶性膳食纤维两大类。可溶性膳食纤维通常是指能溶于水的膳食纤维部分，包括低聚糖和部分不能消化的多聚糖等。不溶性膳食纤维是指不被人体消化酶消化吸收且不溶于水的那部分膳食纤维，包括来源于植物的纤维素、半纤维素、木质素和植物蜡等，它们是构成植物细胞壁的重要成分，存在于禾谷类和豆类种子的外皮及植物的茎和叶中；除此之外，不溶性膳食纤维还包括动物性的甲壳素和壳聚糖。在膳食纤维总量中，不溶性膳食纤维占比较大。相对于可溶性膳食纤维，不溶性膳食纤维的化学成分和物化特性有较大差异。

（二）膳食纤维的化学组成

膳食纤维主要由纤维素、半纤维素、果胶、木质素等组成。来源不同的膳食纤维，其化学组成的差异性很大，但基本组成单位相似。

1. 纤维素

作为细胞壁的主要结构物质，纤维素是以D-吡喃葡萄糖为主链并通过β-1，4-糖苷键连接而成的线性非支化聚合物，其结构表达式如图2-1所示。根据分离方法不同，其平均聚合度范围为300~3000，相对应的相对分子质量范围为5万~50万。纤维素分子链主要通过氢键、范德华力等非共价键与其他纤维素链相关联，形成植物细胞壁的网络结构。

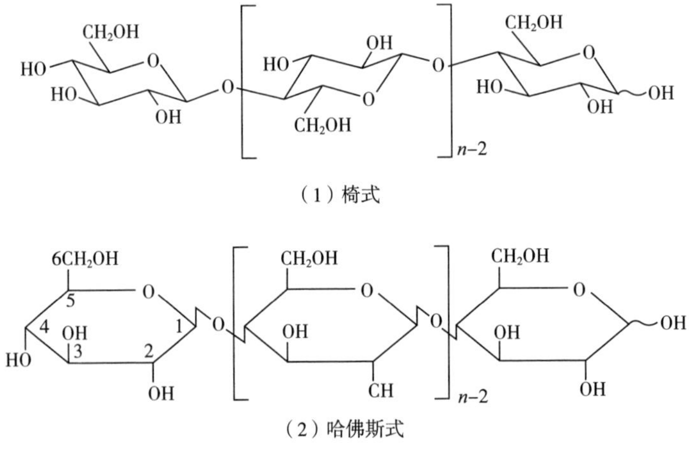

图2-1　纤维素的示意图

2. 半纤维素

半纤维素的种类较多，一般由不同类型的单糖，如木糖、阿拉伯糖、鼠李糖、岩藻糖、半乳糖、甘露糖和葡萄糖等组成。通常是由两种以上的单糖分子以多种连接方式构成带支链的杂多糖。不同植物中半纤维素的种类、含量均有较大差异，甚至对于同一植物的不同生长期半纤维素结构也有所不同。谷物和豆类膳食纤维中的半纤维素主要是阿拉伯木聚糖、木糖葡聚糖、半乳糖甘露聚糖等。

3. 果胶

果胶是一类以 D-半乳糖醛酸和中性糖组成的酸性杂多糖，广泛存在于植物细胞壁中。果胶的基本骨架是半乳糖醛酸聚糖（homogalacturonan，HGA），通常由 α-1，4 糖苷键连接而成。除此之外，果胶分子通常还包括鼠李半乳糖醛酸聚糖 Ⅰ 型（rhamnogalacturonan-Ⅰ，RG-Ⅰ）和 Ⅱ 型（rhamnogalacturonan-Ⅱ，RG-Ⅱ）等结构单元，它们通过共价键相互连接组成果胶大分子。

4. 木质素

木质素是一种以苯环为基础的、含有丙烷的芳香族聚合物，主要是由芥子醇、松柏醇和对羟基肉桂醇三种单体组成，其独特的三维网络结构能与碳水化合物紧密结合，通常很难将两者分离出来，一般不具有生理活性。

（三）膳食纤维的物化特性和生理功能

1. 高持水力与预防肠道疾病功能

膳食纤维具有多孔结构，且含有很多—OH 基团，因而具有很强的持水力。膳食纤维的持水力因原料品种、制备技术、颗粒大小及分析方法的不同而具有较大差异性。提高膳食纤维的持水力有利于增加人体排便的体积与速度，减轻直肠压力，还能预防结肠癌、便秘、痔疮等肠道疾病的发生。

2. 吸附作用与预防心脑血管疾病功能

膳食纤维分子表面含有很多活性基团，可以吸附其他的分子。不仅可以吸附油类、香气等物质，赋予食品各种香气和风味。同时还可螯合胆固醇、胆汁酸以及肠道内源毒素，化学药品和外源性毒素等有机化合物，进入肠道的膳食纤维可螯合肠道中的胆固醇，减少外源性胆固醇、胆汁酸的合成和吸收，同时限制胆酸的肠肝循环，阻碍内源性胆固醇、中性脂肪的重吸收；因此，膳食纤维可预防胆石症和动脉粥样硬化、冠心病等心脑血管疾病。

3. 离子交换能力与解毒功能及降血压功能

膳食纤维化学结构中含有羧基和羟基类侧链基团，呈现出弱酸性阳离子交换树脂作用，在人体肠道内能与 Ca、Zn、Pb、Hg、Cd、Mg、Fe 等阳离子交换，并且能优先交换 Pb、Cd、Hg 等有害离子，使有害离子随粪便排出，起到解毒作用。同时，膳食纤维还可以改变阳离子的瞬间浓度、消化道的 pH、渗透压及氧化电位，并与肠道中的钠离子和钾离子交换，从而使血液中 Na^+/K^+ 减低，起到降血压的作用。此外，膳食纤维完全发酵后产生短链脂肪酸，可以促进人体对钙、镁、铁等矿物质的吸收。

4. 调节肠道菌群作用

膳食纤维不能被人体消化酶消化分解，但当其进入人体大肠后，可被大肠内的微生物发酵降解，产生乙酸、丙酸等短链脂肪酸，降低 pH 值，并能促进有益菌的生长，从而改善了肠道菌群。膳食纤维的降解程度受到种类、颗粒大小和摄入方式等的影响。水溶性纤维如果胶几乎可被完全降解，水不溶性纤维如纤维素等几乎不能被发酵；颗粒小比颗粒大的更容易降解；单独摄入的较易被降解。

5. 溶解性和黏性与降血糖功能

膳食纤维的溶解性主要是由其有序和无序结构的稳定性所决定的。结构越不规则，溶解性越好。如瓜尔胶具有不规则的主链和侧链结构使其具有较好的溶解性；纤维素具有线性有序结构，溶解性差。膳食纤维的黏性主要是由物质化学结构、温度、溶剂和浓度所决定的。如琼脂、果胶、瓜尔胶等都具有良好的黏性和胶凝性，可形成高黏度的溶液。在胃肠道中，它们可增加内容物黏度，形成胶基层，降低胃排空率，增加肠液黏度，阻碍葡萄糖的吸收，起到降低血糖的功能。同时，膳食纤维还可改善外周组织对胰岛素的感受性，减低机体对胰岛素的要求，从而降低糖尿病人的血糖水平。

（四）膳食纤维在食品中的应用

目前对于膳食纤维的应用研究主要集中在豆类种子和种皮纤维、谷物纤维、水果和蔬菜纤维、微生物纤维、其他天然纤维，以及合成和半合成纤维等 30 余种膳食纤维方面。在实际生产中应用的主要有以下几种：小麦纤维、大豆纤维、甜菜纤维、玉米纤维、壳聚糖、菊粉。膳食纤维具有多种营养功能，是人体健康所必需的物质，也是一类比较理想的功能性食品原料，已作为食品添加剂添加到主食、焙烤类、肉制品、饮料、乳制品等食品中。同时，膳食纤维也可直接以富含纤维的原料制成产品，如带果皮的高纤维饮料、高纤维豆乳饮料、菌菇饼干、纤维饼干等。

二、活性多糖

（一）活性多糖的定义

多糖（polysaccharide，又称多聚糖），是由 10 个及以上的单糖分子通过糖苷键连接缩合而成的一类结构复杂且分子质量庞大的天然高分子聚合物，其相对分子质量分布从几千至几千万。近年来，研究者们从动植物、微生物等中分离出数百种具有生物活性的天然多糖。随着研究的深入，人们陆续发现活性多糖具有抗病毒、免疫调节、保护胃黏膜、抗肿瘤、抗氧化、调节肠道菌群、抗疲劳和降血糖、降血脂等生物活性。因此，活性多糖在功能性食品和医药等方面具有十分广泛的应用前景。

（二）活性多糖的生理功能

大量的国内外研究已经证实，活性多糖在提高免疫调节、抗氧化、抗肿瘤等方面具有良好的疗效。因此，活性多糖已经成为了国内外众多领域的研究热点。

1. 有助于增强免疫力功能

迄今为止，已有三百多种多糖类化合物被提取以及结构鉴定出来，并作为辅助治疗或直接治疗的药物。研究表明，众多的活性多糖都具有免疫调节作用。常见的活性多糖如茶多糖、黑木耳多糖、灵芝多糖、银杏叶多糖、海藻多糖等均可通过多条途径对免疫系统发挥调节作用。

2. 抗肿瘤活性

多糖的抗肿瘤作用近些年来引起人们广泛的关注，多糖的抗肿瘤作用方法可分为两类，一类是具有通过激活机体的免疫系统，诱导细胞分化、抗转移、抗新生血管生成和诱导 NO 产生等；已报道的活性多糖有茯苓多糖、猴头菇多糖、香菇多糖、银耳多糖、黄芪多糖、竹笋多糖、云芝多糖、金针菇多糖等。另一类是通过抑制肿瘤细胞的蛋白质和核酸的合成、诱导肿瘤细胞凋亡、影响癌基因表达来达到抗肿瘤的作用等，抑制肿瘤细胞生长。如枸杞多糖、灰树花多糖、马齿苋多糖、长叶蜈蚣藻多糖等。

3. 降血糖活性

活性多糖的降血糖作用主要体现在：降低肝糖原、提高外周组织器官对糖的利用；促进降糖激素和抑制升高血糖激素的分泌；降低机体的氧化应激作用；具有胰岛细胞保护作用及糖代谢酶活力调节作用等。

4. 抗氧化活性

氧化应激可引起蛋白质、DNA 损伤，导致糖尿病、动脉粥样硬化、心血管疾病等的发生，而抗氧化剂可以延缓或减少氧化反应，从而保护机体免受有害的氧化反应的损伤。研究发现，许多活性多糖均具有清除自由基、抑制脂质过氧化、抑制亚油酸氧化等抗氧化作用。

（三）活性多糖的应用研究

由于活性多糖具有多种保健和药理作用，因此常作为功能因子用于开发成为有助于增强免疫力、有助于维持血糖健康水平等功能性食品。如可将活性多糖加入茶、咖啡、啤酒中制成风味独特饮品；也可作为食品添加剂加入饮料、糕点、口服液中，这些应用在利用和加工新技术上有着极为广阔发展空间，如已投入生产的灵芝功能性食品剂型主要有片剂、冲剂和口服液等。

1. 功能性饮料

目前，有机功能性饮料、抗疲劳以及老年人保健型功能性饮料为我国的主要功能性饮料，而在未来的消费市场上，健康类新型功能性饮料的实力不容小觑。新型功能性饮料，如低聚多糖功能性饮料等，将受到市场的青睐。海藻多糖具有降血糖、降血脂、调节免疫、抗肿瘤、抗突变、抗病毒等多种生理活性，且海藻多糖中含有藻聚糖、海藻酸等物质，可覆盖胃黏膜，降低茶中生物碱对胃的侵害。因此，已有研究者将其添加到饮料配方中，开发出具有较好保健功能的饮料。

2. 肉制品中的保水剂

肉制品的持水力是影响肉制品的重要因素，它不仅影响肉制品的品质、口感和风味，在经济效益方面也起着重要作用。研究表明某些活性多糖可用作保水剂添加于肉制品中，有效防止水分流失，降低成本，提高经济效益。研究发现海藻糖复合抗冻剂可有效提高冷冻鸡肉丸保水性。在海藻多糖中添加金属离子可有效提高其凝胶性能，形成的海藻酸钙凝胶与肉蛋白结合可形成致密的三维网状结构，更好地防止肉中的水分流失。

3. 食品添加剂

活性多糖（如魔芋多糖等）在固体饮料、饼干中作为增稠剂、凝胶剂等，可显著地改善食品的稳定性、胶凝性和乳化性，使食品的韧性和弹性有所增加，因此，经常作为改良剂运用在食品加工中，并能丰富产品的口感。烘焙类食品是休闲食品的重要种类，具有食用方便、口感好、可贮存等优点，深受人们的喜爱，但由于烘焙类食品的升血糖指数过高让许多人望而却步。海藻多糖具有良好的降血糖活性，将其加入烘焙食品的生产工业中，可改变淀粉颗粒的结构，降低升糖指数。海藻多糖还可作为填充剂和膨松剂制作出低热能食品，用于代替淀粉制造麦片糊、无淀粉面包和餐后点心等。

第二节 ▸▸ 氨基酸、活性多肽与活性蛋白质

氨基酸、肽与蛋白质均是有机生命体组织细胞必不可少的组成成分，对维持生命活动发挥着重要的作用。本节讨论的一些氨基酸、活性肽与活性蛋白质，除了具备的营养价值外，更重要的是具有提高机体免疫力、降血压、降血脂等重要的生理活性，是一类重要的功效成分。

一、氨基酸

氨基酸是构成蛋白质的基本单位，共有 22 种氨基酸。其中，赖氨酸、甲硫氨酸、色氨酸、苯丙氨酸、缬氨酸、亮氨酸、异亮氨酸和苏氨酸这 8 种氨基酸在人体（或其他脊椎动物）体内不能合成或者或合成速度远满足不了机体的生

长需要，必须通过食物来摄取，这些氨基酸被称为必需氨基酸，对婴儿来说，组氨酸和精氨酸也是必需氨基酸。对于成人或者儿童来说，有时虽然这几种必需氨基酸已供应充足，但人体仍然会发生氨基酸缺乏现象。这是由于有些氨基酸虽然人体能够合成，但在严重的应激或疾病状态下容易发生缺乏现象，从而给人体健康带来不利影响，这些氨基酸通常被称为半必需氨基酸或条件性必需氨基酸，如牛磺酸、L-谷氨酰胺等。

（一）牛磺酸

1. 牛磺酸的结构与理化特性

牛磺酸（taurine）是一种磺化β氨基酸，也被称为β-氨基乙磺酸、牛胆碱、牛胆素，来自甲硫氨酸和半胱氨酸的代谢，是游离的、丰富的、条件性必需的非蛋白质含硫β-氨基酸，广泛存在于哺乳动物特别是海洋生物的流体和组织中，特别是心、肾、脑、肝血液等部位。牛磺酸是于1827年首次从牛胆汁中分离而得名的一种化合物。分子式为$NH_2CH_2CH_2SO_3H$，分子结构式如图2-2所示。相对分子质量为125.15，熔点为305.11℃，密度为1.734 g/cm^3，性质相对稳定，317℃才能开始分解；纯品为无色、无毒、无臭、味微酸的晶体。牛磺酸易溶于纯水，不溶于无水乙醇、醚、烃等有机溶剂，较易溶于水，在一定温度范围内，其溶解度随温度升高而增大。

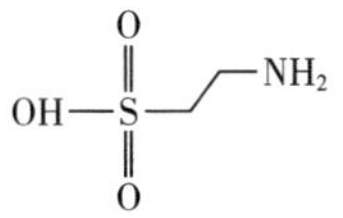

图2-2　牛磺酸分子结构图

2. 牛磺酸的生理功能

随着近年来人们生活水平和知识水平的提升，对牛磺酸的认识不断加深，在人们的日常生活中，牛磺酸作为辅助药物、营养补充剂及各种添加剂得到了广泛应用。一般来说，由于新生儿和老年人群体内合成及贮存牛磺酸的能力较弱，需要从额外饮食中获取牛磺酸，以满足身体的需求。

（1）牛磺酸对中枢神经系统的影响　牛磺酸是存在于中枢神经系统中最丰富的一种游离氨基酸，在大脑发育过程中有神经营养因子、神经保护因子的作用。牛磺酸缺乏会导致大脑发育受阻，智力低下。早产儿脑中的牛磺酸含量明显低于足月儿，生长受限胎儿在产前补充牛磺酸能够显著促进其脑发育、蛋白质纤维发育及髓鞘化。补充适量的牛磺酸可以调节钙稳态、清除氧自由基、促进神经细胞发育、促进微量元素代谢，从而促进大脑发育。

（2）牛磺酸对视觉系统的保护作用　维生素A是视色素的重要成分，其对暗适应功能成效早有相关报道。作为光感受器发育的重要营养因子，牛磺酸缺乏会导致光感受器退化，光传导功能受到抑制。牛磺酸约占视网膜中氨基酸总量的一半，促进光感受器营养发育，在防止神经节细胞（RGC）凋亡，减少青光眼的视神经伤害的同时，还能促进视神经再生。此外，牛磺酸还可以提高角膜的修复能力。

（3）牛磺酸对免疫系统的作用　牛磺酸在一定程度上具有提高机体免疫功能的作用，它是淋巴细胞和粒细胞中含量最丰富的游离氨基酸之一，研究证明了牛磺酸与免疫系统功能息息相关。同样，牛磺酸的缺乏也会造成免疫缺陷，提高患病概率。

（4）牛磺酸对心血管系统的作用　牛磺酸约占哺乳动物的心肌游离氨基酸总量的50%，心血管系统中的牛磺酸作用靶点多而广，因此其作用机制复杂，外源性摄入补充牛磺酸，能够治疗多种心血管疾病。牛磺酸能保护血管内皮，改善其功能障碍。此外，牛磺酸能显著抑制血管平滑肌细胞（VSMC）的增殖和钙化，有效预防高血压、延缓动脉硬化的发生。

3. 牛磺酸的应用

（1）在功能性食品方面　牛磺酸在动物机体中起到渗透调节器的作用，Na^{+}与Ca^{2+}的浓度变化均会引起牛磺酸的释放。同时作为一种十分重要的神经调节物质，牛磺酸在婴幼儿神经系统的形成与发育过程中起到关键性作用，可用来保护细胞免受兴奋性氨基酸引起的中毒。欧美等一些发达国家早已经明确规定，婴幼儿食品（如乳粉等）中必须添加牛磺酸。1993 年，中国准许在乳类制品、婴幼儿食物及谷类制品、强能型饮料中增添牛磺酸作为营养型强化剂，后来牛磺酸普遍应用到婴幼儿配方乳粉和功能性食品中。

（2）食品添加方面　一方面，由于牛磺酸在调节血压与肌肉方面的积极作用而被广泛添加入市场上一些常见的功能饮料，如“红牛”“黑卡”等。另一方面，由于牛磺酸在神经系统发育的促进作用，一些婴幼儿乳制品中也含有适量的牛磺酸。

（3）在营养保健领域　研究表明，复方牛磺酸滴眼液对细胞凋亡和视网膜损伤有明显的保护作用。目前市面上销售的牛磺酸滴眼液、蛋白粉都受到消费者的青睐。由于牛磺酸具有光明的应用前景与巨大的应用价值，设法在牛磺酸合成过程中降低各方面的成本，增大牛磺酸产品的合成与提纯的产率与提高最终产品的质量具有积极重要的意义。

（二）L-谷氨酰胺

正常情况下，体内合成的L-谷氨酰胺能够满足代谢需要，因此被称为非必需氨基酸；但当剧烈运动、创伤、感染等应急和高分解代谢状态下，谷氨酰胺的需要量大大超过了机体的合成能力，此时机体的谷氨酰胺含量降低，导致蛋白质合成量减少，影响免疫功能，必须从外界摄入。近年来的医学研究发现，谷氨酰胺的缺乏会引发多种疾病，补充对肌体多种机能有着广泛而重要的影响，现已普遍认为谷氨酰胺是一种条件必需氨基酸。

1. L-谷氨酰胺的结构与理化特性

L-谷氨酰胺是一种白色斜方晶系晶体或结晶性粉末，无臭无毒，有微甜香味，分子式为 $C_5H_{10}N_2O_3$（结构式见图 2-3），相对分子质量为 146. 14，是 L-谷氨酸的 γ -羧基酰化的一种蛋白质氨基酸。熔点：184~185℃，结晶状态下稳定，遇酸、碱或热水不稳定，可水解成谷氨酸，溶于水（4. 25、100mL，25℃）。

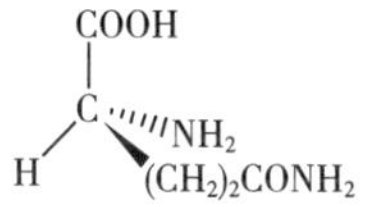

图 2-3 L-谷氨酰胺的结构式

2. L-谷氨酰胺的生理功能

作为血液中和体内游离氨基酸池中含量最丰富的条件氨基酸，L-谷氨酰胺主要贮存在脑、骨骼肌和血液中，具有很广泛的生理作用：①维持机体免疫功能：淋巴细胞和巨噬细胞是免疫应答的主要因素。由肌肉提供给免疫系统的 L-谷氨酰胺可促进这些细胞的增长和补充，对预防和限制感染、促进伤口修复愈合起着重要作用。研究表明淋巴细胞和巨噬细胞有高的磷依赖性的 L-谷氨酰胺酶活性，能利用大量的 L-谷氨酰胺。同时，L-谷氨酰胺在整个宿主防御机制中有重要作用，L-谷氨酰胺的耗竭将导致整个机体的免疫抑制；②调节蛋白质的合成和分解：L-谷氨酰胺是蛋白质合成的重要调节剂，在运动中可以调节蛋白质合成和降低肌肉蛋白质的分解，从而维持机体的生理功能；③是机体内氮和碳的重要运载工具；④维持体内酸碱平衡；⑤调节糖代谢；⑥细胞燃料。L-谷氨酰胺为快速生长和分化的细胞（如血管内皮细胞、淋巴细胞、肠黏膜上皮细胞等）提供能量来源。

3. L-谷氨酰胺的应用

L-谷氨酰胺作为人体内不可缺乏的条件必需氨基酸之一，具有极其广泛的用途。

（1）食品方面的应用　L-谷氨酰胺是一种特殊的氨基酸，为快速繁殖细胞如黏膜细胞和淋巴细胞优先选择的呼吸燃料。大量的研究表明，在应激情况下，机体对 L-谷氨酰胺的需要超过其合成能力。因此，可以通过肠外营养或食品中添加 L-谷氨酰胺以营养调控的方式加速动物体机体的康复。另外，L-谷氨酰胺在食品增香方面也展示出其独具的特色。

（2）功能性食品中的应用　长时间大强度运动后血浆肝糖原耗竭时，血糖含量开始下降，肝脏利用血液糖异生的前体物质 L-谷氨酰胺增加，导致血液 L-谷氨酰胺浓度下降，此时补充 L-谷氨酰胺可以提供糖异生的原料，抵抗 L-谷氨酰胺浓度下降，为免疫细胞提供能源物质，从而保证免疫细胞功能的稳定。L-谷氨酰胺正成为运动员、健美人士不可缺少的重要营养补充剂。

二、活性肽

生物活性肽是指少于 100 个氨基酸通过脱水缩合而成，且相对分子质量低于 6000 的具有生物活性的多肽。近年来，生物活性肽受到了科学界的广泛关注，主要因为其具有抗氧化、抗高血压、抗癌、抗菌等特性。生物活性肽由于来源于自然界，且作为多肽药物，具有人源蛋白分子的结构，在人体中显示出非常小的副作用，因此是理想药物的来源，同时也是生产更加安全的食品添加剂的天然资源宝库。

（一）酪蛋白磷酸肽

1. 酪蛋白磷酸肽的结构与理化特性

酪蛋白磷酸肽（casein phosphopetides，CPPs），是以牛乳酪蛋白为原料，在蛋白酶的作用下，经酶解、分离纯化得到一种含有磷酸丝氨酸簇，相对分子质量为 2000~4000 的天然生理活性肽。

在 pH 2.0~10.0 内，CPPs 产品具有良好的溶解性，且溶解性随 pH 的增高而增大。CPPs 产品较酪蛋白具有更好的起泡性和泡沫稳定性。CPPs 产品乳化力较好，其乳化力较酪蛋白下降了约 20%，乳化性下降了 2.89%，乳化稳定性下降了 1.45 倍。在 CPPs 产品加工时可以进行有效的杀菌处理，在 100℃条件下杀菌 30 min 不会对产品外观造成改变。CPPs 作为钙、铁吸收促进剂，Ca^{2+}的存在不会影响产品的色泽。

2. 酪蛋白磷酸肽的生理功能

（1）促进矿物质的吸收与利用　早在 20 世纪 40 年代初，有国外科学家首次使用胰蛋白酶酶解酪蛋白，成功分离出 CPPs。后来，有研究证实了这种肽在机体内具有良好的溶解性，在缺乏维生素 D 的参与下仍能促进 Ca^{2+}的吸收。同时，CPPs 还能促进动物对铁、锌、镁等矿物元素的吸收。

（2）防龋齿、促进牙齿、骨骼中钙的沉积和钙化　CPPs 作为一种含多个磷酸丝氨酸的蛋白质，既有稳定钙磷离子的作用，又有促进磷酸钙相分离的作用。研究表明，CPPs 具有明显的抗蛀牙功能，可用于防止和治疗牙结石。CPPs 在溶液中能与钙磷结合成复合体，即 CPPs 钙磷复合体（CPP-ACP），它是可溶性复合物，附着在龋损处，维持高水平的 Ca^{2+}浓度，促使 Ca^{2+}进入龋损区，促进早期龋损再矿化，从而有效地防止牙蚀细菌的侵蚀，达到抗龋齿的作用。这种作用完全依赖离子浓度、离子构象和液相的离子饱和浓度。

（3）其他作用　CPPs 还具有提高机体免疫和诱导某些肿瘤细胞凋亡等功能。研究表明，在小鼠饲料中添加 CPPs 能提高血清中 Ig G 和 Ig A 等抗体的水平，使肠道内的抗原特异性 Ig A 和总 Ig A 得到显著提高，这些说明 CPPs 能提高黏膜免疫力。同时，CPPs 的促肿瘤细胞凋亡的作用已经在人肠上皮腺瘤细胞 HT-29 细胞、结肠癌细胞 Caco-2 细胞、白血病细胞 HL-60 以及神经胶质瘤细胞 PC12 等细胞模型得到证明。

3. 酪蛋白磷酸肽的应用

CPPs 是以从天然牛乳中提取的酪蛋白为原料水解分离得到的功能性食品因子，因此相对安全。目前已经有添加 CPPs 的产品上市。在欧洲、东南亚等地，CPPs 被添加到乳制品中以强化钙的吸收，同时可满足不同消费群体的需求。还有 CPPs 果汁饮料、营养补充剂，甚至可添加到口香糖中，以预防龋齿。日本早在 20 世纪 80 年代末，就已经实现了 CPPs 的大批量生产，将其定为天然的营养促进剂，并生产了含有 CPPs 的功能性食品，例如日本某公司推出的一种铁骨饮料，就是以含促进钙吸收的 CPPs 为其主要成分；还有另外几家日本的食品公司也推出了添加 CPPs 的饼干；丹麦也于 1991 年实现了 CPPs 的商品化。此外，美国、德国、法国等国家均进行了积极地研究。近年来，中国的企业已经将 CPPs 作为营养强化剂添加到 3 段幼儿配方乳粉中。

（二）大豆肽

1. 大豆肽的结构及理化性质

大豆肽是大豆蛋白质经酸解或酶解而得的由不同氨基酸组成的肽链的混合物，以小分子肽为主，还含有少量游离氨基酸、糖类、大分子肽、无机盐等成分。GB/T 22492—2008《大豆肽粉》中将大豆肽粉定义为以大豆粕或大豆蛋白为主要原料，用酶或微生物发酵生产的，相对分子质量在 5000 以下，主要成分为肽的粉末状物质。大豆肽的氮溶解性指数（nitrogen soluble index，NSI）达到 95%以上，易溶于水，且具有无蛋白变性、加热不凝固、酸性不沉淀、流动性好、乳化性低、无豆腥味等理化性质。

大豆中的生物活性成分及其作用

2. 大豆肽的生理功能

（1）降血压和胆固醇　血管中的血管紧张素转换酶（ACE）在血压调节方面起着重要的生理作用，其能使血管紧张素Ⅰ（Ang Ⅰ）转换成血管紧张素Ⅱ（Ang Ⅱ），后者能使末梢血管收缩，外周阻力增加，从而引起高血压。抑制 ACE 酶活性，可以防止血管末梢收缩，有效预防和缓解高血压。大豆是抑制 ACE 酶活性的天然食物来源。大豆蛋白经过水解得到的疏水性多肽能够结合体内胆汁酸，是大豆蛋白降低血胆固醇的机理之一。具有结合胆汁酸功能的大豆肽能够阻碍胆固醇的再吸收，有效地排出胆固醇，同时防止胆固醇的过多吸收。

（2）调节血糖浓度　糖尿病是由于机体胰岛素分泌缺陷所致，以高血糖为特征的代谢性疾病。大豆肽通过抑制 α -糖苷酶的活性，从而减少葡萄糖的吸收，与其他碳水化合物和糖类一起使用时不受胰岛素分泌量的影响，达到抑制血糖急速上升的效果。且大豆肽富含亮氨酸，能刺激胰岛素分泌，使人体有效地利用自身胰岛素控制血糖浓度。

（3）抗氧化性　当机体代谢和外界刺激产生过多自由基时，自由基会破坏生物膜，破坏生命大分子，促进机体衰老，并诱发疾病产生。研究表明，大豆蛋白酶水解物中存在具有抗氧化性的活性肽，这类活性肽能抑制机体内自由基的大量积累，对提高自由基清除机制起到一定功效。其抗氧化能力是因为氨基酸残基含有组氨酸或酪氨酸，而组氨酸和酪氨酸能消除自由基或整合金属离子。

除上述生理活性外，大豆肽还具有促进细胞吞噬和免疫调节，促进矿物质吸收，促进脂肪代谢，调节肠道，抗肿瘤等作用。随着人们对大豆肽研究的深入，一些其他生理功能正逐渐被发现。

3. 大豆肽的应用

大豆蛋白多肽是小分子化合物，因此具有良好的溶解性，尽管配制成较高浓度的溶液而其黏度不大，并且对热稳定，酸性不沉淀，吸湿性与保湿性较好，因此可以作为各种饮料、功能营养品、蛋白肽类食品、普通食品、膨化食品生产的优良原料，也可应用于改善食品风味、提高食品品质等方面的添加剂。大豆蛋白多肽具有较好的增香增鲜性，将大豆多肽添加到肉制品中，能较大提高其鲜香程度。将大豆蛋白多肽用于糖果、巧克力的生产，可使产品甜度降低、鲜香程度增加、并能有效降低生产成本。若用于糕点制作，可以改善口味、降低生产成本、不易变质而使保质期延长。

大豆蛋白多肽营养特别丰富，消化吸收快，且含有人体需要的必需氨基酸和丰富的钙、铁、镁、锌等微量元素。因此可以用于特殊人群的营养食品，特别是对于患有消化道疾病的病人、消化功能衰退的老年人以及消化功能尚未成熟的婴幼儿。也可以制成适合不同人群的各种功能性食品。特别地，大豆多肽具有降低人体血清胆固醇、降血压和促进脂肪代谢等功能，因此大豆肽可用于生产具有降胆固醇、预防心血管系统疾病、降血压、防肥胖症等功能的功能性食品中。

三、乳铁蛋白

乳铁蛋白（lactoferrin，LF）是一种天然、无害、具有多种生物活性功能的铁结合糖蛋白，由哺乳动物体乳腺上皮细胞和中性粒细胞产生，广泛分布于具有分泌功能的组织及其分泌物。最早由 Sorensen 等在 1939 年在动物乳的乳清蛋白中发现乳铁蛋白的存在，并由 Groves 首先从牛乳中分离获得，因与铁结合形成的复合物呈现红色，又称之为“红蛋白”；因其能结合并运送三价铁离子而被命名，因此归类为传递蛋白家族。1961 年 Blanc 等从人乳中分离获得该蛋白，并正式命名为乳铁蛋白。

1. 乳铁蛋白的结构及理化性质

乳铁蛋白的分子质量约为 76~81kDa，含有约 700 个氨基酸残基，其一级结构为单一多肽链上结合有 2 条糖链，组成包括半乳糖、甘露糖、*N*-乙酰半乳糖胺、藻糖等。乳铁蛋白的糖基化与细菌的膜结合密切相关，如牙龈卟啉单胞菌的菌毛只能和糖基化的乳铁蛋白结合。乳铁蛋白的二级结构主要由 α -螺旋和 β-折叠构成，α -螺旋和 β-折叠沿蛋白质 β -氨基酸顺序交替排列。

2. 乳铁蛋白的生理活性

（1）促铁转运活性　乳铁蛋白具有非常高的铁离子亲和力，亲和平衡常数大约为 10^{20}数量级，是血液中转铁蛋白的 260 倍。乳铁蛋白主要在肠道中运载铁离子，对哺乳动物从肠道中吸收铁离子起到至关重要的作用。铁离子的摄入对肠道有刺激作用，乳铁蛋白结合铁可明显减缓此不良反应。婴儿的胃肠道可将母乳中乳铁蛋白分子完整吸收，肠细胞吸收乳铁蛋白的同时吸收大量的铁，有利于对母乳中铁元素的吸收。

（2）抗菌作用　抗菌蛋白和肽是各生物体抵御病菌的第一道防线，大量存在于分泌液中。作为一种调理素，乳铁蛋白通过结合铁的能力抑制细菌的生长和生物膜的形成，进而抑制细菌黏附和进入细胞，促进细菌清除。乳铁蛋白除了对病原微生物必需营养物质铁的剥夺从而抑制细菌外，还可以通过抗菌肽（LFcin）带正电荷，与带负电荷的磷脂、脂多糖亲和，增强其细胞膜的通透性，导致微生物细胞膜生理功能的彻底破坏，达到抑菌作用。乳铁蛋白具有较好的广谱抗菌活性，对铜绿假单胞菌、流感嗜血杆菌、金黄色葡萄球菌、大肠杆菌、沙门氏杆菌等革兰阴性菌及革兰阳性菌均具有抑制作用。

（3）免疫调节活性　乳铁蛋白主要通过作用于免疫细胞和免疫因子，发挥免疫调节作用。淋巴细胞、单核细胞、树突状细胞、巨噬细胞、自然杀伤细胞（natural killer cell，NK）等免疫细胞上有乳铁蛋白的特定受体，乳铁蛋白通过与这些免疫细胞的特异性受体相互作用，进行免疫调节。乳腺细胞、白细胞产生的乳铁蛋白进入组织后，NK 细胞的激活，肿瘤坏死因子和白细胞介素的产生等过程中发挥作用。在机体的细胞中嗜中性粒细胞是含乳铁蛋白最高，可以释放乳铁蛋白，竞争夺取致病菌的铁离子达到抑制机体感染的效果。

3. 乳铁蛋白的应用

乳铁蛋白因具有多种生理活性，被广泛应用于食品、动物生产、医疗、化妆品等领域，其可作为食品添加剂、功能性食品、免疫促进剂、药物载体等产品被应用。

乳铁蛋白最早于1982年应用在婴儿配方乳粉中，用于预防新生儿肠内感染以及促进婴儿铁的吸收。原卫生部门在GB 14880—2012《食品安全国家标准　食品营养强化剂使用标准》中批准允许在婴儿配方乳粉中添加乳铁蛋白的范围是≤1g/kg。后来其逐渐被添加在口香糖、化妆品、胶囊或饮料中用来治疗和预防铁缺乏症、腹泻、阿尔兹海默病及增强抗炎症能力等。近年来，乳铁蛋白被列入食品添加剂，将其添加到食品中以抗氧化和抑制细菌生长，如延长大豆油等油脂的保质期。在医疗上，乳铁蛋白作为药物辅助剂，与药物协同治疗以增强药物疗效和减轻机体抗药性。目前，新兴的乳铁蛋白产品主要有：以乳铁蛋白为基础所制备的乳铁蛋白纳米粒子，其具有良好的热稳定性、更长的贮存时间和pH稳定性，因此乳铁蛋白纳米粒子能作为载体在食品中起到封装和保护铁等微量营养素的作用，并且在药品中可起到缓释有效成分的作用。

第三节 ▸▸ 功能性油脂

脂类是人体必需的七大营养素之一，其中包括在常温下为液体状的油和常温下为固体状的脂肪等，脂肪由甘油分子与脂肪酸分子结合形成。根据饱和程度的不同，脂肪酸可分为饱和脂肪酸、多不饱和脂肪酸和单不饱和脂肪酸，其中，多不饱和脂肪酸和磷脂作为主要的功能性油脂，除了为人体提供能量外，还具有多种重要的生理功能。

一、多不饱和脂肪酸

1. 多不饱和脂肪酸的结构及主要来源

多不饱和脂肪酸（polyunsaturated fatty acids，PUFAs）是指含有至少2个非共轭顺式双键，碳链长度为18~22个碳原子的直链脂肪酸，双键数目越多，不饱和程度越高。根据甲基端第一个双键所连碳原子的编号可将PUFAs分为ω-3、ω-6、ω-7、ω-9系列（也可以用n编号表示）。其中研究较多的是ω-3与ω-6系列的PUFAs。ω-3系列主要有：α-亚麻酸（ALA）、二十碳五烯酸（EPA）、二十二碳五烯酸（DPA）和二十二碳六烯酸（DHA）等；ω-6系列PUFAs主要包括亚油酸（LA）、γ-亚麻酸（GLA）和花生四烯酸（AA）等。ω-3和ω-6系列PUFAs与人类健康密切相关，在功能上相互协调、共同调节着生物体的生命活动。

表 2-1 PUFAs 主要的种类及来源

种类		来源
ω-3 系列	ALA	植物油如亚麻籽油、紫苏籽油、大豆油、菜籽油等
	EPA、DHA	海洋生物如鱼、虾、藻类；蛋黄，肉类，内脏
	DPA	海洋哺乳动物油脂
ω-6 系列	LA	植物油如葵花籽油、核桃油、红花籽油、玉米油等
	GLA	植物油与螺旋藻属等
	AA	动物肝脏，血液，微生物，鱼油等

2. 多不饱和脂肪酸的生理功能

（1）促进脑部细胞生长发育、提高学习记忆能力　学习记忆是大脑最为重要的高级功能之一。PUFAs 是大脑的重要营养物质，与学习记忆的关系密切，目前已有大量的实验证明，PUFAs 具有增强大脑认知功能，改善学习记忆，促进脑部细胞生长发育、维持细胞正常功能、延缓脑细胞衰老、预防大脑认知功能疾病的作用。这种作用对各年龄阶段人群的大脑认知与学习记忆功能均有影响，特别是婴幼儿群体。

（2）抗癌作用　PUFAs 能够通过多种途径对癌症产生作用，包括诱导肿瘤细胞凋亡、影响转录因子活性、基因表达和信号传导，促进细胞脂质过氧化，改变细胞膜功能，抑制细胞新生血管形成等。

（3）抗炎作用　炎症反应是一种常见的病理过程，当机体受到创伤、异物入侵、感染等情况时，均可引起炎症反应，具体可表现为发热、红肿、疼痛与白细胞增多等症状。PUFAs 是细胞膜磷脂的主要组成成分，通过修饰膜脂组成，调节类花生酸合成，影响受体信号转导等途径来发挥抗炎作用。

（4）其他作用　PUFAs 还具有降低血液中甘油三酯含量、降低血液黏稠度、增强机体免疫能力、改善血液微循环、提高脑细胞的活性、增强胰岛素、影响细胞生长和预防肥胖等重要作用。

3. 多不饱和脂肪酸的应用

PUFAs 作为人体必需的营养物质，有促进细胞生长、调控基因表达、调节视力和脑发育等作用。目前，PUFAs 已广泛应用于婴幼儿配方乳粉（其中又主要包括配方牛乳粉、配方羊乳粉等）、婴幼儿配方米粉、婴幼儿营养面条等。此外，鉴于以上多种生理功能，目前已开发出一系列相关的功能性产品，如孕产妇的促进胎儿发育、中老年的降血脂、降胆固醇等。

二、磷脂

1. 磷脂的结构及主要来源

磷脂（phospholipids）是指含有磷酸结构的脂质化合物，最早由 Uauquelin

在1812年于人大脑中发现。1844年，Gobley首次从蛋黄中分离。磷脂分子常与蛋白质、胆固醇、糖脂等物质以结合状态存在，广泛分布在动植物组织及微生物中，是生物膜的基本组成成分。

市面上磷脂主要来源于大豆等植物，大豆经加工、脱水、提纯得到所需的磷脂，磷脂的营养价值特别高，在保健与医疗方面具有预防与治愈疾病的风险，故越来越受到人们的重视。

2. 磷脂的生理功能

（1）促进神经传导，提高大脑活力　磷脂自身就是神经细胞与大脑的组成成分之一，磷脂的代谢产物是乙酰胆碱，乙酰胆碱参与神经细胞的信息传递，当大脑中乙酰胆碱含量增加时，大脑神经细胞之间的信息传递速度加快，记忆力功能得以增强，大脑的活力也会明显提高。同时，磷脂能够增强神经结构与大脑细胞生长旺盛，减慢它们的衰老与退化。

（2）降低血清胆固醇、预防心血管疾病　胆固醇在心脑血管内的沉积是造成心脑血管疾病的主要诱因。卵磷脂在血液中能调节胆固醇与脂肪的运输与沉积，将营养成分输送到人体各个部位，从而改变人体对脂肪的吸收与利用，缩短了脂肪在人体内的滞留时间，起到了“血管清道夫”的作用。这主要是由于磷脂中含有多种不饱和脂肪酸，能与胆固醇发生酯化反应，生成胆固醇酯，降低脂肪与胆固醇的含量，起到预防心血管疾病的作用。

（3）肝脏保护作用　现如今，人们生活水平越来越高，经常性的饮酒与高脂肪的饮食，会导致各种肝功能破坏，引发各种疾病。功能性磷脂具有乳化作用，能够保护肝细胞不易损坏，同时还能够提高肝细胞的活性和生长能力，提升肝对疾病的抵抗功能。

（4）调节心理疾病作用　近年来社会竞争激烈，人们处在紧张与压力的环境下，会导致出现一些神经紊乱、焦虑、急躁、易怒、失眠等症状，长期在这种状态下人特别容易崩溃。经常食用磷脂，能够补充营养物质，提高大脑细胞的活性，减少疲劳，提升身体机能，保持心情的愉悦。

3. 磷脂的应用

磷脂分子中既含有疏水性基团又含有亲水性基团，因此是一种很好的表面活性剂，具有良好的乳化特性。因此，常作为人造奶油和起酥油的乳化剂。同时，在面包、饼干和糕点的面团中添加磷脂，可改进面团的吸水性，使面粉、水和油易于混合均匀，增加产品的起酥性，并有抗氧化和防止老化的作用。在固体饮料中添加适量的磷脂，可起到乳化剂和润湿剂的作用，如在冰淇淋生产过程中加入磷脂，可增加冰淇淋的光滑性，并能抑制乳糖结晶，防止在贮藏过程中出现沙质现象。在豆奶或豆浆生产中，则可作为消泡剂使用。同时，鉴于磷脂对神经系统、心血管系统的特殊功效，所以在磷脂口服液、卵磷脂片、磷脂软胶囊等磷脂功能性食品中也得到广泛应用。

第四节 ▶▶ 维生素与矿物质

一、维生素

维生素是维持机体正常代谢和生理功能所必需的一类微量的低分子有机化合物。通常根据维生素的溶解性质将其分为脂溶性维生素和水溶性维生素。

脂溶性维生素除了具有维生素的共同特点之外，还具有以下特性：①它的吸收与肠道的脂类密切相关；②易贮存于体内（主要贮存于肝脏）而不易排出体外（维生素 K 除外）；③摄入过少或缺乏，在较长时间内可缓慢地出现临床症状，而摄入过多，也易在体内蓄积而发生毒性作用，一般长期使用 DRIs（膳食营养素参考值）的 5~10 倍以上即可出现中毒症状。

水溶性维生素除了具有维生素共同特点之外，还具有以下特性：①它们大多数以辅酶的形式参与机体的物质和能量代谢；②体内没有非功能性单纯水溶性维生素的贮存形式，当机体需要量饱和时，多摄入的水溶性维生素从尿液中排出，反之如果组织中水溶性维生素不足，则消化道摄入的水溶性维生素将大多被组织摄取和利用；③水溶性维生素毒性极低，只有摄入量达到人体需要量的 15~100 倍时才出现毒性反应，水溶性维生素摄入过少或缺乏时，在较短时间内就会出现临床症状。

水溶性维生素之间、脂溶性维生素之间、水溶性维生素与脂溶性维生素之间均存在相互影响，如维生素 B_1、维生素 B_2 和烟酸随机体的能量代谢增加而增加；维生素 E 的抗氧化功能依赖于谷胱甘肽和维生素 C 的协同作用，并依赖于微量元素硒的存在等；维生素 E 还可促进维生素 A 在肝内的贮存等。

（一）脂溶性维生素

（1）维生素 A　是指所有具有视黄醇生物活性的化合物。生理功能包括：促进视觉细胞内感光物质的合成和再生，以维持正常视觉；促进生长发育；维生素 A 及其异构体具有抗肿瘤作用；维持和促进免疫功能等。

（2）维生素 D　生理功能包括：促进小肠钙吸收；促进肾小管对钙、磷的重吸收；参与机体多种机能的调节等。

（3）维生素 E　是氧自由基清除剂，与超氧化物歧化酶、谷胱甘肽过氧化酶一起构成体内抗氧化系统，有预防动脉粥样硬化和心血管疾病，预防衰老的作用；对维持正常的免疫功能；与动物的生殖功能和精子生成有关等。

（4）维生素 K　形成活性凝血因子Ⅱ、凝血因子Ⅶ、凝血因子Ⅺ和凝血因子 X 所必需；维生素 K_2 对骨骼的发育和抗骨质疏松具有重要作用。

（二）水溶性维生素

（1）维生素C　维生素C又称抗坏血酸。生理功能包括：参与体内的羟化反应，羟化反应又是体内许多重要化合物的合成或分解的必经步骤；具有较强的还原性，与脂溶性抗氧化剂协同作用，清除自由基，防止脂质过氧化反应；增强免疫功能等。

（2）维生素B_1　也称硫胺素，在体内以焦磷酸硫胺素的形式构成丙酮酸脱氢酶、转酮醇酶、α-酮戊二酸脱氢酶等的辅酶，参与能量代谢。

（3）维生素B_2　又称核黄素，在体内以黄素腺嘌呤二核苷酸、黄素单核苷酸作为辅基与特定蛋白质结合，形成黄素蛋白，参与氧化还原反应和能量代谢。

（4）维生素B_6　包括吡哆醇、吡哆醛及吡哆胺，其磷酸化形式是氨基酸代谢过程中转氨酶等的辅酶。维生素B_6缺乏可引起末梢神经炎、唇炎、舌炎、皮脂溢出和小细胞性贫血等。

（5）维生素B_{12}　又称氰钴胺素，是唯一含金属元素（钴）的水溶性维生素。生理功能包括：促进红细胞的发育和成熟，预防恶性贫血；提高叶酸利用率；参与甲硫氨酸合成；保护神经系统；参与脱氧核酸（DNA）的合成，脂肪、碳水化合物及蛋白质的代谢等。

（6）叶酸　生理功能包括：预防恶性贫血；提高免疫力；参与核酸合成；参与神经递质的合成等。

（7）烟酸　又称尼克酸，包括烟酸、烟酰胺及其具有烟酸活性的衍生物。烟酸在体内构成烟酰胺腺嘌呤二核苷酸（辅酶Ⅰ）及烟酰胺腺嘌呤二核苷酸磷酸（辅酶Ⅱ），在生物氧化还原反应中作为辅酶起电子载体或递氢体作用。

（8）泛酸　又称遍多酸，是辅酶A和酰基载体蛋白的组成部分，辅酶A参与糖、脂肪和蛋白质代谢，酰基载体蛋白在脂肪酸合成中发挥重要作用。

（9）生物素　在脂肪和糖代谢中，生物素以辅酶形式参与体内羧基转运过程。

（10）胆碱　是磷脂酰胆碱和神经鞘磷脂的组成成分，参与甲基供体的合成与代谢，是神经递质乙酰胆碱的前体；具有控制胆固醇的蓄积和帮助传送递质神经的信号等功能。

二、矿物质

人体组织中几乎含有自然界的各种元素，其组成和含量除了与地球表面的元素分布有关外，也与膳食摄入量有关。目前，人体内可检出的元素达70种以上。这些元素除碳、氢、氧、氮外，其余的元素均称为矿物质。人体内有20多种化学元素维持人体基本功能，其中大于人体体重0.01%的元素称为常量元素，如钙、镁、钾、钠等，体内含量在体重0.01%~0.005%的元素，称为微量元素，其中必需微量元素是生物体不可缺少的元素，如铁、锌、硒等。

（一）常量元素

（1）钙　构成机体的骨骼和牙齿的主要成分之一；参与调节神经、肌肉的兴奋性；影响毛细血管通透性；参与调节多种激素和神经递质的释放；作为血液凝固过程所必需的凝血因子等。

（2）磷　骨骼和牙齿的重要构成成分；以磷酸根形式参与机体能量代谢、糖和脂肪的吸收及代谢；作为核酸、磷蛋白、磷脂、环腺苷酸、环鸟苷酸和多种酶的组成成分；磷酸盐缓冲体系接近中性，构成体内缓冲体系，参与酸碱平衡的调节等。

（3）镁　是多种酶的激活剂，具有调节细胞钾、钠分布，维持骨骼生长和神经肌肉兴奋性等功能。

（4）钾　参与糖、蛋白质的代谢，维持正常渗透压和酸碱平衡、神经肌肉的兴奋性等。钾缺乏可引起神经肌肉、心血管、中枢神经发生功能性或病理性改变。

（二）微量元素

（1）铁　维持正常的造血功能；参与体内氧的运送和组织呼吸过程；参与维持正常的免疫功能；促进β-胡萝卜素转化为维生素 A 等。

（2）锌　生理功能包括：促进机体免疫功能；维持细胞膜结构；促进生长发育；促进脑发育与维持认知功能；促进创伤愈合；与唾液蛋白结合成味觉素可增进食欲；对皮肤和视力具有保护作用等。

（3）硒　生理功能包括：作为若干抗氧化酶的必需组分，起到延缓衰老，预防某些慢性病发生的作用；有毒重金属的解毒作用；增强免疫作用；保护心血管和心肌的健康；维持正常生育功能；抑制癌细胞生长等。

（4）铜　参与铜蛋白和多种酶的构成；某些含铜金属酶（如细胞色素 c 氧化酶）作为氧化酶在体内参与氧化还原过程。

第五节 ▸▸ 植物活性成分

来自于植物性食物的生物活性成分，被称为植物化学物，是植物能量代谢过程中产生的多种中间或末端低分子质量次级代谢产物，除个别是维生素的前体物（如β-胡萝卜素）外，其余均为非传统营养素成分。天然存在的植物化学物种类繁多，具有多种生物活性作用，主要表现在抑制肿瘤、抗氧化、免疫调节、抑制微生物、降胆固醇、调节血压、抑制炎症等。

一、有机酸类功效成分

植物的茎、叶、果实是天然有机酸的重要来源。有机酸具有的共性生物活性包括抗菌作用、抗氧化作用、血脂血糖调节作用等。例如，绿原酸具有抗菌作用，是许多中草药的有效成分。阿魏酸主要存在于伞形科植物阿魏、川芎的根茎，百合科植物洋葱的根、球茎和叶，十字花科植物莱菔的根等中，可通过抗氧化作用而保护细胞膜完整性、降低血脂等机制而达到防治心血管疾病的作用。

二、生物碱类功效成分

大多数生物碱是药用植物的有效成分，具有抗肿瘤、镇静止痛、保护心血管系统、抗病毒、减肥、降脂等活性。例如，蒜氨酸具有抗微生物、保护心血管、抗癌等功能。荷叶碱具有降脂减肥作用、抗病毒、抗菌、抗氧化等作用。

三、有机硫化合物类功效成分

有机硫化合物指分子结构中含有元素硫的一类植物化学物，它们以不同的化学形式存在于蔬菜或水果中。一种是异硫氰酸盐，存在于十字花科蔬菜中，如西蓝花、卷心菜、菜花、球茎甘蓝、荠菜和小萝卜，具有抗氧化、抗癌、增强免疫等作用。另一种是葱蒜中的有机硫化合物，例如，大蒜素具有杀菌、提高机体的免疫力、预防心血管疾病、防治肿瘤等作用。

四、类黄酮功效成分

类黄酮类化合物分布广泛，种类繁多，如黄酮类、黄酮醇类、二氢黄酮类、二氢黄酮醇类、异黄酮类、二氢异黄酮类、黄烷类、花色素类。类黄酮类化合物具有多种生物活性，例如抗氧化、抗突变和抗炎症等功能。

1. 花色素类

花色素是一类广泛存在于植物中的水溶性色素，水果、蔬菜、花卉等五彩缤纷的颜色多与此类色素有关，具有抗氧化、抗突变作用、降低胆固醇及低密度脂蛋白胆固醇水平、降血压、提高视力和对肝的保护作用。

2. 儿茶素

儿茶素是茶树次生代谢的重要成分，广泛存在于茶、山茶和银杏的叶。具有抗氧化作用、抗肿瘤、降血脂、降血压、保护心肌、抑制脂质过氧化和血栓的形成和对肝的保护作用。

3. 黄酮及黄酮醇类

（1）银杏黄酮　具有抗氧化、抗突变、保护心脑血管和类雌激素样作用，还可提高皮肤含水量和含脂量，预防龋齿。

（2）山楂黄酮　健脾消食、降血压、降血脂、抗氧化、抗肿瘤、抗菌、抗病毒、抗炎、抗过敏、防治糖尿病并发症等作用。

4. 异黄酮类

（1）大豆异黄酮　维持骨代谢平衡、（抗）雌激素样活性、抗氧化、抗血栓形成、降血脂、预防动脉粥样硬化、免疫调节等作用。

（2）葛根素　对心脑血管的保护作用、降血糖、抗氧化、雌激素样活性、调节免疫、保护肝、改善视力等作用。

五、酚类功效成分

植物来源的酚类化合物大多具有特殊的芳香气味，具有抗氧化、降血脂、抗菌、抗炎、抗病毒等作用。

1. 丹参素/丹酚酸

丹参素/丹酚酸具有抗氧化、降血脂及抗动脉粥样硬化、增强机体免疫、抗肿瘤（前列腺癌）、防治白内障、改善睡眠等作用。

2. 丹参酮

丹参酮具有抗肿瘤、抗痤疮丙酸杆菌、抗凝血、解热作用等。

3. 蒽醌类

蒽醌类化合物在天然药用植物中较为常见，主要分布于蓼科（如大黄、番泻叶、酸模、虎杖、何首乌等）、鼠李科、豆科（如决明子）、茜草科、玄参科、百合科（如芦荟）等，具有致泻、抗菌、抗肿瘤作用。

4. 白藜芦醇

白藜芦醇具有增强免疫、改善心脑血管循环、抗氧化、抗肿瘤等作用。

5. 姜黄素

姜黄素具有缓解类风湿性关节炎症状、抗肿瘤、降血脂、抗氧化等作用。

6. 厚朴酚

厚朴酚具有抗炎、抗菌、抗氧化、抑制肿瘤、抑制血小板凝集等作用。

7. 原花青素

原花青素具有抗氧化、降低血压、降低胆固醇、调节免疫、抗炎、抗菌、抗突变、改善视力以及保肝等作用。

六、类胡萝卜素

1. 虾青素

虾青素具有抗氧化、增强免疫、抗癌、保护视力、预防心血管疾病、缓解运动疲劳等作用。

2. 番茄红素

番茄红素具有抗氧化、降低血脂、降血压、增强免疫力、抗癌、抗辐射等作用。

3. 叶黄素

叶黄素具有抗氧化、保护视力、预防老年性黄斑区病变、抗癌等作用。

七、萜类功效成分

1. 单萜和倍半萜

如天然薄荷中的薄荷醇（单萜）具有防腐、杀菌和清热功效；樟脑（单萜）具有防腐、防虫和杀菌作用；青蒿素（倍半萜）为抗疟疾药物。

2. 二萜

如银杏内酯，可促进脑血微循环、抗脑动脉硬化、抑菌抗炎和抗记忆力减退；甜菊苷，甜度约为蔗糖的300倍，却不产生热量，可作为甜味剂替代蔗糖。

3. 三萜

（1）红景天苷　具有抗缺氧、抗疲劳、保肝、防辐射、抗氧化基等作用。

（2）人参皂苷　多种生理活性与人参、三七、西洋参的传统疗效相符，包括增强免疫力、抗高血脂和抗动脉硬化、增强记忆、抗衰老、抗疲劳、保肝和抗癌作用等。

（3）大豆皂苷　具有调节血脂代谢、抗氧化、调节血糖代谢、免疫调节功能、抗凝血、抗病毒和保肝作用等。

（4）绞股蓝皂苷　具有调节脂质代谢、抗氧化、护肝作用。

（5）苦瓜皂苷　具有调节甘油三酯、调节血糖代谢、调节内分泌、增强免疫、抗病毒等作用。

（6）三七皂苷　具有增强免疫、双向调节血糖、降低血脂及胆固醇、改善睡眠、抗疲劳、改善记忆能力、抗氧化等作用。

（7）罗汉果甜苷　具有止咳祛痰、抗氧化、增强免疫、降血糖及抗肿瘤等功效。

八、植物甾醇和植物甾醇酯

植物甾醇广泛存在于各种植物油、坚果和植物种子中，以植物油和油料种子中含量最高。具有降低血清胆固醇、类激素作用、抑制肿瘤、增强免疫和抗病毒等作用。

第六节 ▸▸ 微生物类功效成分

一、真菌

1. 半知菌类

可用于功能性食品的半知菌类有蝙蝠蛾拟青霉、蝙蝠蛾被毛孢，主要功效成分为虫草素、腺苷，具有增强免疫力、缓解体力疲劳等作用。

2. 酵母属

酵母属中申报功能性食品的主要是酿酒酵母，主要用于保健酒剂型的生产。富硒酵母已列入《保健食品原料目录营养素补充剂原料目录》中。

3. 灵芝属

《保健食品原料目录　破壁灵芝孢子粉》中规定破壁灵芝孢子粉为多孔菌科真菌赤芝、紫芝、松杉灵芝的干燥成熟孢子，经灭菌（辐照灭菌和湿热灭菌等灭菌方法），干燥，低温物理破壁，过筛制得。用量范围 1~4g，适宜人群为免疫力低下者，不适宜人群为少年儿童、孕妇及乳母，功效为增强免疫力。

4. 红曲菌属

可用于功能性食品的红曲菌属有红曲红曲菌（即红曲霉）、紫色红曲霉（即紫红曲霉），主要功效成分是洛伐他汀，具有降血脂作用。

二、益生菌

1. 双歧杆菌属

双歧杆菌的生理功能：改善乳糖不耐症、改善腹泻及缓和便秘、增强免疫力、降低血脂、调节肠道内环境、促进某些矿物质的吸收等作用。

2. 乳杆菌属

乳杆菌属生理功能包括：改善乳糖不耐受症、抑制致病菌和调整肠道菌群、增强免疫、降低胆固醇、防治心血管疾病等作用。

3. 链球菌属

链球菌属生理功能与双歧杆菌相似，具有调节肠道菌群、增强免疫力、保护胃黏膜、改善肠道功能、通便、防治腹泻、促进消化、抗肿瘤、抗衰老等作用。

三、藻类

1. 螺旋藻

《保健食品原料目录 螺旋藻》中规定螺旋藻为钝顶螺旋藻和极大螺旋藻经人工培养、采收、清洗的藻泥，经过喷雾干燥，或者其他干燥方法并经杀菌获得的干粉。用量范围 3~4g，适宜人群为免疫力低下者，不适宜人群为婴幼儿、孕妇及乳母、过敏体质人群，功效为增强免疫力。

2. 盐藻

盐藻生理功能有增强免疫、抗氧化、保护视力等作用。

知识拓展▶

现代科技让灵芝产业插上腾飞翅膀

灵芝孢子粉是灵芝的精华，富含灵芝多糖、多肽类、赤灵芝孢子酸、有机锗、生物碱类、呋喃衍生物类、亚油酸、三萜类等功效物质，具有调节免疫力、抗肿瘤、抗过敏等作用而被广泛应用。但是，由于灵芝孢子细胞壁由几丁质、纤维素和木质素等物质组成，结构稳定、质地坚硬，很难被胃酸消化。从灵芝孢子粉的吸收利用这个关键点看，灵芝产品大致经过了三个时代，孕育了三代产品。第一代产品是从灵芝中直接提取的孢子粉。第二代产品为破壁孢子粉，虽然在一定程度上提高了吸收率，但是吸收难的问题并没有根本解决，而且产品容易氧化变质。第三代产品，也就是最新一代产品为超声波膨化灵芝孢子粉。超声波膨化技术彻底解决了灵芝孢子粉不易吸收易氧化的问题，使吸收率大于95%。现代科技在灵芝产品开发中的应用，使灵芝产品成分更清晰，效果更确切，更有利于广大消费者接受。

第二章　配套教学课件

复习思考题▶▶

1. 功能性碳水化合物的定义及分类有哪些？请举例说明其在功能性食品中的应用。
2. 什么是活性肽？其在功能性食品中的应用包括哪些？
3. 请列出至少5种常见的功能性油脂并简述其生理功能。
4. 请列出至少5种常见的植物活性成分并简述其生理功能。
5. 请整理出可用于开发功能性食品的益生菌类原料的名单，包括拉丁学名称及菌株号。

实训项目二▶

功效成分/标志性成分的测定

一、实训目的

1. 了解功能性食品中功效成分/标志性成分的标识、含量合理性判定等基本知识。
2. 掌握功能性食品中功效成分或标志性成分的基本测定方法。
3. 能够进行总黄酮含量的测定。

二、实训内容及操作步骤

（一）标识标签

选取市面上一款以“总黄酮”为功效成分/标志性成分的功能性食品/保健

食品。分析功效成分在产品标识标签上的表示方法、功效成分的含量是否合理。

（二）成分含量测定

试样经预处理除杂后，以甲醇或60%乙醇溶液提取黄酮类成分。试样中的黄酮类成分可被亚硝酸钠还原，与硝酸铝生成络合物，在氢氧化钠溶液碱性条件下开环，生成2-羟基查耳酮而使溶液显特征的橙红色，采用分光光度法在510nm波长处测定吸光度，以芦丁为对照品，采用标准曲线法计算样品中总黄酮的含量。

按以下方法及操作，对该产品中的总黄酮的含量进行测定，获得测定的结果与产品标签说明书上的功效成分标识值进行比较。

1. 试剂准备

除非另有说明，本方法所用试剂均为分析纯，水为GB/T 6682—2008《分析实验室用水规格和试验方法》规定的一级水。

（1）5%亚硝酸钠溶液：称取5g亚硝酸钠（$NaNO_2$），加水溶解成100mL。

（2）10%硝酸铝溶液：称取硝酸铝［$Al(NO_3)_3 \cdot 9H_2O$］10g，加水溶解成100mL。

（3）氢氧化钠试液：取氢氧化钠（NaOH）4.3g，加水溶解成100mL。

（4）石油醚（60~90℃）、乙醇（CH_3CH_2OH）、甲醇（CH_3OH）。

（5）芦丁对照品溶液：取芦丁对照品适量，精密称定，加甲醇溶解，制成浓度为0.2mg/mL的对照品溶液。

2. 仪器准备

（1）紫外/可见分光光度计。

（2）超声波提取器。

（3）离心机。

（4）分析天平：感量1mg，0.1mg。

3. 分析步骤

（1）试样处理（试样取样量、供试液取样体积可根据试样中总黄酮的含量适当调整，以保证测定的吸收度值在0.3~0.7）。

固体与软胶囊试样：精密称取固体试样粉末或软胶囊内容物0.4g（M），置索氏提取器中，加石油醚（60~90℃）加热回流提取至提取液无色，弃去石油醚液，样渣挥去石油醚，转移至具塞锥形瓶中，精密加甲醇25mL（V_1），密塞，称定重量，超声处理30min，放冷至室温，称定重量，用甲醇补足减失的重量，摇匀，离心，取上清液作为供试品溶液。

液体试样：精密吸取供试品2mL（M），至25mL（V_1）量瓶中，加60%乙醇溶解并稀释至刻度，摇匀，作为供试品溶液。

（2）芦丁对照品标准曲线制备：精密吸取芦丁对照品溶液0.0，1.0，2.0，3.0，4.0，5.0，6.0mL，分别置25mL（V_3）量瓶中，加水至6mL，加入5%亚硝酸钠溶液 1mL，摇匀，放置 6min，加 10%硝酸铝溶液 1mL，摇匀放置 6min，加氢氧化钠试液 10mL，摇匀，再加水至刻度，摇匀，放置 15min，以 0.0mL 对照品溶液制得的溶剂为空白，在波长 510nm 处分别测定吸光度值。以吸光度为纵坐标（A），对照品浓度为横坐标（mg/mL），绘制标准曲线。

（3）样品测定：精密吸取供试品溶液 2mL（V_2），至 25mL 量瓶中；照（2）中“加水至 6mL……在 510nm 波长处测定吸光度”，同法操作。从标准曲线上读出供试品溶液中含总黄酮的浓度（C），计算样品中总黄酮的含量（X）。

4. 结果计算

$$X = \frac{C \times V_1 \times V_3 \times 100}{V_2 \times M \times 1000}$$

式中 X——试样中总黄酮的含量，以芦丁（$C_{27}H_{30}O_{16}$）计，g/100g（mL）；

C——标准曲线上读出供试品溶液中总黄酮的浓度，mg/mL；

V_1——试样定容体积，mL；

V_2——吸取供试液体积，mL；

V_3——显色定容体积，mL；

M——试样取样量，g（mL）。

计算结果以重复条件下获得的两次独立测定结果的算术平均值表示，保留三位有效数字。

同一操作者两次平行测试结果的绝对差值不得超过算数平均值的：15%（固体样品）、10%（液体样品）。

注：样品有颜色时，可采用样品标准添加法，以 0 号管调零，绘制标准曲线，以消除样品颜色干扰。

本方法的检测限（limit of detection，LOD）为 50ng；定量限（limit of quantitation，LOQ）200ng；本方法的最佳线性范围（以芦丁计）：9.9~59.2。

功能性食品中总黄酮含量的测定

第三章

功能性食品研发

【知识目标】

1. 掌握功能性食品研发的基本思路与流程；产品技术要求的制订。

2. 熟悉功能性食品研发的配方研究、常见剂型工艺研究要求和产品技术要求。

3. 了解产品稳定性评价方法、功能性食品安全性与功能学评价；了解功能性食品申报和审批的流程；了解产品检验涉及的项目。

【能力目标】

1. 能根据市场调查情况提出功能性食品研发思路，制定研究方案；认识功能性食品特点，撰写一般功能性食品产品研发报告。

2. 掌握功能性食品的注册或备案的基本要求，了解相关制剂制备技术关键参数和检测方法的应用，能够制订功能性食品“产品技术要求”。

【职业素养目标】

1. 通过学习和实践功能性食品研发思路，“树立大食物观”，满足民众更高水平的食物和营养需求。

2. 培养爱岗敬业、求真务实、创新创业的职业精神；具有良好的团队协作意识；提高协调人际关系的能力。

3. 培养勤奋踏实、大胆尝试、坚持不懈地寻求有效解决问题方法的探索精神，以及精益求精、追求卓越的工匠精神。

案例导入▶

杜甫曾经吟诵“酒债寻常行处有，人生七十古来稀”的名句。世界卫生组织（WHO）把60~74岁的人群称为年轻老年人，75岁以上才称为老年人，90岁以上的人群称为长寿老人，据2021年国家统计局发布的数据，上海2021年居民平均寿命80.26岁，浙江2021年居民平均寿命77.73岁，因此现在七十岁的人群绝非古来稀，而是相当多，他们的保健需求也已然成为一种刚需。

讨论：以你现在的知识和经验，你想开发一款什么样的功能性食品/保健食品？为什么？

人类在很久以前就发现食品除了能解决温饱，还能促进健康。因此从某种意义说，所有食品都是有功能性的，即它们能提供人们生存所需的能量和营养成分。“功能性食品”指能提供生存所需之外的健康效益的食品。食品和营养科学从识别并纠正营养缺陷发展到设计功能性食品来促进机体达到最佳健康状态并减低疾病风险的阶段。

2022 年 10 月，党的二十大报告提出“树立大食物观”“构建多元化食物供给体系”，其目的是满足人民群众日益增长的美味、营养、健康和文化需求，推动食品产业高质量发展。大力发展功能性食品的开发和应用，也是符合《健康中国 2030》发展纲要和《健康中国行动 2019—2030》的总体要求。功能性食品已经为提升人民的健康水平，改善慢性病的危险因素，改善人民的营养状况，减少减轻慢性病的发病率起到了积极的作用，也在倡导健康的生活方式，稳步提升人民的寿命和生活质量等方面起到不可忽视的重要作用。

第一节 ▸▸ 功能性食品研发思路

功能性食品自从第一代产品（强化食品）到第二代产品（初级产品），再发展到第三代产品（高级产品），其技术含量有了大幅度的提高。高级产品具有功效成分明确、含量可测、作用机理清楚、效果确切等特点。在开发功能性食品前，应明确开发思路，准备功能性食品研发报告，包括产品的安全性论证报告、保健功能论证报告、生产工艺研究报告、产品技术要求研究报告等内容。产品预期效果应有：①适用于亚健康状态人群，对产品投放市场后的发展前景进行分析；②对产品可能带来的社会效益与经济效益进行评估。

一、功能性食品的研发目的

功能性食品的“功能性”体现在产品中含有的功效成分，在这些不可忽略的生理活性成分中，有的参与调节人体生理活动，有的具有减少减轻疾病发生风险的保健功能。功能性食品对特定人群具有主要集中在以下 4 个方面的健康益处。

（1）益生作用；

（2）降低发生疾病的风险；

（3）调节身体机能，维持人体的健康生理状态；

（4）补充维生素、矿物质等营养素。

二、功能性食品研发重点考虑的因素

为了满足功能性食品开发的目的，其研发思路主要从以下几个方面考虑。

（1）产品的市场定位　竞品的情况、产品的适用人群、适用功能，从市场角度分析本产品的特点，产品的定位适合什么样的人群，老年人、婴幼儿等特殊人群还需要考虑吞咽问题、产品使用的便捷性、人群的遗传性差异等因素。

（2）产品保健功能的选择依据　包括主要原料的功效作用、原料配伍依据等。

（3）原辅料的选择　原辅料的选择要考虑其安全性和合规性，其依据主要是参考新食品原料目录、《卫生部关于进一步规范保健食品原料管理的通知（卫法监发〔2002〕51号）》、卫生部门关于保健食品原料的各类批复、公文等；营养素补充剂按照《保健食品原料目录 营养素补充剂（2023年版）》《保健食品备案产品可用辅料及其规定（2021年版）》等。

（4）生产工艺的研究　包括剂型、规格和制剂工艺等。根据不同人群、原辅料特点等选择不同剂型，根据不同剂型选择不同辅料，优化确定关键工艺参数（如提取、灭菌等）以及必要的工艺验证。

（5）产品技术要求的制定　如技术要求中各功效成分或标志性成分指标的设定依据，及其分析方法和验证，稳定性试验等。

（6）产品的安全性　产品的安全性必须通过长期毒性、急性毒性等试验方法来检验和证实，参照《保健食品及其原料安全性毒理学检验与评价技术指导原则（2020年版）》等有关内容进行评价。

（7）产品的功能学评价　产品的功能必须经过功能学评价来确认，功能学评价按照《保健食品功能检验与评价方法（2023年版）》的要求开展评价。

功能性食品/保健食品等特殊食品的注册、备案和生产经营的监管属于国家市场监督管理总局监管范围，针对特殊食品的研究与开发有一系列的法规、标准和指导原则等规范性文件，在产品研发时必须遵循这些规范性文件，并围绕相关管理办法和指导原则的要求开展研发工作。

三、功能性食品研发需要遵循的原则

1. 科学性原则

研究工作应当符合现代医学、中医学、药剂学、营养学、食品学的理论和科学研究的成果，如配方来源于中药的处方，则应既要满足中医辨证理论，又要具备与功能性食品功能相关的科学依据，生产工艺应符合食品生产和药物制剂的科学理论。

2. 合理性原则

研究工作符合客观规律和相应的法律法规规定，如工艺与剂型的选择是否合理？原料性质与剂型的工艺过程是否合理？植物在提取制备过程当中参数是否合理？

3. 真实性原则

研究工作应当真实可靠，反映客观事实过程和结果，如小试、中试工艺研究是工艺参数制定的重要依据，工艺说明应如实反映实际生产过程，实际生产和申报的配方及工艺要完全一致。

4. 一致性原则

产品研发需要一定时间周期，有时会经历几年，时间跨度较大，所有研究工作在不同的时期、不同的地点对同一件事情的描述要前后一致，如工艺说明与工艺简图是一致的，研发报告和其他相关的资料有一致的对应关系等。

第二节 ▸▸ 功能性食品研发流程

在开展某项功能性食品的研究开发时，应充分理解功能性食品研发的基本原理、政策法规，并充分做好前期的调研和评估，全面调研该产品的市场容量、同类竞品数量与销售规模、适用人群、不适人群、注册或备案研究内容、生产与检验可实现性、原料和辅料的可及性等，同时还要预计开发周期和所需费用。

一般来说，功能性食品的研发流程主要包括调研及立项、制订研究计划及方案、组织实施、资料整理及撰写、注册或备案申请五个步骤。制订研究方案时应明确该产品的开发目的、研发流程、每一个研究环节遵循的要求。在开发过程中需要及时掌握研究进度和质量，在注册评审期间做好注册状态的追踪查询，如需要求补充资料，及时完成补充研究工作，在规定的时间内递交补充资料，尽快完成产品注册或备案。功能性食品研发流程见图 3-1。

一、产品研发前调研及立项

产品研发前应全方位分析准备开发产品的市场情况、目标人群、预期保健功能，这些适用人群及功能在国内外人群中发生情况、疾病预防与现状（包括流行病学调查、危害因素、目标人群营养情况、疾病发病率、高危人群等）；同时与销售部门做好产品的推广策略和价值链设计等准备工作。

完成市场调研后还要对本产品的原辅料可及性、开发难易程度、研究机构和试验机构的选择、开发周期、费用安排等充分评估后完成可行性论证报告，制订切实可行的立项报告。

二、制订研究计划和研究方案

新产品研发立项后，应制订研究的实施计划，包括项目组人员组成、费用预算、阶段性研究成果和时间节点，及相应的交付文件或资料等研究计划。

按照新产品研究计划的安排，还应制订相匹配的研究方案，包括下列内容。

（1）查阅文献，明确功效；

（2）根据不同功效筛选原料以及每日用量的依据；

（3）根据原料特性和适用人群设定产品剂型和辅料选择；

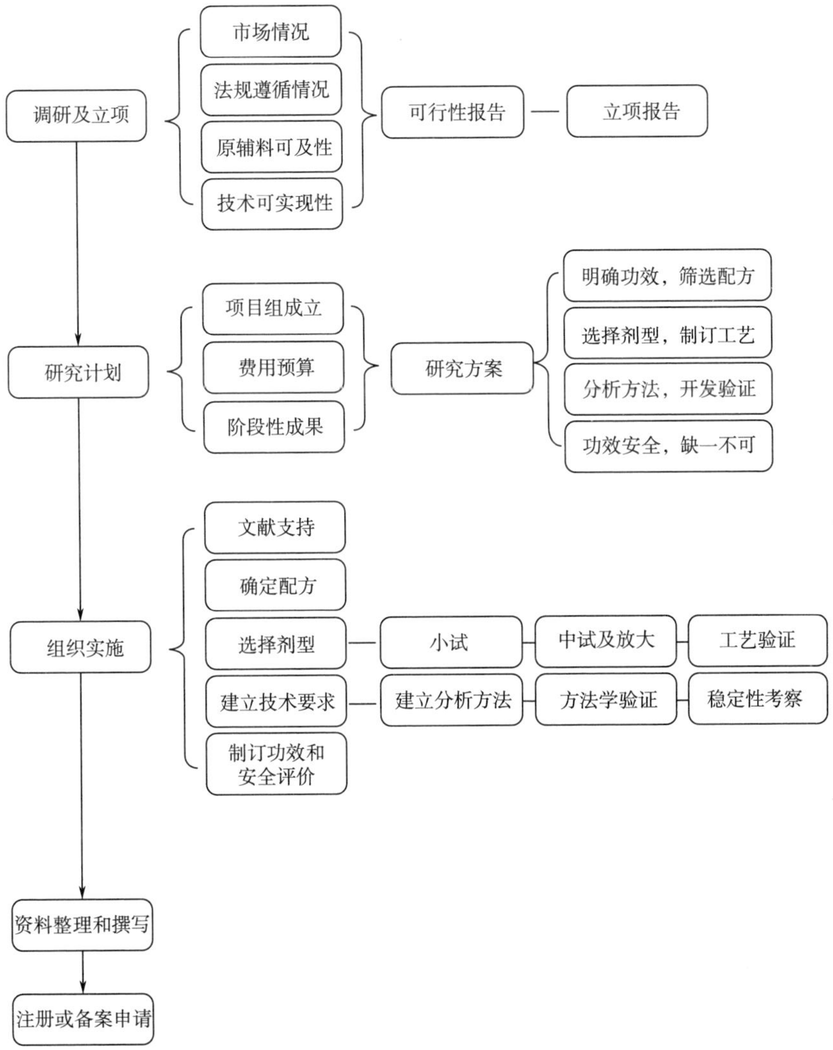

图 3-1　功能性食品研发流程图

（4）工艺流程设计；

（5）分析方法开发及验证；

（6）功效性和安全性评价。

完善的研究方案是基于扎实的调研基础上，多学科的系统性组合协调完成的，是贯穿整个新产品研发过程的“中心线”，是研发工作有序开展、顺利完成的有力保证。

三、组织实施

（1）文献查阅，对预期开发产品的目标人群进行精准定位，了解保健功能对应症状的病理学、流行病学、高危人群和营养学特征，为产品的配方设计提供依据。

（2）确定配方，先确定主要原料及功效，再确定主要原料中的功效性成分或者标志性成分，可根据相关古籍文献、经典名方和现代药学文献等来佐证选取的原料相关的功能性和科学性。

（3）根据原料的特性和使用人群等因素，设计不同的产品类型，如颗粒剂、片剂、咀嚼片等，有的还可以选择食品类型，如软糖、酒剂、饼干等。选择好不同产品类型后，按照相应的产品类型设计工艺步骤。

（4）建立产品技术要求，包括感官指标、理化指标、微生物指标、功效成分的分析方法和验证，以及其他特殊指标的要求，如胶囊中铬的检测、油脂中过氧化值、酸价的检测等。

（5）制订产品的功效性评价和安全性评价方案，有涉及人体试食研究时，还需与临床医院或机构协商产品试食试验方案。

四、资料整理与撰写

申报资料按照有关法规规章的要求准备，如原国家食药监总局《关于印发保健食品注册审评审批工作细则的通知》等，一般包含以下材料。

（1）保健食品注册申请表，以及申请材料真实性的承诺书。

（2）注册申请人主体登记证明文件复印件。

（3）产品研发报告　包括产品的安全性论证、保健功能论证、生产工艺研究、产品技术要求研究等内容。

（4）产品配方资料　包括原料和辅料的使用依据；产品配方配伍及用量的安全性科学依据、配方以及适宜人群、不适宜人群、食用方法和食用量、注意事项等的综述；配方主要原料具有功能作用的科学依据及其他原料的配伍必要性。

（5）生产工艺资料　要求从小试工艺研究到中试工艺验证和工艺修正的研究过程的详细描述和总结。

中试研究的投料量一般为配方量（以制成 1000 个制剂单位计算）的 10 倍以上，也可根据剂型、配方组成、研发用样品需求等的具体情况，适当调整中试规模，但均要达到中试放大研究的目的，在中试生产验证数据应包括批号、原辅料投料量、半成品得量得率、理论产量、实际产量、成品率等。

（6）安全性和保健功能评价资料　包括安全性评价试验材料的分析评价、产品配方配伍及用量具有保健功能的科学依据、产品保健功能试验评价材料、人群食用评价材料等的分析评价报告以及产品配方以及适宜人群、不适宜人群、食用方法和食用量等的综述。

（7）直接接触保健食品的包装材料种类、名称、相关标准；使用的包材一般建议采用食品包材或者药品包材，并注明其质量标准。

（8）产品标签、说明书样稿。

（9）产品名称中的通用名与注册的药品名称不重名的检索材料、产品名称与批准注册的保健食品名称不重名的检索材料。

（10）最小销售包装的样品。

（11）其他与产品注册审评相关的材料。

五、注册或备案申请

根据《保健食品注册与备案管理办法》的要求，属于注册品种的，按照《保健食品注册申请服务指南（2016 年版）》的要求进行注册申请；属于备案品种的，按照《保健食品备案工作指南》的要求进行备案申请。

（一）注册申请主要流程

（1）准备申请资料；

（2）向国家市场监督管理总局行政受理机构提出注册申请；

（3）国家市场监督管理总局食品审评中心进行技术审查、必要时进行动态核查和样品的复核检验，提出补充意见；

（4）申请人在规定时限内完成补充研究及资料提交；

（5）国家市场监督管理总局同意注册申请并发放《保健食品注册证书》，不同意的驳回注册申请。

（二）备案申请主要流程

（1）准备备案资料，在国家市场监督管理总局指定网站上填写、提交备案申请表及备案申请资料；

（2）向所在省市的市场监督管理局提交备案资料；

（3）备案资料符合要求的，所在省市的市场监督管理局备案管理部门当场备案，发放《国产保健食品备案凭证》及备案号；不符合要求的，应当一次告知申请人补正相关材料重新提交备案资料。

第三节 ▸▸ 功能性食品的配方

功能性食品具有三种属性：第一是“食品属性”，它不能脱离食品，是食品的一个特殊种类；第二是“功能属性”，它具有一般食品无法比拟的功效作用，能够调节人体的某种生理功能；第三是“非药品属性”，它不是为治疗疾病而生产的产品，功能性食品是介于食品和药品之间的一种特殊食品。

功能性食品从原料来源可以分为三类：中草药类、食物原料类、营养素类等三类，因此，功能性食品的配方依据亦按照这个原料来源划分。

中草药类功能性食品是我国的主要品种，具有中国特色，中国药食养生理论及其实践活动已有5000多年的历史，中草药具有药食同源，中药类型及饮片都可以作为保健食品进入市场，因此我们要用中医药传统理论和现代科技技术相结合来指导新产品的研发，推陈出新，创造出优秀产品。

食品原料类功能性食品开发的案例日益增多，特别是以新食品原料为代表的，如玛咖、鱼油、叶黄素酯、越橘提取物、番茄红素等等，已成为功能性食品开发的新趋势。

营养素补充剂以补充一种或者多种人体必需营养素为目的，包括维生素、矿物质等。

一、中草药类功能性食品配方选择的途径

(1) 从古今方剂、医籍中选择；
(2) 从历代名医医案中选择；
(3) 从当代名老中医、民间中医、医院制剂中选择；
(4) 从民间单方、验方中选择；
(5) 从国内外有关期刊杂志中选择；
(6) 从科研处方中选择。

初步选定几个方剂，再运用中医药的理论结合临床实际，对各处方进行综合分析，筛选分析内容包括处方来源、药材品种、性味归经、配伍禁忌、功能主治、毒性大小、有效成分、用法用量等方面进行综合分析考虑，从中筛选出最佳处方，这一过程需要非常严谨的态度和科学的方式，而不是简单机械地进行组分拼凑。

二、功能性食品原料的来源

功能性食品中，含有功能因子的原料来源大致可以分为以下八类。

(一) 中草药和动植物提取类

1. 药食两用的中草药和动植物品种

卫健委公布了属于药食两用的动、植物品种名单，参见第一章第二节。

2. 允许用于功能性食品的部分中草药品种

卫健委允许使用部分中草药作为开发现阶段的功能性食品，参见第一章第二节。

(二) 氨基酸类

如色氨酸、赖氨酸、甲硫氨酸等。

（三）活性蛋白

包括免疫球蛋白、乳铁蛋白、大豆蛋白等。

（四）功能性油脂

包括单（多）不饱和脂肪酸、鱼油等。

（五）真菌和益生菌类

包括灵芝等真菌类、乳酸菌、双歧杆菌类等。

（六）新食品原料类

植物甾醇、玛咖等。

（七）营养素补充剂

包括水性溶维生素和脂溶性维生素等维生素；钙、铁、铜、锌等矿物质类。

（八）其他

经国家监管机构专家委员会会审，允许使用的原料，如氨基葡萄糖等。

三、功能性食品原料使用的注意事项

（1）功能性食品使用的原料数量一般不超过 14 个。

（2）以中药（饮片）类为功能性食品原料，其用量一般以《中国药典》常用量的 1/3～1/2 的范围内。

（3）食品的原料和辅料必须使用标准名称，如大豆异黄酮含量≤20%的则称为“大豆提取物”，≥40%则称为“大豆异黄酮”。

（4）某些特殊原料的用量必须按规定要求，如芦荟的用量≤2g/d（以干品计）。

（5）保证产品安全无毒，在规定的剂量下长期服用亦不产生任何急性亚急性和长期毒性。

（6）配方中需要避免的情况

①配方配伍不合理，不符合传统中医药理论，原料使用有配伍禁忌等。

②配方原料功效与保健功能不符，配方中含有禁用的原料或者国家保护动物、植物原料，或者防腐剂、色素超标准使用等。

③2001 年 7 月 5 日国家卫生部公告《关于限制以甘草、麻黄草、苁蓉和雪莲及其产品为原料生产保健食品的通知》，禁止使用野生甘草、麻黄草、苁蓉、雪莲及其产品作为功能性食品成分，使用人工栽培的甘草、麻黄藻、苁蓉和雪莲及产品作为功能性食品成分，应提供原料来源、购销合同和原料供应商出具

的收购许可证。

④功能性食品原料禁用的名单：按照《卫生部关于进一步规范保健食品原料管理的通知》（卫法监发〔2002〕51号）的公告规定，下列物质禁用于保健食品中，包括八角莲、八里麻、千金子、土青木香、山莨菪、川乌、广防己、马桑叶、马钱子、六角莲、天仙子、巴豆、水银、长春花、甘遂、生天南星、生半夏、生白附子、生狼毒、白降丹、石蒜、关木通、农吉痢、夹竹桃、朱砂、米壳（罂粟壳）、红升丹、红豆杉、红茴香、红粉、羊角拗、羊踯躅、丽江山慈姑、京大戟、昆明山海棠、河豚、闹羊花、青娘虫、鱼藤、洋地黄、洋金花、牵牛子、砒石（白砒、红砒、砒霜）、草乌、香加皮（杠柳皮）、骆驼蓬、鬼臼、莽草、铁棒槌、铃兰、雪上一枝蒿、黄花夹竹桃、斑蝥、硫磺、雄黄、雷公藤、颠茄、藜芦、蟾酥。

⑤禁止使用国家一级、二级保护野生动植物及产品，禁止使用人工驯养和繁殖或者人工栽培的国家一级保护野生动植物及其产品；含有何首乌等原料的功能性食品应注意其肝脏毒性。

⑥国家相关部门的公告中禁止功能性食品使用的原料，如熊胆粉、肌酸等。

⑦已获得批准的中成药或者受国家中药保护的中成药，不能作为功能性食品开发。

（7）产品配方中的功效成分或标志性成分还需要注意该成分在生产中原料的投入量，以及功效成分或标志性成分检测方法的科学性，同时尽可能收集该功效成分或者标志性成分的安全性评价资料。

四、营养素补充剂功能性食品的原料选择及使用剂量范围

国家市场监督管理总局、卫健委、国家中医药管理局关于发布《保健食品原料目录　营养素补充剂（2023年版）》《允许保健食品声称的保健功能目录　营养素补充剂（2023年版）》，规定了各个年龄段适用人群营养素补充剂的原料及使用剂量范围。

五、辅料的使用范围和用量

辅料的选择和用量大小也应在规定的范围中，并提供辅料的使用依据。国家市场监督管理总局制订发布了辅料使用规定《保健食品备案产品可用辅料及其使用规定（2021年版）》。

六、保健功能论证报告中配方及文献部分的要求

配方及其制订的文献依据主要涵盖产品配方原料使用目的、组方原理、配方配伍及用量具有声称功能的科学依据。配方及文献的研究是拟开发功能性食品在声称功能方面的研究基础，是结合功能评价试验结果综合判断功能性食品

功能评价及标签标识相关内容是否合理的重要依据。

（一）文献依据的相关要求

1. 文献依据的范围

（1）国内外政府机构、权威机构或组织发布的法规、标准、指南、专论等；

（2）我国传统中医药古籍记述；

（3）国家统编规划教材、专业著作、学术年鉴等；

（4）国内核心期刊或国际专业期刊正式发表的科研论文、专家论著及系统综述类文献。

2. 文献依据的质量要求

（1）文献依据应具有专业性，研究质量可靠、研究数据可信；

（2）国内外政府机构、权威机构或组织发布的文献依据、国家统编规划教材、专业著作、学术年鉴等文献依据在专业领域应具有行业、学术权威性和广泛共识性，文献中原料相关作用的表述应与声称功能具有能够证实的相关性；

（3）我国传统中医药经典古籍类文献依据中对原料相关作用的表述与声称功能具有相关性；

（4）文献依据中原料组成与产品原料相符，主要成分、主要工艺等信息与产品原料具有相关性，使用提取物的应明确其相当于原始物料的量；

（5）实验性科研论文类文献依据中受试人群或动物模型、研究设计、试验指标等应与声称的功能及适宜人群相对应，试验结果及统计分析合理，试验结论明确，试验剂量能支持原料用量具有声称功能作用。

（二）产品配方原料文献及论述要求

1. 明确原料的使用目的

按照主要原料具有声称功能作用、其余原料具有配伍必要性，明确原料的使用目的。

2. 主要原料具有功能作用的文献依据

主要原料包括单一原料和复配原料，其相关文献依据应支持产品主要原料在使用剂量上具有声称功能。

（1）提供法规、标准、指南、专论、中医药古籍文献记述、科研论文及系统综述类文献依据，客观地反映相关原料的国内外研究、使用现况，并依据所提供的文献综合论述主要原料具有声称功能作用；

（2）提供实验性科研论文或基于实验性科研论文的文献分析和评价报告，此类文献中篇名、首作者、发表刊物、试验受试物、动物或人群模型、试验剂量及相当人体剂量、评价指标、试验结果及结论等信息可以以文献信息汇总表形式列出，并依据所提供的文献综合论述其支持主要原料具有声称功能作用的用量，必要时提供可能的膳食摄入量情况；

（3）主要原料为经简单加工的普通食品的，还应重点明确原料的功效成分和含量以及量效关系。提供的原料检验报告、产品试验报告等资料，应明确原料功效成分的具体用量；提供的实验性科研论文，能论证功效成分与声称功能的量效关系。

3. 其他原料配伍必要性文献依据

应提供其他原料与主要原料配伍使用，支持产品具有声称功能的中医药文献记述、科研论文等文献依据，并相应论述其他原料配伍的必要性。

（三）产品配方配伍用量及文献论述要求

1. 配方规范性

配方组成规范、清晰、完整，日用量明确，使用提取物的应明确其相当于原始物料的量。

2. 产品组方原理

产品组方原理明确，适宜人群选择合理。结合适宜人群的研究资料，能充分论述产品拟解决的问题、作用特点和意义。

（1）以中医药养生理论为主指导组方的，应说明组方来源、应用及筛选的依据等情况，对组方的基本配伍原则及各原料作用加以分析，对组方具有拟声称保健功能进行论述。

（2）以营养学理论为主组方的，应用现代医学、营养学理论，结合相关科学依据对组方具有拟声称保健功能进行论述。

（3）根据配方原料的性质、生产工艺等特点，结合相应理论论述组方具有拟声称保健功能，重点关注配方中既含传统动植物原料又含非传统动植物原料的组方合理性。

（4）申报多个声称功能的产品，应论述声称功能关联的科学性、合理性。

3. 产品配方配伍及用量具有声称功能的综述

应对原料、组方原理相关文献依据进行关键性的分析，呈现相关文献依据中的意义及结论，综合论述产品配方配伍及用量具有声称功能。

（1）原料和辅料的使用依据　按照普通食品（包括可用于普通食品的物品、食品添加剂）、新食品原料、“按照传统既是食品又是中药材的物质”“拟纳入保健食品原料目录”以及保健食品新原料等类别，明确原辅料的使用依据。

使用保健食品新原料的，应参照新食品原料安全性审查的有关规定，提供保健食品新原料的研制报告、国内外的研究利用情况等安全性评估材料和毒理学试验报告、生产工艺、质量要求、检验报告。

（2）产品配方配伍及用量的安全性科学依据　从传统配伍禁忌和现代医学药理学研究方面，提供产品配方配伍及用量理论依据、文献依据和试验数据等科学依据。提供配方原料的品种、等级、质量、用量及个数符合有关规定的依据。

（3）安全性评价试验材料的分析评价　对涉及的保健食品新原料安全性评估材料和毒理学试验报告以及菌种鉴定报告和菌种毒力试验报告、产品的安全性评价试验等，进行综合分析，对产品安全性进行评价。

（4）配方以及适宜人群、不适宜人群、食用方法和食用量、注意事项等的综述应根据原辅料的使用依据、产品配方配伍及用量的科学依据、安全性试验评价材料等，综述配方以及标签说明书拟定的适宜人群、不适宜人群、食用方法和食用量、注意事项等的合理性。

第四节 ▸▸ 功能性食品生产工艺

功能性食品的制剂形态主要分固体口服制剂、半固体口服制剂和液体口服制剂三类。固体口服制剂一般是指片剂、胶囊（硬胶囊和软胶囊）、颗粒剂、散剂、茶剂、丸剂、糖果、糕点、饼干、粉剂和凝胶糖果等；半固体口服制剂是指膏剂；液体口服制剂是指口服液、饮料、酒类、液体乳类等。

功能性食品制剂形态的选择是依据产品配方组成、原料特点、功效成分的理化性质、生物学特性、食用方法、适用人群的依从性和产品的保质期等因素，并结合相关功能性食品的技术要求和相关技术指南来综合分析和研究，按科学性、合理性原则，选择合适的制剂形态，合适的制剂形态能够保证产品安全有效、质量稳定。

功能性食品的生产工艺研究主要包括原料的前处理、制剂技术和包装等，本节主要介绍原料的前处理和常用制剂（片剂、硬胶囊、软胶囊和口服液）技术研究两部分内容。

一、原料的前处理

根据原料的来源和不同性质，原料的前处理工序主要有粉碎和过筛、混合、提取、分离和精制、浓缩、干燥等。原料若为中药材，多需要炮制，如切制、蒸制、炒制等。

1. 粉碎和过筛

（1）粉碎　是指借用机械力或者其他方法，将大块的物体制成适宜程度的碎块、颗粒或者粉末的操作过程。

粉碎按不同的粒径分为粗粉碎、中粉碎、微粉碎和超微粉碎，粒径在 5～50mm 为粗粉碎，5～10mm 为中粉碎，100μm 以下为微粉碎，10μm 以下为超微粉碎。

常用的粉碎方式有干法粉碎和湿法粉碎。

干法粉碎是指将物料经过适当的干燥处理，使物料的水分含量降到一定的限度（一般水分在5%以下）再进行粉碎的方法。

气流式超微粉碎是常用的干法粉碎方式之一，是利用空气、蒸汽或者其他气体，通过一定的压力喷射产生高速气流，物料颗粒在高速的气流作用下相互之间发生剧烈的碰撞、摩擦，加上高速气流的剪切力，使得颗粒之间得到充分的研磨，粉碎成超微粒子。气流式超微粉碎也是作为植物种子性原料破壁的常用手段之一，如破壁灵芝孢子粉的制备。

湿法粉碎是指在药物中加入适当的液体进行研磨粉碎的方法，适于刺激性强、质地坚硬的物料粉碎。

粉碎时应注意：根据使用粉碎的目的和要求，控制适当的粉碎度，粉碎的过程中防止异物的混入，粉碎后应保持物料的原有组分和作用不变。粉碎的关键工艺条件和技术参数包括粉碎所用方法、出粉率、粉碎粒度（筛网目数）等。

（2）过筛　指粉碎后的粉末物通过网孔性的工具，使得粗粉和细粉的分离，目的是将粉末按照不同的粒度范围分成不同的等级，便于制备不同的剂型。

不同原料过筛还可以起到混合的作用，保证组分的均匀性。

制药工业用筛的标准一般是《中国药典》的标准，以目数表示筛号，即每英寸2.54cm长度上筛孔数目来表示，如40目是指每英寸有40个孔，能过40目的筛的粉末称为40目粉，目数越大，筛粉越细，《中国药典》一部所选用的药筛共有9种，1号筛孔内径最大，依次减小，9号筛孔内径最小，每一种筛的具体尺寸详见《中国药典》一部的附录。

2. 混合

混合是指将两种或者两种以上的物质相互分散而达到均匀状态的操作过程。固体-固体的混合是通过物理搅拌的方式达到，液体-液体混合是通过搅拌混合的方式达到，液体-固体混合可以采用桨式搅拌器、混合搅拌器或者油水乳化技术等方式完成。

3. 提取

提取是指用适当的溶剂，将植物中的化学成分从植物组织中抽提出来，也称为溶剂提取或者浸提。根据天然植物中各种化学成分的溶解性，选择对有效成分溶解度大而对其他成分溶解度小的溶剂，用适当的方法将所需的功效成分尽可能完全从药材组织中溶解出来。

常用的提取方法有：煎煮提取法、浸渍提取法、回流提取法等。

（1）煎煮提取法　是指用水做溶剂，通过加热煮沸浸提药材成分的方法，适于有效成分能溶于水，并对湿热稳定的药材，有常压或者加压的方式进行煎煮。煎煮提取法的重点工艺参数是明确提取溶剂（包括溶剂浓度）、提取次数、提取时间等。

（2）浸渍提取法　是用适当的溶剂在一定的温度下将药材浸泡一段时间，以浸提药材有效成分的一种方法，适于提取有效成分遇热容易分解或者含有淀粉、树胶、果胶、黏液质的天然药物。应用浸渍提取法必须明确浸泡溶剂（包括溶剂浓度）、浸泡时间等。

（3）回流提取法　是指用低沸点的有机溶剂如乙醇等挥发性有机溶剂浸提，浸提液通过加热后挥发性溶剂蒸馏后又被冷凝，重复回流到浸入器，浸提药材而循环浸提的方法，本法适于对热稳定的有效成分的提取。回流提取法关键工艺参数包括提取溶剂及其溶剂浓度、加热时间、温度、提取时间等。

此外，还有超临界流体提取法、水蒸气蒸馏法、酶法和微波提取法等多种提取方法。

4. 分离和精制

（1）分离　是指将固体与液体非均相体系用适当的方法分开，从而提取固体或者液体的过程，也称为固-液分离。常用的分离方法有三类：沉降分离法，离心分离法和过滤分离法，此外还可以利用物质的极性不同而采用吸附的方式进行分离。

①沉降分离法是指固体物与液体介质密度相差悬殊，经过静置后固体物靠自身重量自然下沉，使固体与液体分离的一种方法。

②离心分离法是指利用离心力的作用使浸出液中的固体与液体或者两种密度不同且不相混溶的液体进行分离的方法。离心分离法应明确浸出液的性质、离心的方法与所用设备（名称、型号、适用范围）、转速、离心时间、温度、滤材（名称、质量要求）及规格等。

③过滤分离法是指将固-液混合液通过多孔过滤介质，使固体粒子被介质截流，液体从介质孔道流出，从而实现固液分离的方法。过滤的方法分为常压过滤法、减压过滤法、加压过滤法和薄膜过滤法等。过滤法应明确过滤方法、过滤所用设备（名称、型号、适用范围）、滤材规格、过滤压力（或真空度）等。

（2）精制　是指采用适当的方法和设备，除去提取液中杂质的操作，常用的精制方法有水提醇沉淀法、醇提水沉淀法、大孔树脂吸附法、超滤法、盐析法、酸碱法、透析法、萃取法等。精制后产品的质量要求有含水（醇）量、相对密度、得率、主要成分含量、溶剂残存情况等。

5. 浓缩

浓缩是指通过加热、反渗透等方法除去提取液中的部分溶剂，使提取液中有效物质浓度增加的过程，常用浓缩方法有蒸发浓缩、反渗透浓缩和超滤浓缩等。浓缩物（清膏或稠膏）的质量要求应明确含水（醇）量、相对密度及测定时温度等（必要时提供收得率、溶剂残存等指标），浓缩的工艺条件和技术参数包括进料时提取液的相对密度、浓缩所用方法、压力（真空度）、温度、时间等。

6. 干燥

干燥是指利用加热使物料中的水分或者其他溶剂汽化除去，从而获得干燥物品的方法，常用方式有烘干干燥、减压干燥（真空干燥）、喷雾干燥、沸腾干燥（流化床干燥）、冷冻干燥等。

干燥的关键工艺条件和技术参数包括：

（1）烘干干燥　包括干燥的温度、时间等参数。

（2）减压干燥（真空干燥）　包括减压干燥的真空度、干燥时间、温度等。

（3）喷雾干燥　包括干燥料液的相对密度与进液时的温度、干燥温度（进风温度、出风温度）、喷雾式的压缩空气压力（高压空气喷嘴）、转盘转速（离心式喷雾）等。

（4）沸腾干燥（流化床干燥）　包括空气预热温度、沸腾时的温度、风速与风量、喷雾流量和干燥时间等指标。

（5）冷冻干燥　包括预冻温度、真空度、冷冻速度、干燥时间（包括预冻、升华时间、解析干燥时间）等指标。

二、制剂工艺技术

我国功能性食品产品剂型主要涉及到（软、硬）胶囊、片剂、口服液、颗粒剂（冲剂）、粉剂、丸剂、膏剂、茶、饮料、酒、奶类、保健醋、糖果、凝胶糖果等20多种形态。

现有功能性食品的剂型主要集中在片剂、胶囊、口服液，三种剂型占到了70%以上，其他剂型占比较少。这是因为胶囊、片剂、口服液剂型在准确定量、保存期等方面存在优势，更符合功能性食品定量食用、质量稳定的要求。

（一）片剂

片剂是指将功能性食品中功效成分与适宜辅料加工制成的片状制剂，包括吞服片、咀嚼片、含片、泡腾片等。

片剂试样用单冲压片机的调试和使用

1. 片剂中的常用辅料及功能

（1）填充剂　淀粉是最常用的片剂填充辅料，以玉米淀粉为主，外观颜色好，吸湿性小，杂质少，性质稳定，与多数功效成分不起作用，价格便宜。可压性较差，不宜单独使用，常常作为稀释剂、吸收剂，也可以作为黏合剂和分解剂。

乳糖为白色结晶或粉末状，无臭、易溶于水，性质稳定，与大多数功能成分不起反应，是优良的片剂填充剂。

微晶纤维素是常用的片剂辅料，微晶纤维素部分水解而制得聚合度较小的结晶性纤维素，具有良好的可压性，压成的片剂，有较大的硬度和较强的结合力，片剂中含有20%的微晶纤维素时崩解较好。

可压性淀粉是一种多功能片剂辅料，可以作为填充剂，具有良好的可压性、流动性、黏合性和自身润滑性，并具有较好的崩解作用。

（2）湿润剂和黏合剂　当某些功效成分或者辅料本身具有黏性时，只需要加入适当的液体，就可以将本身固有的黏性诱发出来，这时所加的液体就是湿润剂。

黏合剂是当某些辅料本身没有黏性或者黏性不足，需要加入某些黏性物质，才能成型。对一般具有黏性的物料，用水润湿后即可产生黏合作用，常常采用低浓度的淀粉浆或者乙醇替代。淀粉浆是利用淀粉能够糊化的性质而制得，是片剂中常用的黏合剂，其优点是可以通过不同的浓度来调节，价廉易得，压制的片剂崩解迅速，黏合性能良好，适用于大多数物料。

羧甲基纤维素钠是纤维素羧甲基醚的化合物，溶于水，初步膨化和溶胀后加热到 60~70℃时，可以加快其溶解过程，作为黏合剂的浓度一般为 1%~2%，其黏性强，常用于可压性较差的物料。

羟丙基纤维素是纤维素的羟丙基醚化物，含羟丙基 7%~77%，含量为 7%~19%的为低取代羟丙基纤维素，其性状为白色粉末，易溶于冷水，加热至 50℃时胶化或者溶胀，既可以作为湿法制粒的黏合剂，也可以作为粉末直压的黏合剂。

甲基纤维素和乙基纤维素分别是纤维素的甲基化或者乙基醚化产物，甲基纤维素具有良好的水溶性，可以形成黏稠的胶体溶液而作为黏合剂使用；乙基纤维素不溶于水，在乙醇等有机溶剂中溶解度较大，可以用其乙醇溶液作为对水敏感的药物的黏合剂。

羟丙基甲基纤维素是最常用的薄膜衣材料，溶于冷水而成为黏性溶液，常用 2%~5%的溶液作为黏合剂使用。

（3）崩解剂　崩解剂可使片剂在胃肠道中迅速碎裂成细小颗粒的物质，从而使功效成分迅速溶解、吸收而发挥保健作用，崩解剂大多具有良好的吸水性和膨胀性，从而实现片剂的崩解，常用崩解剂有干淀粉、羧甲基淀粉钠、低取代羟丙基甲基纤维素、交联聚乙烯吡咯烷酮等。

干淀粉是指含水量在 10%以下的淀粉，常用玉米淀粉或者马铃薯淀粉，遇水后吸湿性强有一定的膨胀性，适用于水不溶性或者微溶性材料的片剂，而对易溶性材料的崩解作用比较差，添加量一般在 5%~20%。

羧甲基淀粉钠是一种白色无定形粉末，吸水膨胀作用非常显著，是性能优良的崩解剂，价格低廉，用量一般为 4%~8%。

低取代羟丙基甲基纤维素有较大的孔隙度和表面积，稀释性和吸水性较好，崩解后的颗粒细小，有利于药物的溶出，一般用量为 2%~5%。

交联聚乙烯吡咯烷酮是一种白色、流动性好的粉末或颗粒，在水中迅速溶胀，且不会出现高黏度的凝胶层，其崩解性能十分优越。

（4）润滑剂　润滑剂是在压片过程中，为了避免黏冲、片重波动过大以及出片困难，一般在物料颗粒中加入具有润滑作用的辅料来改善颗粒的填充状态，降低颗粒和冲模的摩擦力，减少原料对冲模的黏附性，改善压片和片剂的密度分布。理想的润滑剂具有润滑、助流、抗黏三种作用，常用润滑剂有硬脂酸镁、滑石粉、聚乙二醇等。

硬脂酸镁是一种疏水性润滑剂，使用后片面光洁美观，具有良好的附着性，易于与颗粒混合均匀，润滑性强，但抗黏性差，一般用量为0.25%~1%。

滑石粉为白色或者灰白色结晶粉末，润滑作用差，但抗黏性和助流性较好，主要作为助流剂使用，一般用量为3%~6%。

聚乙二醇是一种水溶性润滑剂，主要用聚乙二醇4000和6000，制得的片剂崩解和溶出不会受到影响。

2. 压片工艺

压片是在较大压力下压制而成，因此物料必须具备良好的可压性和流动性，依据物料特性，选择性添加助流剂或崩解剂等辅料。

片剂工艺分为颗粒压片法和直压法，以颗粒压片法较常用，颗粒压片法的颗粒制备又分为湿法制粒和干法制粒两种。

（1）颗粒压片法　本法分为颗粒制备和压片两个步骤。

颗粒制备主要有3种方法。

①湿法制粒是片剂生产的主要方法，首先将各原料粉碎、混合均匀加入适当溶剂制成软材，再过筛制成湿颗粒，干燥后整粒即得中间体颗粒。

②干法制粒是针对受热不稳定或者遇水分解的物料，先在原料中添加适量的黏合剂或者润滑剂混匀，再用压力制成块状，然后再破碎或整粒即得中间体颗粒。

③流化床喷雾制粒是利用气流的作用使物料粉粒流动而进行混合，黏合剂经喷嘴喷射到粉粒凝集成颗粒，并同时干燥，本法适用于对湿热敏感的物料，制得的颗粒完整，大小均匀，流动性好。

压片指在制得的中间体颗粒中加入辅料如崩解剂、润滑剂等，混合均匀后即可压片。压片机常用多冲旋转式压片机，冲头一般为16冲、19冲、27冲、33冲、55冲等。

压片工艺应明确压片方法与设备（名称、型号、适用范围）、压力、片重控制范围。

（2）粉末直压法　本法是在物料中添加适宜的辅料混合均匀，不经过制粒直接压片的方法，此法要求添加的辅料具有良好的流动性和可压性，常用的辅料是微晶纤维素等。

采用直接粉末压片的应考虑原辅料的性质（流动性等），所选设备是否支持工艺要求。

（3）包衣　指在片芯的外周均匀地包裹一层一定厚度的材料（包衣材料），包衣的目的是：①避光防潮，隔绝空气，提高功效成分的稳定性；②掩盖物料的不良气味；③防止或者减缓片剂对胃部的刺激以及防止胃液对功效成分的破坏；④改善片剂的外观。还有特殊包衣材料可控制功效成分在胃肠道不同部位释放或者缓慢释放，达到缓控释的目的。

包衣工艺应包括包衣种类、包衣材料的名称、包衣料配方与用量（特别是色素的用量）、包衣液配制方法、包衣方法及技术参数（如包衣锅的转速）以及包衣增重等指标。

（4）包装　包装是为了保持片剂原有的物理化学和生理作用等方面的性质，牢固美观，保证片剂的质量，耐受运输过程中的撞击，便于分装、贮存和应用。

包装形式一般是根据片剂的性质，可以用玻璃瓶、铝塑瓶、铝塑水泡式包装、铝箔包装、复合膜包装等，包装材料的选择主要考虑它的密封性、水蒸气的渗透性、隔氧性以及包装材料与片剂的稳定性和相容性等方面，对光不稳定的功效成分，还应当选用不透明的包装材料。

（5）片剂的质量要求　片剂质量主要从外观、硬度、片重差异、含量均匀度、崩解度，溶出度等几个方面进行考察。

①外观：片剂外观应色泽均匀、完整、光洁、无异物，并能够在有效期中保持不变。

②硬度：片剂应有适当的硬度，以避免片剂在包装、贮存、运输过程中破碎或者磨损，对片剂的硬度应进行检测，可用硬度计或脆碎仪检测。

③片重差异：按《中国药典》对片重差异，符合表3-1的要求。

表3-1　片重差异

片剂平均质量/g	质量差异限度/%
<0.3	±7.5
≥0.3	±5

④含量均匀度：是指小剂量片剂、胶囊剂等单剂含量偏离标示量的程度，凡检查含量均匀度的制剂，可以不再进行片重差异检测。对于主要功效成分含量少，分散性差的片剂需要进行含量均匀度检测。

⑤崩解度（崩解时限）：片剂服用以后要在体内崩解成细碎的粒子，增加功效成分与胃肠道接触的面积，使片剂中功效成分更好地被吸收，发挥疗效，一般采用升降式崩解仪检测片剂的崩解时限，检测方法按照《中国药典》的要求进行。

⑥溶出度：溶出度是指在规定溶剂中，从片剂或者胶囊等固体制剂中的功效成分溶出的速度和程度，这是一种模拟口服固体制剂在胃肠道崩解、溶出的一种体外简易试验方法。

（二）胶囊剂

胶囊剂是指将功效成分等活性物质和辅料填充在空心硬质胶囊或者密封的弹性软质胶囊中而制成的口服固体制剂，其特点包括可以掩盖功效成分等内容物的异味、崩解快、剂量准确、制剂稳定性好等。

1. 硬质胶囊

硬质胶囊的填充是按照内容填充物所占的容积来控制，并以此选用的最小空心胶囊，空心胶囊规格为 0～3 号，可以通过内容填充物相对密度大小进行试装或者既往的经验来选择所需要的空心胶囊的规格。

硬质胶囊剂的制备分为填充物料的制备、胶囊填充、胶囊抛光、灌装（装瓶或铝塑包装等）和外包装等工序，制备过程中应明确制粒方法及其工艺参数、总混的方法和工艺参数、胶囊装量、控制装量差异、胶囊规格等指标，其生产工艺流程见图 3-2。

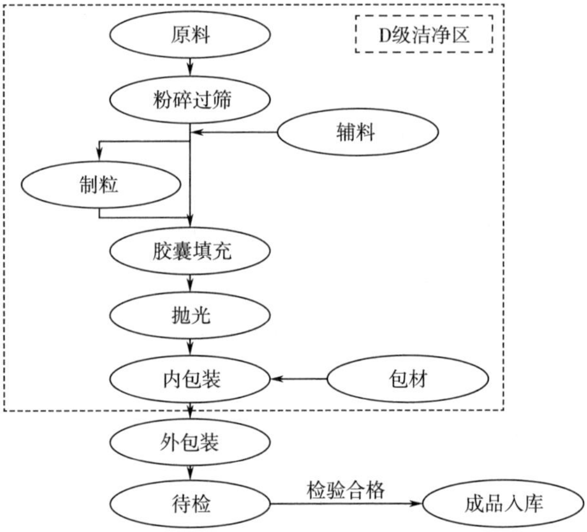

图 3-2　硬胶囊工艺流程图

2. 软胶囊

软胶囊的囊材主要是由胶囊料（明胶等）、增塑剂、附加剂和水组成，在保证内容填充物达到有效剂量的前提下，软胶囊的容积要求尽可能的小。软胶囊制备一般应包括内容物（充填物）的制备、化胶、压丸、定形、干燥、选丸等工序；软胶囊一般不宜采用辐照灭菌。

（1）化胶和配制内容填充物

配制药液（内容充填物）：原料细粉和植物油（亦可以是适量聚乙二醇等）混合后加热溶解或用胶体磨等混匀，保温备用。需要注意加热的温度、混合、保温温度等工艺参数。

配制囊材胶液（化胶）：根据囊材配方将明胶溶于蒸馏水浸泡膨胀，再加热搅拌使其溶化，再把其他增塑剂等辅料加入搅拌混合均匀；化胶过程应明确胶液各成分组成与比例、溶胶温度、保温温度、真空脱泡的真空度等参数。

（2）软胶囊生产流程　软胶囊生产时，填充物料与成形同时进行，制丸工艺可分为压制法（模压）、滴制法。压制法是软胶囊生产的主要方法，其过程为：①配制囊材胶液；②配制药液（内容充填物）；③使用软胶囊机进行工业化生产。制备时需设定压制胶丸温度、制丸环境温度、湿度等指标；定形时应提供定形时间、定形环境温度、湿度等指标；干燥时应设定干燥方法与时间、干燥环境温度等指标；洗丸时注意洗丸溶剂的种类、质量要求、浓度等；现代软胶囊制备工艺一般不进行单独的洗丸工序，而是在转笼干燥过程中用吸油布同步进行干燥、吸油。

软胶囊主要工艺流程见图 3-3。

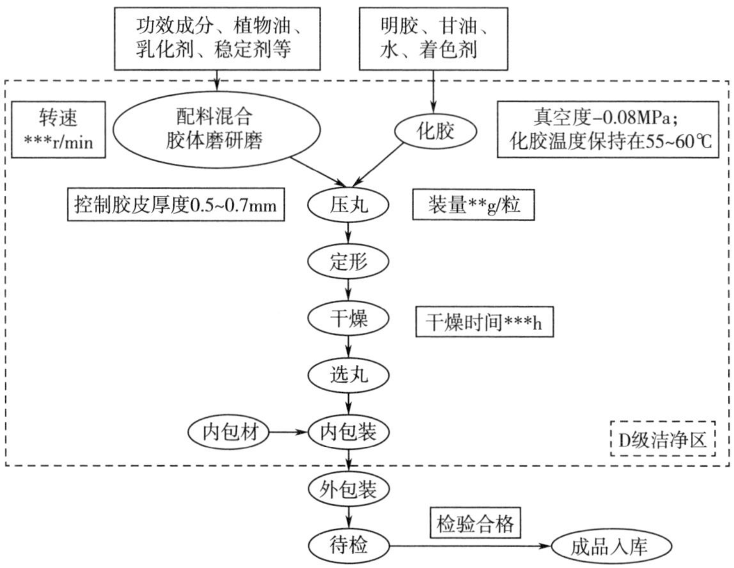

图 3-3　软胶囊工艺流程图

3. 胶囊剂的质量要求

胶囊剂的质量要求主要涉及外观、内容物、功效成分和微生物限量等。

（1）外观　胶囊剂外观应整洁，不得有黏结、变形或者破裂的现象，无异味。

（2）内容物

①装填量差异：每粒胶囊装填量与标示量相比应当在±10%以内，超过装量差异限度的胶囊不得多于 2 粒，并不得有 1 粒超出限度的 1 倍。

②崩解时限：胶囊的崩解时限与其润滑剂、助流剂、填充方式、制粒方式、贮存条件有关，并均应符合规定。

③溶出度试验也是胶囊质量评定的内容，胶囊剂中功效成分的溶出，受pH、粒径等多种因素的影响，不同功能性食品应摸索不同的溶出度指标。

④水分含量：胶囊剂的内容物填充物应当疏松、干燥、混合均匀，除另有规定外，其水分含量≤9%。

（3）功效成分　胶囊剂的功效成分应按照该产品的技术要求进行功效成分的检测。

（4）微生物限量　符合 GB 16740—2014《食品安全国家标准　保健食品》的规定，见表 3-2。

表 3-2　微生物限量

项目		采样方案[①]及限量		检验方法
		液态产品	固态或半固态产品	
菌落总数[②]/（CFU/g 或 mL）	≤	10^3	3×10^4	GB 4789. 2—2016
大肠菌群/（MPN/g 或 mL）	≤	0. 43	0. 92	GB 4789. 3—2016 MPN 计数法
霉菌和酵母/（CFU/g 或 mL）	≤	50		GB 4789. 15—2016
金黄色葡萄球菌	≤	0/25g		GB 4789. 10—2016
沙门氏菌	≤	0/25g		GB 4789. 4—2016

注：①样品的采集及处理按 GB 4789. 1—2016《食品安全国家标准　食品微生物学检验　总则》执行

②不适用于终产品含有活性菌种（好氧和兼性厌氧益生菌）的产品

（三）口服液

口服液是采用适当的方法将原材料的功效成分用水或者其他溶剂提取或者溶解，经过浓缩制成的口服液体制剂。

口服液的制作一般包括原辅料的溶解、配制、过滤（净化去渣）、混匀（调配）、灌装、包装及灭菌等工序。

（1）原材料的前处理　原材料包括去杂、洗净、烘干、粉碎、浸提、浓缩、过滤等处理过程。将原材料洗净加工成段、小块状或者打粉，一般按照煎煮方法进行浸提，可以反复煎煮 3~5 次，将浸提后的提取液经过过滤去渣，再进行适当浓缩，浓缩后液体的相对密度按照原材料的功效成分的含量而设定，一般浓缩液的相对密度在 1. 02~1. 10。

浓缩液的质量要求：原辅料的浸提要明确浸提方式、搅拌时间、原辅料加入顺序，所用溶剂质量标准及用量、浸提温度、pH、矫味剂等添加剂（名称、质量标准、用量）、溶剂定容总量、功效成分含量、相对密度、收率等指标。

（2）过滤去渣、调配　将浓缩后的提取液，经过过滤去渣，根据需要选择性添加矫味剂和防腐剂进行调配，如蜂蜜、甘草酸、葡萄糖浆等矫味剂和苯甲酸、山梨酸钾等防腐剂。

（3）灌装、包装和灭菌　在调配好的提取液，根据每日的食用量再进行灌装到洁净、干燥、无菌的适宜的包材中。每日使用量一般≤30mL（超过30mL按照饮料类管理）。

灌装之后必须进行灭菌，灭菌方法有煮沸法、流通蒸汽法等。

（4）口服液的质量要求　外观检查（包括澄明度检查）、装量差异、有效成分检测和鉴别、相对密度测定、微生物学检查等。

三、中试以上生产规模的工艺验证

按照实验室对产品进行制剂工艺的小试之后，还需要进行工艺中试放大和工艺验证，以验证所选择的制剂技术的各项参数具备实际可操作性，能够指导规模化生产。

根据小试工艺研究结果，应开展不少于3批中试生产规模的生产工艺验证，以达到验证工艺稳定可行、对工艺过程及工艺参数进行修正的目的。

在工艺验证过程中，应详细说明中试生产工艺验证过程、中试生产工艺流程及工艺修正的研究过程和研究结果。

工艺验证至少包括3批中试产品的生产验证数据。中试生产验证数据应包括批号、原辅料投料量、半成品收得量及收得率、理论产量、实际产量、成品率等，同时需要对中试产品进行检验，检验报告内容应包括产品技术要求的全部技术指标。

第五节 ▸▸ 功能性食品产品技术要求制订

功能性食品产品技术要求是产品质量安全的技术保障，产品申请人制订的产品技术要求必须获得国家监管部门的审批或备案，生产企业应当按照批准的“产品技术”要求组织生产和经营，因此产品的“技术要求”是衡量产品在生产和经营环节中检验产品是否合格的重要标准和依据。

产品的“技术要求”包括产品名称、配方、生产工艺、感官要求、鉴别、理化指标、微生物指标、功效或标志性成分含量测定、保健功能、适宜人群、不适宜人群、食用量及食用方法、规格、贮藏、保质期等内容。

一、功能性食品的产品通用标准

2014年12月，国家卫计委发布GB 16740—2014《食品安全国家标准　保健食品》规范了保健食品的食品安全标准，这是针对保健食品的通用标准，从以下几个方面进行规定。

1. 感官要求

感官要求见表 3-3。

表 3-3 感官要求

项目	要求	检验方法
色泽	内容物、包衣或囊皮具有该产品应有的色泽	取适量试样置于 50mL 烧杯或白色瓷盘中，在自然光下观察色泽和状态。嗅其气味，用温开水漱口，品其滋味
滋味、气味	具有产品应有的滋味和气味、无异味	
状态	内容物具有产品应有的状态，无正常视力可见外来异物	

2. 理化指标

理化指标应符合相应类属食品的食品安全国家标准的规定。

3. 污染物限量

污染物限量应符合 GB 2762—2017《食品安全国家标准　食品中微生物限量》中相应类属食品的规定，无相应类属食品的应符合以下的规定，见表 3-4。

表 3-4 污染物限量要求

项目	指标	检验方法
铅① (Pb) / (mg/kg)	2.0	GB 5009.12—2017
总砷② (As) / (mg/kg)	1.0	GB 5009.11—2014
总汞③ (Hg) / (mg/kg)	0.3	GB 5009.17—2021

注：①袋泡茶剂的铅≤5.0mg/kg；液态产品的铅≤0.5mg/kg；婴幼儿固态或半固态保健食品的铅≤0.3mg/kg；婴幼儿液态保健食品的铅≤0.02mg/kg。

②液态产品的总砷≤0.3mg/kg；婴幼儿保健食品的总砷≤0.3mg/kg。

③液态产品（婴幼儿保健食品除外）不测总汞；婴幼儿保健食品的总汞≤0.02mg/kg。

4. 真菌毒素限量

真菌毒素限量应符合 GB 2761—2017《食品安全国家标准　食品中真菌毒素限量》中相应类属食品的规定和（或）有关规定。

5. 微生物限量

微生物限量应符合 GB 29921—2021《食品安全国家标准　预包装食品中致病菌限量》中相应类属食品和相应类属食品的食品安全国家标准的规定，无相应类属食品规定的应符合表 3-2 的规定。

6. 其他要求

食品添加剂和营养强化剂应符合 GB 2760—2014《食品安全国家标准　食品

添加剂使用标准》、GB 14880—2012《食品安全国家标准　食品营养强化剂使用标准》和（或）有关规定。

二、不同产品类别的特殊规定

在制订产品的技术要求时除了满足 GB 16740—2014《食品安全国家标准　保健食品》外，还应遵循国家食品药品监督管理总局 2016 年 11 月发布《保健食品注册审评审批工作细则》（食药监食监三〔2016〕139 号）的要求，分以下几个部分。

1. 感官指标

要求与 GB 16740—2014《食品安全国家标准　保健食品》相同。

2. 理化指标

理化指标根据产品类别（剂型）、原料及工艺的不同，按照现行规范性文件、标准，《保健食品检验与评价技术规范》《中华人民共和国药典》（以下简称《中国药典》）之“制剂通则”项等的有关规定来执行。

理化指标主要包括一般质量控制指标（如水分、灰分、崩解时限等）、污染物指标（如铅、总砷、总汞等）、真菌毒素指标，以及法律法规、标准有限量要求的合成色素、防腐剂、甜味剂、抗氧化剂、加工助剂残留等含量。

理化指标检测方法如引用国家标准、地方标准、行业标准或技术规范等检测方法的，可直接引用；如采用非国家标准、地方标准、行业标准或技术规范的，需要对检测方法的适用性、重现性等进行研究，并完成方法学研究验证和确认等。

（1）使用食品添加剂的，应按照或参照 GB 2760—2014《食品安全国家标准　食品添加剂使用标准》相应规定使用，特别是允许使用的种类和限量范围内。

（2）使用药用辅料（如崩解剂、稀释剂、着色剂、填充剂、矫味剂、包衣材料等）的，应按照国家相关标准补充相应指标。

（3）特殊项目要求　工艺过程中使用了有毒有害的加工助剂（除乙醇以外），应增加该加工助剂残留量指标，见表 3-5。

表 3-5　特殊项目要求

原料	特殊项目要求
海产品	镉、汞、砷
植物油、鱼油类	酸价、过氧化值
降血脂类产品	胆固醇
茶叶、植物性原料（包括根、茎、叶、花、果等）直接入药的产品	汞、六六六、滴滴涕等农药残留

续表

原料	特殊项目要求
苹果、山楂	原料的展青霉素
磷脂类	原料的丙酮不溶物、乙醚不溶物、
卵磷脂	原料的乙醇可溶物
乳制品	黄曲霉素、原料乳的抗生素 （如青霉素、链霉素、四环素等）
藻类	微囊藻毒素
动物源性原料	与食用安全相关的成分及与检疫要求相关的项目

3. 微生物指标

微生物指标须满足 GB 16740—2014《食品安全国家标准　保健食品》的规定。微生物指标等的检测，应采用适用的国家标准、地方标准、行业标准或技术规范等检测方法。

4. 功效成分或标志性成分

功效成分或标志性成分是功能性食品的主要质量控制指标，其选择及指标值的确定应由注册申请人在产品的研制基础上进行，可根据产品配方、保健功能、生产工艺的不同选择不同的功效成分或标志性成分，其指标值由注册申请人自行设定和提出。

（1）功效成分或标志性成分的选择　按照不同原料的功效，选择主要功效成分或标志性成分作为检测指标。功效成分或标志性成分指标应为主要原料含有的性质稳定、能够准确定量、与产品保健功能具有明确相关性的特征成分。多原料组方产品，应综合考虑配方各主要原料所含的活性成分、特征成分、提取工艺、组方特点等情况，选择制订多个功效成分或标志性成分指标，见表 3-6。

表 3-6　常用功效成分/标志性成分指标的设定

原料	功效成分/标志性成分
五加科参类（西洋参、人参、刺五加等）	总皂苷
绞股蓝	绞股蓝总皂苷
冬虫夏草及菌丝体	腺苷
蕈类（香菇、猴头蘑、姬松茸等）	多糖
银杏叶	银杏总黄酮
黄芪	黄芪甲苷
枸杞	枸杞多糖

续表

原料	功效成分/标志性成分
五味子	五味子醇甲、五味子甲素
芦荟（库拉索）	芦荟苷
大蒜提取物	大蒜素
葛根	葛根素
螺旋藻	蛋白质、胡萝卜素、多糖
当归	阿魏酸
茶叶	茶多酚、儿茶素、茶氨酸
何首乌	蒽醌、槲皮素
魔芋	葡甘露聚糖、膳食纤维
番茄提取物	番茄红素
卵磷脂	磷脂酰胆碱
葡萄籽提取物	原花青素
红曲	洛伐他丁
灵芝	灵芝多糖
灵芝孢子	灵芝三萜
鱼油	二十二碳六烯酸（DHA）、二十碳五烯酸（EPA）
蜂胶	黄酮
大豆提取物	大豆异黄酮
天麻	天麻素
山茱萸	熊果酸
麦冬	麦角甾苷
金银花	绿原酸
赤芍	芍药苷
栀子	栀子苷

（2）功效成分或标志性成分的标示值　功效成分或标志性成分的标示值应与配方、原料质量要求、工艺等相符，并考虑产品生产过程中原料投入量、成分的转移率或损耗以及多批次产品的检验方法的精密度等设定；还要保证成分含量与保健功能的相关性。

①功效成分或标志性成分的指标值一般按“≥”标示，如总氨基酸、粗多糖、总黄酮、总皂苷、膳食纤维等。

②需要制定范围值的功效成分或标志性成分，可按指标值±X%作为限定范

围，如总蒽醌、芦荟苷等成分。*X* 值的大小依据研制产品的检测资料及有关食品安全性资料确定。

③维生素类及矿物质类成分应按检测实测值以范围值标示。

④对于每日摄入量需严格控制的功效成分或标志性成分，如褪黑素等，其指标值的标示范围应以每日用量为依据，上限不得大于允许摄入量。

（3）功效成分/标志性成分的测定方法

①应根据其产品适用的方法学范围，选择符合国家卫生标准、规范、国家药品标准或国内或国际上具有权威性的且适用于功能性食品的测定方法。

②无相关检验方法的，应提供详细的检验方法及方法学研究结果。方法学研究结果一般应包括线性范围、精密度、稳定性、重现性、回收率等内容。

③检测方法内容：功效成分或标志性成分等的检测方法尽量采用适用的国家标准、地方标准、行业标准或技术规范等检测方法；如引用的国家标准、地方标准、行业标准或技术规范等检测方法中，样品前处理、检测条件等未明确的，应重点对未明确的内容进行研究明确；对于未制定国家标准的检测方法或者无适用的国家标准、地方标准、行业标准或技术规范等检测方法的，应列出该方法的详细内容，如详细的检测方法以及检测方法的适用性、重现性等方法学研究资料，检测方法应以科学、适用、重现为特点。

（4）根据产品配方及相关研究结果等可以确定产品的鉴别方法的，可全面、准确地说明。采用显微鉴别、色谱鉴别、颜色反应等的，提供的彩色照片、色谱图等真实反映鉴别结果。未制订鉴别项的，应说明未制订的理由。

5. 装量差异

片剂、胶囊等应满足《中国药典》中“制剂通则”项下不同剂型装量差异或重量差异指标的规定。

普通食品形态产品如饼干、糕点、糖果等，其净含量及负偏差的标示应按照 JJF 1070—2005《定量包装商品净含量计量检验规则》的规定，列表标示产品最小销售包装的净含量及负偏差。净含量的单位可标示为 g/盒、mL/盒、g/袋等，见表 3-7。

表 3-7　食品形态的产品类别的净含量及允许负偏差

净含量/（g/盒）	允许负偏差
≤50	9%
50~100	4.5g
100~200	4.5%

6. 原辅料的质量要求

（1）原料如有国家标准、行业标准或者地方标准，可直接引用现行有效的标准号，如对于未制定国家标准的原、辅料的质量要求，应在规范性附录B中规定，其中以提取物为原料的，应列出其详细的质量要求。

（2）辅料如有国家标准、行业标准或者地方标准，可直接引用现行有效的标准号，如对于未制定国家标准的原、辅料的质量要求，应在规范性附录C中规定。

三、产品技术要求

国家市场监督管理总局规定了“保健食品产品技术要求（范本）”。根据对产品原料、辅料、工艺技术以及功效成分等研究开发的结果，综合制订的“技术要求”文本，其内容及制订要求规定如下。

（1）原料　按配方材料列出全部功能相关原料。各原料顺序按其在产品中的用量，由大到小排列。经辐照的原料，应在原料名称后标注“（经辐照）”。

（2）辅料　按配方材料列出全部辅料。各辅料顺序按其在产品中的用量，由大到小排列。经辐照的辅料，应在辅料名称后标注“（经辐照）”。

（3）生产工艺　应以文字形式描述主要生产工艺，包括主要工序、关键工艺参数或参数范围等。

（4）直接接触产品包装材料的种类、名称及标准　应以文字形式描述经研发确定的直接接触产品包装材料的种类、名称及质量标准。

（5）感官要求　应以列表形式描述产品的外观（色泽、状态等）和内容物的色泽、滋味、气味、状态等项目。

（6）鉴别　根据产品配方及相关研究结果等可以确定产品的鉴别方法的，应予以全面、准确地阐述。未制定鉴别项的，应标注“无”并说明未制订的理由。

（7）理化指标　应以列表形式标明理化指标名称、指标值、检测方法。检测方法为注册申请人研究制订的，应列出检测方法全文；检测方法为国家标准、地方标准或规范性文件的，应列出标准号或规范性文件的标题文号；检测方法为对国家标准、地方标准进行修订的，应列出标准号或规范性文件的标题文号，同时详细列出修订内容。

（8）微生物指标　应以列表形式标明微生物指标名称、指标值、检测方法，应符合现行规定、技术规范、国家标准等的要求。

（9）功效成分或标志性成分指标　应以列表形式标明功效成分或标志性成分名称、指标值、检测方法。

指标名称应与现行规定、技术规范、国家标准等的要求一致，与检测方法相符。指标值应标示为每100g或100mL中功效成分或标志性成分指标的含量。检测方法为注册申请人研究制订的，应列出检测方法全文；检测方法为国家标准、地方标准或规范性文件的，应列出标准号或规范性文件的标题文号；检测方法为对国家标准、地方标准进行修订的，应列出标准号或规范性文件的标题文号，同时详细列出修订内容。

（10）装量或重量差异指标（净含量及允许负偏差指标） 应以文字形式描述装量或重量差异指标（净含量及允许负偏差指标）。

（11）原辅料质量要求 全部原辅料的质量要求为国家标准、地方标准、行业标准的，应列出标准号；原辅料的质量要求为企业标准的，应以列表形式列出指标项目及指标值。

质量要求内容一般包括原料名称（对品种有明确要求的，应明确其具体品种和拉丁学名）、制法（包括主要生产工序、关键工艺参数等）、组成、提取率（收得率）、感官要求、一般质量控制指标（如水分、灰分、粒度等）、污染物（铅、总砷、总汞、溶剂残留等）、农药残留量、功效成分或标志性成分、微生物等。

第六节 ▸▸ 功能性食品稳定性评价

产品研制过程中，在完成中试样品后应进行样品的稳定性考察，根据样品特性，合理选择和确定稳定性试验方法和考察指标的检测方法，开展稳定性试验。通过稳定性试验，考察样品在不同环境条件下（如温度、相对湿度等）的感官、化学、物理及生物学随时间增加其变化程度和规律，从而判断样品包装、贮存条件和保质期内的稳定性。

产品的稳定性试验可参考原国家食品药品监督管理总局发布的《保健食品稳定性试验指导原则》的要求开展。

稳定性试验应在稳定性试验条件下，对产品功效成分或标志性成分指标以及稳定性重点考察指标的变化情况进行研究，视情况可以同时选择其他非重点考察指标一并进行稳定性研究。

稳定性试验根据样品特性不同分短期试验、长期试验或加速试验三类试验。

（1）短期试验 该类样品保质期一般在6个月以内（含6个月），在常温或说明书规定的贮存条件下考察其稳定性。

（2）长期试验 该类样品一般保质期为6个月以上，在说明书规定的条件下考察样品稳定性。

（3）加速试验 该类样品一般保质期为2年，为缩短考察时间，可在加速条件下进行稳定性试验，在加速条件下考察样品的感官、化学、物理及生物学方面的变化。加速试验是目前功能性食品稳定性试验的常用方式。

一、样品分类

（1）普通样品 对贮存条件没有特殊要求的样品，可在常温条件下贮存，如固体口服制剂（片剂、胶囊剂、颗粒剂、粉剂等）和液体口服制剂（口服液、饮料、酒剂等）。

（2）特殊样品　对贮存条件有特殊要求的样品，如益生菌类、鲜蜂王浆类等。

二、样品批次、取样和用量

样品检验量应满足稳定性试验的要求。稳定性试验要求不少于三批样品开展试验，按每一项检验项目每次检验量的3倍量留样。

三、样品包装及试验放置条件

稳定性试验的样品所用包装材料、规格和封装条件应与产品质量标准、说明书中的要求一致。

（1）普通样品　加速试验应置于温度（37±2)℃、相对湿度（RH）（75±5)%、避免光线直射的条件下贮存3个月。

短期试验、长期试验应在说明书规定的贮存条件下贮存，贮存时间根据产品质量标准及说明书声称的保质期而定。

（2）特殊样品　在说明书规定的贮存条件下贮存。

四、试验时间

稳定性试验中应设置多个考察时间点，其考察时间点应根据对样品的性质(感官、理化、生物学）了解及其变化的趋势设定。

（1）普通样品　长期试验一般考察时间应与样品保质期一致，如保质期定为2年的样品，则应对0，3，6，9，12，18，24个月样品进行检验。0月数据可以使用同批次样品微生物限量结果。

加速试验一般考察时间为3个月，即对放置0，1，2，3个月样品进行考察。0月数据可以使用同批次样品微生物限量结果。

（2）特殊样品　在说明书规定的贮存条件下进行考察。保质期在3个月之内的，应在贮存0、终月（天）进行检测；保质期大于3个月的，应按每3个月检测一次（包括贮存0、终月）的原则进行考察。

五、考察指标

应按照产品的技术要求规定的检测指标进行的检测。

六、检测方法

应按产品的技术要求规定的检测指标进行稳定性试验考察指标的检测。

七、结果评价

稳定性试验完成后，对稳定性试验结果进行系统分析和判断，并结合样品具体情况，对贮藏方法、直接接触产品的包装材料、保质期等进行综合分析论证。功能性食品稳定性试验结果评价是对试验结果进行系统分析和判断，检测结果应符合产品技术要求的规定。

（1）贮存条件的确定　应参照稳定性试验研究结果，并结合功能性食品在生产、流通过程中可能遇到的情况，同时参考同类已上市产品的贮存条件，进行综合分析，确定适宜的产品贮存条件。

（2）直接接触功能性食品的包装材料、容器等的确定　一般应根据功能性食品具体情况，结合稳定性研究结果，确定适宜的包装材料。

（3）保质期的确定　功能性食品保质期应根据产品具体情况和稳定性考察结果综合确定。

采用短期试验或长期试验考察产品质量稳定性的样品，总体考察时间应涵盖所预期的保质期，应以与 0 月数据相比无明显改变的最长时间点为参考，根据试验结果及产品具体情况，综合确定保质期；

采用加速试验考察产品质量稳定性的样品，根据加速试验结果，保质期一般定为 2 年；

同时进行了加速试验和长期试验的样品，其保质期一般主要参考长期试验结果确定。

第七节 ▸▸ 功能性食品安全性与功能学评价

功能性食品的评价对功能性食品的研发、生产、销售、食用具有重要意义。为了保证功能性食品的安全性，对人体不产生急慢性毒性，在研制过程中需要对功能性食品进行安全性评价，包括安全性毒理学评价、功能学评价和卫生学评价三个方面。卫生学评价报告与普通食品的相同。因此，对功能性食品的毒理学评价和功能学评价成为功能性食品评价的关键内容。

一、功能性食品的安全性评价

功能性食品的安全性评价主要是毒理学评价，是开展功能学评价的前提。功能性食品或其功效成分，首先必须保证食用的安全性。功能性食品原则上必须完成 GB15193. 1—2014《食品安全国家标准　食品安全性毒理学评价程序》中规定的第一、二阶段的毒理学试验，必要时需进行更深入的毒理学试验。但以普通食品原料和（或）药食两用原料作为资源的功能性食品，可以不做毒理学试验。按照国家市场监督管理总局制定了《保健食品及其原料安全性毒理学检验与评价技术指导原则（2020年版）》《保健食品原料用菌种安全性检验与评价技术指导原则（2020年版）》，分别简述了“保健食品及其原料的安全性毒理学检验与评价”“保健食品原料用细菌、丝状真菌（子实体除外）和酵母菌种安全性检验与评价”。

1. 毒理学评价主要原则

（1）凡我国首创的物质，特别是化学结构提示有潜在慢性毒性、遗传毒性或致癌性或该受试物产量大、使用范围广、人体摄入量大的应当进行系统的毒性实验，包括急性经口毒性试验、遗传毒性试验、90d经口毒性试验、致畸试验、生殖发育毒性试验、毒物动力学试验、慢性毒性试验和致癌试验（或慢性毒性和致癌合并试验）。

（2）与已知物质（指经过安全性评价，并允许使用者）的化学结构基本相同的衍生物或者类似物，或者在部分国家和地区有安全使用历史的物质，则可先进行急性经口毒性试验、遗传毒性试验、90d经口毒性试验和致畸试验等。根据试验结果判定是否需要进行毒物动力学试验、生殖毒性试验、慢性毒性试验和致癌试验。

（3）凡属已知或在多个国家有食用历史的物质，同时又有资料证明受试物的质量规格与国外产品一致，则可先进行急性经口毒性试验、遗传毒性试验和28d经口毒性试验，并根据试验结果判断是否进行下一步的毒性试验。

2. 毒理学试验和评价的主要项目

（1）急性经口毒性试验　是指一次或者在24 h内多次经口给予实验动物受试物后，动物在短期内出现的毒性反应。

（2）遗传毒性试验　一般应遵循原核细胞与真核细胞、体内试验与体外试验相结合的原则，并包括不同的终点（诱导基因突变、染色体结构和数量变化）。

（3）28d经口毒性试验　是指实验动物连续28d，经口接触受试物后引起健康损害效应。

（4）致畸试验　母体在孕期受到可通过胎盘屏障的某种有害物质的作用，影响胚胎的器官分化与发育，导致结构异常，出现胎仔畸形，因此在受孕动物胚胎的器官形成期给予受试物，可检出该物质对胎仔致畸的作用。检测妊娠动物接触受试物后可引起的致畸可能性，预测其对人体可能的致畸性。

（5）90d经口毒性试验　确定在90d内经口重复接触受试物引起的毒性效应，了解受试物剂量-反应关系、毒作用靶器官和可逆性，得出90d经口最小观察到有害作用剂量（LOAEL）和未观察到有害作用剂量（NOAEL），初步确定受试物的经口安全性，并为慢性毒性试验剂量、观测指标、毒性终点的选择以及获得“暂定的人体健康指导值”提供依据。

（6）生殖毒性试验　包括生殖毒性、发育毒性、母体毒性。

（7）毒物动力学试验　是指受试物在体内吸收、分布、生物转化和排泄等过程随时间变化的动态特性。

（8）慢性毒性试验　指试验动物经长期重复给予受试物所引起的毒性作用。

（9）致癌试验　是确定在实验动物的大部分生命周期期间，经口重复给予受试物引起的致癌效应，了解肿瘤发生率、靶器官、肿瘤性质、肿瘤发生时间和每只动物肿瘤发生数，为预测人群接触该受试物的致癌作用，以及最终评定该受试物能否进一步用于功能性食品提供依据。

（10）慢性毒性和致癌合并试验　确定在实验动物的大部分生命周期期间，经口重复给予受试物后引起的慢性毒性和致癌效应，了解受试物慢性毒性剂量-反应关系、肿瘤发生率、靶器官、肿瘤性质、肿瘤发生时间和每只动物肿瘤发生数，确定慢性毒性的 NOAEL 和 LOAEL，为预测人群接触该受试物的慢性毒性和致癌作用以及最终评定该受试物能否用于功能性食品提供依据。

二、功能性食品的功能学评价

功能性食品所宣称的生理功效，必须是明确而肯定的，且经得起科学方法的验证并具有重现性。国家市场监督管理总局发布《保健食品功能检验与评价技术指导原则（2023 年版）》，功能性食品功能评价包括功能性食品的动物学功能评价和人体试食评价两部分。

（一）功能性食品动物学功能评价

1. 受试样品

受试样品必须是已经过毒理学评价确认为安全的食品，具有明确的主要成分、功效成分/标志性成分及可能的有害成分的分析报告。

2. 动物试验方案设计原则

（1）动物实验至少应设 3 个剂量组、阴性对照组，必要时可设阳性对照组或空白对照组，动物实验的试验周期应根据具体功能实验而定，原则上为 1～3 个月。

（2）各种动物实验至少应设 3 个剂量组，剂量选择应合理，尽可能找出最低有效剂量。在 3 个剂量组中，其中一个剂量应相当于人体推荐摄入量（折算为每千克体重的剂量）的 5 倍（大鼠）或 10 倍（小鼠），且最高剂量不得超过人体推荐摄入量的 30 倍（特殊情况除外）。

（3）受试样品的功能实验剂量必须在毒理学评价确定的安全剂量范围之内。

（二）功能性食品的人体试食试验

1. 评价的基本原则

（1）原则上受试样品已经通过动物实验证实（没有适宜动物实验评价方法的除外），确定其具有需验证的某种特定的保健功能。

（2）原则上人体试食试验应在动物功能学实验有效的前提下进行。

（3）人体试食试验受试样品必须经过动物毒理学安全性评价，并确认为安全的食品。

2. 人体试食试验开展

（1）进行人体试食试验的单位应是具备资质的保健食品功能学检验机构。

（2）试验前必须经试验机构的伦理委员会参照《保健食品人群食用试验伦理审查工作指导原则》的要求审核、批准后实施。

（3）试食试验报告中试食组和对照组的有效例数不少于 50 人，且试验的脱离率一般不得超过 20%。试验周期原则上为 1～3 个月，具体时间可因各功能研究需要而不同。

（4）开始人体试食前要根据受试样品性质，估计试食后可能产生的不良反应，并提出相应的处理措施。

3. 试验观察指标的确定

（1）在被确定为受试者之前应进行系统的常规体检（如心电图、胸片、血生化检查和腹部 B 超检查），试验结束后根据情况决定是否重复心电图、胸片和腹部 B 超检查。

（2）在受试期间应取得下列资料：主观感觉（包括体力和精神方面）；进食状况；生理指标（血压、心率等），症状和体征；常规的血液学指标（血红蛋白、红细胞和白细胞计数，必要时做白细胞分类）；生化指标（转氨酶、血清总蛋白、清蛋白，尿素、肌酐、血脂、血糖等）；功效性指标，即与保健功能有关的指标，如有助于抗氧化功能等方面的指标。

知识拓展 ▶

新食品原料和“三新食品”

新食品原料应当具有食品原料的特性，符合应当有的营养要求，且无毒、无害，对人体健康不造成任何急性、亚急性、慢性或者其他潜在性危害，在我国无传统食用习惯的以下物品：①动物、植物和微生物；②从动物、植物和微生物中分离的成分；③原有结构发生改变的食品成分；④其他新研制的食品原料。

食品添加剂新品种是指：①未列入食品安全国家标准的食品添加剂品种；②未列入国家卫健委公告允许使用的食品添加剂品种；③扩大使用范围或者用量的食品添加剂品种。

食品相关产品新品种，是指用于食品包装材料、容器、洗涤剂、消毒剂和用于食品生产经营的工具、设备的新材料、新原料或新添加剂，具体包括：①尚未列入食品安全国家标准或者卫健委公告允许使用的食品包装材料、容器及其添加剂；②扩大使用范围或者使用量的食品包装材料、容器及其添加剂；③尚未列入食品用消毒剂、洗涤剂原料名单的新原料；④食品生产经营用工具、设备中直接接触食品的新材料、新添加剂。

国家卫生健康委食品安全标准与监测评估司定期发布公告"三新食品"，如近年公布的赶黄草、透明质酸钠、蝉花子实体、食叶草、瑞士乳杆菌 R0052、两歧双歧杆菌 R0071 等新食品原料；β-淀粉酶、氧化亚氮、蛋白酶、谷氨酰胺酶、木聚糖酶、非洲竹芋提取物、爱德万甜、可得然胶、辣椒红等食品添加剂新品种。

第三章 配套教学课件

复习思考题 ▶▶

1. 研发功能性食品在立项阶段需要考虑哪些方面的问题？

2. 简述功能性食品开发思路和研发流程。

3. 功能性食品研发过程中，原料选用和配方选择的依据有哪些？

4. 功能性食品开发中常用为片剂剂型，片剂的生产工艺主要涉及哪些工序？

5. 为什么要进行功能性食品的稳定性评价？稳定性试验分为哪几类？

6. 功能性食品安全性与功能学评价中，开展的动物学功能评价试验的试验方案设计原则有哪些？

实训项目三 ▶

"功能性食品项目可行性分析报告"编制

一、实训目的

（1）初步掌握功能性食品的产品方案设计。

（2）掌握功能性食品研发前期可行性分析的具体操作方法。

（3）了解功能性食品研发报告基本内容，能够撰写项目可行性分析报告。

二、实训内容及操作步骤

（1）设计拟开发的一款功能性食品的产品方案，内容包括：产品名称及类型、初步确定产品的主要配方（原料、辅料等）、拟申报的功能、基本工艺过程、产品包装形式（包装材料、包装规格）、贮藏及食用方法等。

（2）实施上述产品项目的可行性分析研究，过程内容主要包括项目概述、立项目的与依据、主要配方、技术要求等。

①项目概述：内容包括项目名称，分类（一般功能性食品或保健食品），拟申报的功能，产品发展概况。

②立项目的与依据：包括企业产品研发的目的，企业内部产品需求依据，外部市场环境对产品需求的依据。

③主要配方、工艺技术资料介绍：阐述拟研发产品的主要配方、工艺过程及设备要求，产品功效及功效成分、规格及用法用量等。

④对拟研发产品的成本估算：包括内容物成本的估算、加工与包材成本的估算、总成本的估算。

⑤价格设计与利润测算：对市面上同类产品的价格进行调研，根据对拟研发产品的估算成本设计产品的价格，并测算产品的盈利状况。

（3）综合总结，撰写一份“×××项目可行性分析报告”，并提交。

第四章

功能性食品生产质量控制与监督管理

【知识目标】

1. 掌握功能性食品注册与备案的程序和要求，以及功能性食品的生产管理和质量管理。

2. 熟悉功能性食品生产许可的申请与受理。

3. 了解功能性食品注册与备案的变更、延续；生产许可证的变更、延续、注销、补办。

【能力目标】

1. 掌握功能性食品生产许可申请的过程、要求及申请书的书写规范；能贯彻应用功能性食品的生产质量管理和监督管理。

2. 学会功能性食品注册、备案或生产许可的申报，能够按照审查要求提供所需资料。

【职业素养目标】

1. 以保护消费者生命和安全健康为己任，牢固树立食品质量安全的法治观和科学精神，担当起食品人“健康中国，食品先行”的光荣使命。

2. 立足本职，爱岗敬业，具备良好规范生产管理能力，树立为人民健康严把质量关的情怀和责任感。发扬二十大报告精神，坚持以推动高质量发展为主题，加快建设质量强国。

3. 恪守职业道德，树立社会公德心和诚实守信的信念，合法、合规、真实地宣传功能性食品。

案例导入▶

宝鸡市市场监督管理局对宝鸡市某保健品销售公司销售的产品标签不符合《中华人民共和国食品安全法》规定一案违法行为进行查处，依法对其作出行政处罚：没收违法所得 6375 元；罚款 24000 元。

经查，2020 年 5 月至 2021 年 1 月，该销售公司购进了规格为 120 粒孕妇营养 α-亚麻酸 DHA 藻油凝胶糖果（无糖型）10 盒；规格为 60 粒孕妇营养 α-亚麻酸

DHA 藻油凝胶糖果（无糖型）15 盒；规格为 5g×18 袋步雪颗粒固体饮料 15 盒。随后，将上述产品予以销售，销售金额共计 6375 元。

经进一步调查，凝胶糖果（无糖型）执行标准为 SB/T 10021—2017《糖果凝胶糖果》，其配料表标示内容与该产品执行标准不符，违反了《中华人民共和国食品安全法》第七十一条第三款“食品和食品添加剂与其标签、说明书的内容不符的，不得上市销售”之规定。步雪颗粒固体饮料标签内容不符合 GB 28050—2011《食品安全国家标准 预包装食品营养标签通则》强制标示内容规定，违反了《中华人民共和国食品安全法》第六十七条第三款“食品安全国家标准对标签标注事项另有规定的，从其规定”之规定。依据《中华人民共和国食品安全法》第一百二十五条第一款第（二）项之规定，宝鸡市市场监督管理局依法对当事人违法行为作出了行政处罚：没收违法所得 6375 元；罚款 24000 元。

讨论：

1. 该案例中哪些方面不符合法规要求？如何避免保健食品开发、生产及经营中的不合规情况？

2. 该案例中保健食品为凝胶糖果和固体颗粒形态，除此之外，保健食品还有哪些形态？

功能性食品（保健食品）作为一种特殊食品，其属性是食品。其生产质量管理应符合 GB 14881—2013《食品安全国家标准 食品生产通用卫生规范》，即从事食品的生产企业必须对生产过程中原料采购、加工、包装、贮存和运输等环节的场所、设施和人员进行严格的管理。《食品生产通用卫生规范》规定了食品生产过程中原料采购、加工、包装、贮存和运输等环节的场所、设施、人员的基本要求和管理准则，该规定适合所有食品生产企业，可作为功能性食品（保健食品）生产质量管理的一般原则。同样，其经营管理应符合《食品经营许可管理办法》，申请食品经营许可，应当符合下列条件：具有与经营的食品品种、数量相适应的食品原料处理和食品加工、销售、贮存等场所，保持该场所环境整洁，并与有毒、有害场所以及其他污染源保持规定的距离；具有与经营的食品品种、数量相适应的经营设备或者设施，有相应的消毒、更衣、盥洗、采光、照明、通风、防腐、防尘、防蝇、防鼠、防虫、洗涤以及处理废水、存放垃圾和废弃物的设备或者设施；有食品安全管理人员和保证食品安全的规章制度；具有合理的设备布局和工艺流程，防止待加工食品与直接入口食品、原料与成品交叉污染，避免食品接触有毒物、不洁物。

同时，基于保健食品的特殊性，在保健食品生产经营管理和监督管理方面，还应满足《保健食品注册与备案管理》《保健食品生产许可审查细则》《保健食品良好生产规范》等。保健食品生产企业必须严格按照保健食品注册与备案管理办法及相关法规对所研发和生产的保健食品进行注册或备案，同时应取得保健食品的生产许可，使企业具有相应的保健食品生产资质。在保健食品的生产过程中应进行严格控制，通过源头及生产过程的监控保证保健食品的质量安全。

第一节 ▸▸ 保健食品注册与备案管理

保健食品注册是指市场监督管理部门根据注册申请人申请，依照法定程序、条件和要求，对申请注册的保健食品的安全性、保健功能和质量可控性等相关申请材料进行系统评价和审评，并决定是否准予其注册的审批过程。

保健食品备案，是指保健食品生产企业依照法定程序、条件和要求，将表明产品安全性、保健功能和质量可控性的材料提交市场监督管理部门进行存档、公开、备查的过程。

保健食品的注册与备案及其监督管理应当遵循科学、公开、公正、便民、高效的原则。

一、保健食品注册

（一）注册

1. 生产和进口下列产品应当申请保健食品注册

（1）使用保健食品原料目录以外原料（以下简称目录外原料）的保健食品。

（2）首次进口的保健食品（属于补充维生素、矿物质等营养物质的保健食品除外）。首次进口的保健食品，是指非同一国家、同一企业、同一配方申请中国境内上市销售的保健食品。

2. 申请保健食品注册应当提交下列材料

（1）保健食品注册申请表，以及申请人对申请材料真实性负责的法律责任承诺书。

（2）注册申请人主体登记证明文件复印件。

（3）产品研发报告，包括研发人、研发时间、研制过程、中试规模以上的验证数据，目录外原料及产品安全性、保健功能、质量可控性的论证报告和相关科学依据，以及根据研发结果综合确定的产品技术要求等。

（4）产品配方材料，包括原料和辅料的名称及用量、生产工艺、质量标准，必要时还应当按照规定提供原料使用依据、使用部位的说明、检验合格证明、品种鉴定报告等。

（5）产品生产工艺材料，包括生产工艺流程简图及说明，关键工艺控制点及说明。

（6）安全性和保健功能评价材料，包括目录外原料及产品的安全性、保健功能试验评价材料，人群食用评价材料；功效成分或者标志性成分、卫生学、稳定性、菌种鉴定、菌种毒力等试验报告，以及涉及兴奋剂、违禁药物成分等检测报告。

（7）直接接触保健食品的包装材料种类、名称、相关标准等。

（8）产品标签、说明书样稿；产品名称中的通用名与注册的保健食品名称不重名的检索材料。

（9）3个最小销售包装样品。

（10）其他与产品注册审评相关的材料。

3. 申请首次进口保健食品注册

申请首次进口保健食品注册，除提交以上规定的材料外，还应当提交下列材料。

（1）产品生产国（地区）政府主管部门或者法律服务机构出具的注册申请人为上市保健食品境外生产厂商的资质证明文件。

（2）产品生产国（地区）政府主管部门或者法律服务机构出具的保健食品上市销售一年以上的证明文件，或者产品境外销售以及人群食用情况的安全性报告。

（3）产品生产国（地区）或者国际组织与保健食品相关的技术法规或者标准。

（4）产品在生产国（地区）上市的包装、标签、说明书实样。

由境外注册申请人常驻中国代表机构办理注册事务的，应当提交《外国企业常驻中国代表机构登记证》及其复印件；境外注册申请人委托境内的代理机构办理注册事项的，应当提交经过公证的委托书原件以及受委托的代理机构营业执照复印件。

4. 受理

受理机构收到申请材料后，应当根据下列情况分别作出处理。

（1）申请事项依法不需要取得注册的，应当即时告知注册申请人不受理。

（2）申请事项依法不属于国家市场监督管理总局职权范围的，应当即时作出不予受理的决定，并告知注册申请人向有关行政机关申请。

（3）申请材料存在可以当场更正的错误的，应当允许注册申请人当场更正。

（4）申请材料不齐全或者不符合法定形式的，应当当场或者在5个工作日内一次告知注册申请人需要补正的全部内容，逾期不告知的，自收到申请材料之日起即为受理。

（5）申请事项属于国家市场监督管理总局职权范围，申请材料齐全、符合法定形式，注册申请人按照要求提交全部补正申请材料的，应当受理注册申请。

受理或者不予受理注册申请，应当出具加盖国家市场监督管理总局行政许可受理专用章和注明日期的书面凭证。受理机构应当在受理后3个工作日内将申请材料一并送交审评机构。审评机构应当组织审评专家对申请材料进行审查，并根据实际需要组织查验机构开展现场核查，组织检验机构开展复核检验，在60个工作日内完成审评工作，并向国家市场监督管理总局提交综合审评结论和建议。特殊情况下需要延长审评时间的，经审评机构负责人同意，可以延长 20 个工作日，延长决定应当及时书面告知申请人。

5. 功能声称

审评机构应当组织对申请材料中的下列内容进行审评，并根据科学依据的充足程度明确产品保健功能声称的限定用语。

（1）产品研发报告的完整性、合理性和科学性。

（2）产品配方的科学性，及产品安全性和保健功能。

（3）目录外原料及产品的生产工艺合理性、可行性和质量可控性。

（4）产品技术要求和检验方法的科学性和复现性。

（5）标签、说明书样稿主要内容以及产品名称的规范性。

6. 审评机构的审评过程

审评机构在审评过程中可以调阅原始资料。审评机构认为申请材料不真实、产品存在安全性或者质量可控性问题，或者不具备声称的保健功能的，应当终止审评，提出不予注册的建议。

审评机构认为需要注册申请人补正材料的，应当一次告知需要补正的全部内容。注册申请人应当在 3 个月内按照补正通知的要求一次提供补充材料；审评机构收到补充材料后，审评时间重新计算。

注册申请人逾期未提交补充材料或者未完成补正，不足以证明产品安全性、保健功能和质量可控性的，审评机构应当终止审评，提出不予注册的建议。

7. 现场核查

审评机构认为需要开展现场核查的，应当及时通知查验机构按照申请材料中的产品研发报告、配方、生产工艺等技术要求进行现场核查，并对下线产品封样送复核检验机构检验。

查验机构应当自接到通知之日起 30 个工作日内完成现场核查，并将核查报告送交审评机构。核查报告认为申请材料不真实、无法溯源复现或者存在重大缺陷的，审评机构应当终止审评，提出不予注册的建议。

8. 复检

复核检验机构应当严格按照申请材料中的测定方法以及相关说明进行操作，对测定方法的科学性、复现性、适用性进行验证，对产品质量可控性进行复核检验，并应当自接受委托之日起 60 个工作日内完成复核检验，将复核检验报告送交审评机构。复核检验结论认为测定方法不科学、无法复现、不适用或者产品质量不可控的，审评机构应当终止审评，提出不予注册的建议。首次进口的保健食品境外现场核查和复核检验时限，根据境外生产厂商的实际情况确定。保健食品审评涉及的试验和检验工作应当由国家市场监督管理总局选择的符合条件的食品检验机构承担。

审评机构认为申请材料真实，产品科学、安全，具有声称的保健功能，生产工艺合理、可行和质量可控，技术要求和检验方法科学、合理的，应当提出予以注册的建议。

9. 复审

审评机构提出不予注册建议的，应当同时向注册申请人发出拟不予注册的书面通知。注册申请人对通知有异议的，应当自收到通知之日起 20 个工作日内向审评机构提出书面复审申请并说明复审理由。复审的内容仅限于原申请事项及申请材料。

审评机构应当自受理复审申请之日起 30 个工作日内作出复审决定。改变不予注册建议的，应当书面通知注册申请人。

审评机构作出综合审评结论及建议后，应当在 5 个工作日内报送国家市场监督管理总局。国家市场监督管理总局应当自受理之日起 20 个工作日内对审评程序和结论的合法性、规范性以及完整性进行审查，并作出准予注册或者不予注册的决定。

现场核查、复核检验、复审所需时间不计算在审评和注册决定的期限内。国家市场监督管理总局作出准予注册或者不予注册的决定后，应当自作出决定之日起 10 个工作日内，由受理机构向注册申请人发出保健食品注册证书或者不予注册决定。注册申请人对国家市场监督管理总局作出不予注册的决定有异议的，可以向国家市场监督管理总局提出书面行政复议申请或者向法院提出行政诉讼。

（二）注册变更

保健食品注册证书及其附件所载明内容变更的，应当由保健食品注册人申请变更并提交书面变更的理由和依据。注册人名称变更的，应当由变更后的注册申请人申请变更。

申请变更国产保健食品注册的，除提交保健食品注册变更申请表（包括申请人对申请材料真实性负责的法律责任承诺书）、注册申请人主体登记证明文件复印件、保健食品注册证书及其附件的复印件外，还应当按照下列情形分别提交材料：

（1）改变注册人名称、地址的变更申请，还应当提供该注册人名称、地址变更的证明材料。

（2）改变产品名称的变更申请，还应当提供拟变更后的产品通用名与已经注册的药品名称不重名的检索材料。

（3）增加保健食品功能项目的变更申请，还应当提供所增加功能项目的功能学试验报告。

（4）改变产品规格、保质期、生产工艺等涉及产品技术要求的变更申请，还应当提供证明变更后产品的安全性、保健功能和质量可控性与原注册内容实质等同的材料、依据及变更后3批样品符合产品技术要求的全项目检验报告。

（5）改变产品标签、说明书的变更申请，还应当提供拟变更的保健食品标签、说明书样稿。

变更申请的理由依据充分合理，不影响产品安全性、保健功能和质量可控性的，予以变更注册；变更申请的理由依据不充分、不合理，或者拟变更事项影响产品安全性、保健功能和质量可控性的，不予变更注册。

（三）注册延续

已经生产销售的保健食品注册证书有效期届满需要延续的，保健食品注册人应当在有效期届满6个月前申请延续。

申请延续国产保健食品注册的，应当提交下列材料。

（1）保健食品延续注册申请表，以及申请人对申请材料真实性负责的法律责任承诺书。

（2）注册申请人主体登记证明文件复印件。

（3）保健食品注册证书及其附件的复印件。

（4）经省级市场监督管理部门核实的注册证书有效期内保健食品的生产销售情况。

（5）人群食用情况分析报告、生产质量管理体系运行情况的自查报告以及符合产品技术要求的检验报告。

申请延续注册的保健食品的安全性、保健功能和质量可控性符合要求的，予以延续注册。申请延续注册的保健食品的安全性、保健功能和质量可控性依据不足或者不再符合要求，在注册证书有效期内未进行生产销售的，以及注册人未在规定时限内提交延续申请的，不予延续注册。

（四）进口保健食品变更或延续注册

除分别提交以上要求的材料外，还应当提交以下材料。

（1）产品生产国（地区）政府主管部门或者法律服务机构出具的注册申请人为上市保健食品境外生产厂商的资质证明文件。

（2）产品生产国（地区）政府主管部门或者法律服务机构出具的保健食品上市销售一年以上的证明文件，或者产品境外销售以及人群食用情况的安全性报告。

（3）产品生产国（地区）或者国际组织与保健食品相关的技术法规或者标准。

（4）产品在生产国（地区）上市的包装、标签、说明书实样。

由境外注册申请人常驻中国代表机构办理注册事务的，应当提交《外国企业常驻中国代表机构登记证》及其复印件；境外注册申请人委托境内的代理机构办理注册事项的，应当提交经过公证的委托书原件以及受委托的代理机构营业执照复印件。

接到保健食品延续注册申请的市场监督管理部门应当在保健食品注册证书有效期届满前作出是否准予延续的决定。逾期未作出决定的，视为准予延续注册。准予变更注册或者延续注册的，颁发新的保健食品注册证书，同时注销原保健食品注册证书。

（五）注册证书管理

保健食品注册证书应当载明产品名称、注册人名称和地址、注册号、颁发日期及有效期、保健功能、功效成分或者标志性成分及含量、产品规格、保质期、适宜人群、不适宜人群、注意事项。

保健食品注册证书附件应当载明产品标签、说明书主要内容和产品技术要求等。

产品技术要求应当包括产品名称、配方、生产工艺、感官要求、鉴别、理化指标、微生物指标、功效成分或者标志性成分含量及检测方法、装量或者重量差异指标（净含量及允许负偏差指标）、原辅料质量要求等内容。

保健食品注册证书有效期为 5 年，变更注册的保健食品注册证书有效期与原保健食品注册证书有效期相同。

国产保健食品注册号格式为：国食健注 G+4 位年代号+4 位顺序号；进口保健食品注册号格式为：国食健注 J+4 位年代号+4 位顺序号。

保健食品注册有效期内，保健食品注册证书遗失或者损坏的，保健食品注册人应当向受理机构提出书面申请并说明理由。因遗失申请补发的，应当在省、自治区、直辖市市场监督管理部门网站上发布遗失声明；因损坏申请补发的，应当交回保健食品注册证书原件。

国家市场监督管理总局应当在受理后 20 个工作日内予以补发。补发的保健食品注册证书应当标注原批准日期，并注明“补发”字样。

二、保健食品备案

（一）备案要求

（1）使用的原料已经列入保健食品原料目录的保健食品。

（2）首次进口的属于补充维生素、矿物质等营养物质的保健食品。

首次进口的属于补充维生素、矿物质等营养物质的保健食品，其营养物质应当是列入保健食品原料目录的物质。国产保健食品的备案人应当是保健食品生产企业，原注册人可以作为备案人；进口保健食品的备案人，应当是上市保健食品境外生产厂商。

备案的产品配方、原辅料名称及用量、功效、生产工艺等应当符合法律、法规、规章、强制性标准以及保健食品原料目录技术要求的规定。

（二）申请保健食品备案应当提交下列材料

（1）产品配方材料，包括原料和辅料的名称及用量、生产工艺、质量标准，必要时还应当按照规定提供原料使用依据、使用部位的说明、检验合格证明、品种鉴定报告等。

（2）产品生产工艺材料，包括生产工艺流程简图及说明，关键工艺控制点及说明。

（3）安全性和保健功能评价材料，包括目录外原料及产品的安全性、保健功能试验评价材料，人群食用评价材料；功效成分或者标志性成分、卫生学、稳定性、菌种鉴定、菌种毒力等试验报告，以及涉及兴奋剂、违禁药物成分等检测报告。

（4）直接接触保健食品的包装材料种类、名称、相关标准等。

（5）产品标签、说明书样稿；产品名称中的通用名与注册的保健食品名称不重名的检索材料。

（6）保健食品备案登记表，以及备案人对提交材料真实性负责的法律责任承诺书。

（7）备案人主体登记证明文件复印件。

（8）产品技术要求材料。

（9）具有合法资质的检验机构出具的符合产品技术要求全项目检验报告。

（10）其他表明产品安全性和保健功能的材料。

申请进口保健食品备案的，除提交以上规定的材料外，还应当提交如下规定的相关材料：产品生产国（地区）政府主管部门或者法律服务机构出具的注册申请人为上市保健食品境外生产厂商的资质证明文件；产品生产国（地区）政府主管部门或者法律服务机构出具的保健食品上市销售一年以上的证明文件，或者产品境外销售以及人群食用情况的安全性报告；产品生产国（地区）或者国际组织与保健食品相关的技术法规或者标准；产品在生产国（地区）上市的包装、标签、说明书实样。

市场监督管理部门收到备案材料后，备案材料符合要求的，当场备案；不符合要求的，应当一次告知备案人补正相关材料。市场监督管理部门应当完成备案信息的存档备查工作，并发放备案号。对备案的保健食品，市场监督管理部门应当按照相关要求的格式制作备案凭证，并将备案信息表中登载的信息在其网站上公布。

国产保健食品备案号格式为：食健备 G+4 位年代号+2 位省级行政区域代码+6 位顺序编号；进口保健食品备案号格式为：食健备 J+4 位年代号+00+6 位

顺序编号。

已经备案的保健食品，需要变更备案材料的，备案人应当向原备案机关提交变更说明及相关证明文件。备案材料符合要求的，市场监督管理部门应当将变更情况登载于变更信息中，将备案材料存档备查。保健食品备案信息应当包括产品名称、备案人名称和地址、备案登记号、登记日期以及产品标签、说明书和技术要求。

三、标签与说明书

申请保健食品注册或者备案的，产品标签、说明书样稿应当包括产品名称、原料、辅料、功效成分或者标志性成分及含量、适宜人群、不适宜人群、保健功能、食用量及食用方法、规格、贮藏方法、保质期、注意事项等内容及相关制定依据和说明等。保健食品的标签、说明书主要内容不得涉及疾病预防、治疗功能，并声明“本品不能代替药物”。

保健食品的名称由商标名、通用名和属性名组成。保健食品的名称要避免误导消费，要符合法规要求。

四、监督管理

国家市场监督管理总局应当及时制定并公布保健食品注册申请服务指南和审查细则，方便注册申请人申报。承担保健食品审评、核查、检验的机构和人员应当对出具的审评意见、核查报告、检验报告负责。

保健食品审评、核查、检验机构和人员应当依照有关法律、法规、规章的规定，恪守职业道德，按照食品安全标准、技术规范等对保健食品进行审评、核查和检验，保证相关工作科学、客观和公正。

参与保健食品注册与备案管理工作的单位和个人，应当保守在注册或者备案中获知的商业秘密。属于商业秘密的，注册申请人和备案人在申请注册或者备案时应当在提交的资料中明确相关内容和依据。

市场监督管理部门接到有关单位或者个人举报的保健食品注册受理、审评、核查、检验、审批等工作中的违法违规行为后，应当及时核实处理。除涉及国家秘密、商业秘密外，市场监督管理部门应当自完成注册或者备案工作之日起20个工作日内根据相关职责在网站公布已经注册或者备案的保健食品目录及相关信息。

有下列情形之一的，国家市场监督管理总局根据利害关系人的请求或者依据职权，可以撤销保健食品注册证书：

（1）行政机关工作人员滥用职权、玩忽职守作出准予注册决定的。

（2）超越法定职权或者违反法定程序作出准予注册决定的。

（3）对不具备申请资格或者不符合法定条件的注册申请人准予注册的。

(4) 依法可以撤销保健食品注册证书的其他情形。

注册人以欺骗、贿赂等不正当手段取得保健食品注册的，国家市场监督管理总局应当予以撤销。

有下列情形之一的，国家市场监督管理总局应当依法办理保健食品注册注销手续：

(1) 保健食品注册有效期届满，注册人未申请延续或者市场监督管理总局不予延续的。

(2) 保健食品注册人申请注销的。

(3) 保健食品注册人依法终止的。

(4) 保健食品注册依法被撤销，或者保健食品注册证书依法被吊销的。

(5) 根据科学研究的发展，有证据表明保健食品可能存在安全隐患，依法被撤回的。

(6) 法律、法规规定的应当注销保健食品注册的其他情形。

有下列情形之一的，市场监督管理部门取消保健食品备案：

(1) 备案材料虚假的。

(2) 备案产品生产工艺、产品配方等存在安全性问题的。

(3) 保健食品生产企业的生产许可被依法吊销、注销的。

(4) 备案人申请取消备案的。

(5) 依法应当取消备案的其他情形。

第二节 ▸▸ 保健食品生产许可管理

在中华人民共和国境内，从事食品（保健食品）生产活动，应当依法取得食品生产许可。食品生产许可的申请、受理、审查、决定及其监督检查，应当符合《食品生产许可管理办法》，保健食品生产许可还应符合《保健食品生产许可审查细则》的要求。食品生产许可应当遵循依法、公开、公平、公正、便民、高效的原则。食品生产许可实行一企一证原则，即同一个食品生产者从事食品生产活动，应当取得一个食品生产许可证。

一、申请与受理

（一） 申请材料

(1) 保健食品生产许可申请人应当是取得《营业执照》的合法主体，符合《食品生产许可管理办法》要求的相应条件。

(2) 申请人填报《食品生产许可申请书》，新办企业应按照表 4-1 的要求，向其所在地省级市场监督管理部门提交申请材料。

表 4-1　新办企业申请材料目录

序号	材料名称
1	食品生产许可申请书
2	营业执照复印件
3	保健食品注册证明文件或备案证明
4	产品配方和生产工艺等技术材料
5	产品标签、说明书样稿
6	生产场所及周围环境平面图
7	各功能区间布局平面图（标明生产操作间、主要设备布局以及人流物流、净化空气流向）
8	生产设施设备清单
9	保健食品质量管理规章制度
10	保健食品生产质量管理体系文件
11	保健食品委托生产的，提交委托生产协议
12	申请人申请保健食品原料提取物生产许可的，应提交保健食品注册证明文件或备案证明，以及经注册批准或备案的该原料提取物的生产工艺、质量标准
13	申请人申请保健食品复配营养素生产许可的，应提交保健食品注册证明文件或备案证明，以及经注册批准或备案的复配营养素的产品配方、生产工艺和质量标准等材料
14	申请人委托他人办理保健食品生产许可申请的，代理人应当提交授权委托书以及代理人的身份证明文件
15	与保健食品生产许可事项有关的其他材料

（3）保健食品生产许可，申请人应参照表 4-2 的要求，填报申请生产的保健食品品种明细。

表 4-2　保健食品生产许可分类目录

序号	食品、食品添加剂类别	类别编号	类别名称	品种明细	备注
27	保健食品	2701	片剂	具体品种	注册号或备案号
	保健食品	2702	粉剂	具体品种	注册号或备案号
	保健食品	2703	颗粒剂	具体品种	注册号或备案号
	保健食品	2704	茶剂	具体品种	注册号或备案号
	保健食品	2705	硬胶囊剂	具体品种	注册号或备案号
	保健食品	2706	软胶囊剂	具体品种	注册号或备案号
	保健食品	2707	口服液	具体品种	注册号或备案号

续表

序号	食品、食品添加剂类别	类别编号	类别名称	品种明细	备注
27	保健食品	2708	丸剂	具体品种	注册号或备案号
	保健食品	2709	膏剂	具体品种	注册号或备案号
	保健食品	2710	饮料	具体品种	注册号或备案号
	保健食品	2711	酒剂	具体品种	注册号或备案号
	保健食品	2712	饼干类	具体品种	注册号或备案号
	保健食品	2713	糖果类	具体品种	注册号或备案号
	保健食品	2714	糕点类	具体品种	注册号或备案号
	保健食品	2715	液体乳类	具体品种	注册号或备案号
	保健食品	2716	原料提取物	原料提取物名称	保健食品名称、注册号或备案号
	保健食品	2717	复配营养素	维生素或矿物质预混料具体品种	保健食品名称、注册号或备案号
	保健食品	2718	其他类别	具体品种	注册号或备案号

注：根据食品生产许可食品分类体系，《食品生产许可分类目录》将食品分为 32 大类，其中“保健食品”为第 27 类。

（4）申请人新开办保健食品生产企业或新增生产剂型的，可以委托生产的方式，提交委托方的保健食品注册证明文件，或以“拟备案品种”获取保健食品生产许可资质。

（5）申请人申请保健食品原料提取物和复配营养素生产许可的，应提交保健食品注册证明文件或备案证明，以及注册证明文件或备案证明载明的该原料提取物的生产工艺、质量标准，注册证明文件或备案证明载明的该复配营养素的产品配方、生产工艺和质量标准等材料。

（二）受理

省级市场监督管理受理部门对申请人提出的保健食品生产许可申请，应当按照《食品生产许可管理办法》的要求，作出受理或不予受理的决定。保健食品生产许可申请材料受理后，受理部门应将受理材料移送至保健食品生产许可技术审查部门。

二、审查与决定

（一）书面审查

1. 审查程序

（1）技术审查部门按照《保健食品生产许可审查细则》附件 3《保健食品

生产许可书面审查记录表》的要求，对申请人的申请材料进行书面审查，并如实填写审查记录。

（2）技术审查部门应当核对申请材料原件，需要补充技术性材料的，应一次性告知申请人予以补正。

（3）申请材料基本符合要求，需要对许可事项开展现场核查的，可结合现场核查核对申请材料原件。

2. 审查内容

（1）主体资质审查　申请人的营业执照、保健食品注册证明文件或备案证明合法有效，产品配方和生产工艺等技术材料完整，标签说明书样稿与注册或备案的技术要求一致。备案保健食品符合保健食品原料目录技术要求。

（2）生产条件审查　保健食品生产场所应当合理布局，洁净车间应符合保健食品良好生产规范要求。保健食品安全管理规章制度和体系文件健全完善，生产工艺流程清晰完整，生产设施设备与生产工艺相适应。

（3）委托生产　保健食品委托生产的，委托方应是保健食品注册证书持有人，受托方应能够完成委托生产品种的全部生产过程。委托生产的保健食品，标签说明书应当标注委托双方的企业名称、地址以及受托方许可证编号等内容。保健食品的原注册人可以对转备案保健食品进行委托生产。

3. 审查结论

（1）书面审查符合要求的，技术审查部门应做出书面审查合格的结论，组织审查组开展现场核查。

（2）书面审查出现以下情形之一的，技术审查部门应做出书面审查不合格的结论：申请材料书面审查不符合要求的；申请人未按时补正申请材料的。

（3）书面审查不合格的，技术审查部门应提出未通过生产许可的审查意见。

（4）申请人具有以下情形之一，技术审查部门可以不再组织现场核查：申请增加同剂型产品，生产工艺实质等同的保健食品；申请保健食品生产许可变更或延续，申请人声明关键生产条件未发生变化，且不影响产品质量安全的。

（5）申请人在生产许可有效期限内出现以下情形之一，技术审查部门不得免于现场核查：保健食品监督抽检不合格的；保健食品违法生产经营被立案查处的；保健食品生产条件发生变化，可能影响产品质量安全的；市场监管部门认为应当进行现场核查的。

（二）现场核查

1. 组织审查组

（1）书面审查合格的，技术审查部门应组织审查组开展保健食品生产许可现场核查。

（2）审查组一般由 2 名以上（含 2 名）熟悉保健食品管理、生产工艺流程、质量检验检测等方面的人员组成，其中至少有1名审查员参与该申请材料的书面审查。

（3）审查组实行组长负责制，与申请人有利害关系的审查员应当回避。审查人员确定后，原则上不得随意变动。

（4）审查组应当制定审查工作方案，明确审查人员分工、审查内容、审查纪律以及相应注意事项，并在规定时限内完成审查任务，做出审查结论。

（5）负责日常监管的市场监督管理部门应当选派观察员，参加生产许可现场核查，负责现场核查的全程监督，但不参与审查意见。

2. 审查程序

（1）技术审查部门应及时与申请人进行沟通，现场核查前两个工作日告知申请人审查时间、审查内容以及需要配合事项。

（2）申请人的法定代表人（负责人）或其代理人、相关食品安全管理人员、专业技术人员、核查组成员及观察员应当参加首、末次会议，并在《现场核查首末次会议签到表》上签到。

（3）审查组按照《保健食品生产许可审查细则》附件5《保健食品生产许可现场核查记录表》的要求组织现场核查，应如实填写核查记录，并当场做出审查结论。

（4）《保健食品生产许可现场核查记录表》包括103项审查条款，其中关键项9项，重点项36项，一般项58项，审查组应对每项审查条款做出是否符合要求或不适用的审查意见。

（5）审查组应在10个工作日内完成生产许可的现场核查。因不可抗力原因，或者供电、供水等客观原因导致现场核查无法正常开展的，申请人应当向许可机关书面提出许可中止申请。中止时间应当不超过10个工作日，中止时间不计入生产许可审批时限。

3. 审查内容

（1）生产条件审查　保健食品生产厂区整洁卫生，洁净车间布局合理，符合保健食品良好生产规范要求。空气净化系统、水处理系统运转正常，生产设施设备安置有序，与生产工艺相适应，便于保健食品的生产加工操作。计量器具和仪器仪表定期检定校验，生产厂房和设施设备定期保养维修。

（2）品质管理审查　企业根据注册或备案的产品技术要求，制定保健食品企业标准，加强原辅料采购、生产过程控制、质量检验以及贮存管理。检验室的设置应与生产品种和规模相适应，每批保健食品按照企业标准要求进行出厂检验，并进行产品留样。

（3）生产过程审查　企业制定保健食品生产工艺操作规程，建立生产批次管理制度，留存批生产记录。审查组根据注册批准或备案的生产工艺要求，查验保健食品检验合格报告和生产记录，动态审查关键生产工序，复核生产工艺的完整连续以及生产设备的合理布局。

4. 审查结论

(1) 现场核查项目符合要求的，审查组应做出现场核查合格的结论。

(2) 现场核查出现以下情形之一的，审查组应做出现场核查不合格的结论，其中不适用的审查条款除外：现场核查有一项（含）以上关键项不符合要求的；现场核查有五项（含）以上重点项不符合要求的；现场核查有十项（含）以上一般项不符合要求的；现场核查有三项重点项不符合要求，五项（含）以上一般项不符合要求的；现场核查有四项重点项不符合要求，两项（含）以上一般项不符合要求的。

(3) 现场核查不合格的，审查组应提出未通过生产许可的审查意见。

(4) 申请人现场核查合格的，应在 1 个月内对现场核查中发现的问题进行整改，并向省级市场监督管理部门和实施日常监督管理的市场监督管理部门书面报告。

(三) 审查意见

申请人经书面审查和现场核查合格的，审查组应提出通过生产许可的审查意见。

申请人出现以下情形之一，审查组应提出未通过生产许可的审查意见：书面审查不合格的；书面审查合格，现场核查不合格的；因申请人自身原因导致现场核查无法按时开展的。

技术审查部门应根据审查意见，编写保健食品生产许可技术审查报告。并将审查材料和审查报告报送许可机关。

(四) 审批

1. 复查

(1) 许可机关收到技术审查部门报送的审查材料和审查报告后，应当对审查程序和审查意见的合法性、规范性以及完整性进行复查。

(2) 许可机关认为技术审查环节在审查程序和审查意见方面存在问题的，应责令技术审查部门进行核实确认。

2. 决定

许可机关对通过生产许可审查的申请人，应当做出准予保健食品生产许可的决定；对未通过生产许可审查的申请人，应当做出不予保健食品生产许可的决定。

3. 制证

(1) 市场监管部门按照“一企一证”的原则，对通过生产许可审查的企业，颁发《食品生产许可证》，并标注保健食品生产许可事项。

（2）《食品生产许可品种明细表》应载明保健食品类别编号、类别名称、品种明细以及其他备注事项。

（3）保健食品注册号或备案号应在备注中载明，保健食品委托生产的，在备注中载明委托企业名称与住所等信息。

（4）原取得生产许可的保健食品，应在备注中标注原生产许可证编号。

（5）保健食品原料提取物生产许可，应在品种明细项目标注原料提取物名称，并在备注栏目载明该保健食品名称、注册号或备案号等信息；复配营养素生产许可，应在品种明细项目标注维生素或矿物质预混料，并在备注栏目载明该保健食品名称、注册号或备案号等信息。

三、生产许可证变更、延续、注销、补办

（一）变更

（1）申请人在生产许可证有效期内，变更生产许可证载明事项的以及变更工艺设备布局、主要生产设施设备，影响保健食品产品质量安全的，应当在变化后 10 个工作日内，向原发证的市场监督管理部门提出变更申请。

（2）市场监督管理部门应根据申请人提出的许可变更事项，组织审查组、开展技术审查、复查审查结论，并做出行政许可决定。

（3）申请增加或减少保健食品生产品种的，品种明细参照《保健食品生产许可分类目录》（表 4-2）。

（4）保健食品注册或者备案的生产工艺发生变化的，申请人应当办理注册或者备案变更手续后，申请变更保健食品生产许可。

（5）保健食品生产场所迁出原发证的市场监督管理部门管辖范围的，应当向其所在地省级市场监督管理部门重新申请保健食品生产许可。

（6）保健食品外设仓库地址发生变化的，申请人应当在变化后 10 个工作日内向原发证的市场监督管理部门报告。

（7）申请人生产条件未发生变化，需要变更以下许可事项的，省级市场监督管理部门经书面审查合格，可以直接变更许可证件：变更企业名称、法定代表人的；申请减少保健食品品种的；变更保健食品名称，产品的注册号或备案号未发生变化的；变更住所或生产地址名称，实际地址未发生变化的；委托生产的保健食品，变更委托生产企业名称或住所的。

（二）延续

（1）申请延续保健食品生产许可证有效期的，应在该生产许可有效期届满 30 个工作日前，向原发证的市场监督管理部门提出延续申请。

（2）申请人声明保健食品关键生产条件未发生变化，且不影响产品质量安

全的，省级市场监督管理部门可以不再组织现场核查。

（3）申请人的生产条件发生变化，可能影响保健食品安全的，省级市场监督管理部门应当组织审查组，进行现场核查。

（三）注销

申请注销保健食品生产许可的，向原发证的市场监督管理部门提出注销申请。

（四）补办

保健食品生产许可证件遗失、损坏的，申请人应按照《食品生产许可管理办法》的相关要求，向原发证的市场监督管理部门申请补办。

四、其他

申请人为其他企业提供动植物提取物，作为保健食品生产原料的，应申请原料提取物生产许可；仅从事本企业所生产保健食品原料提取的，申请保健食品产品生产许可。

申请人为其他企业提供维生素、矿物质预混料的，应申请复配营养素生产许可；仅从事本企业所生产保健食品原料混合加工的，申请保健食品产品生产许可。

第三节 ▸▸ 保健食品生产质量管理

保健食品生产质量管理是保健食品生产全过程中决定其质量的最关键和最复杂的环节之一，是确保产品品质安全的关键。为规范保健食品生产质量管理，根据《中华人民共和国食品安全法》和《保健食品良好生产规范》，对保健食品的生产全过程进行生产管理和质量管理，生产管理主要包括制定生产操作规程、原辅料和投料、配料与加工、产品杀菌、灌装、包装和标识等工序；质量管理主要包括制定质量管理文件、原辅料的质量管理、成品的质量管理等项目。

一、生产管理

（一）制定生产操作规程

企业应当根据保健食品注册批准的内容，制定生产工艺规程及岗位操作规程，以确保生产的保健食品达到规定的质量标准，并符合注册批准的要求。生产工艺规程需符合保健食品加工过程中功效成分不损失、不破坏、不转化和不产生有害中间体的工艺要求，其内容包括产品配方、各组分的制备、成品加工过程的主要技术条件及关键工序的质量和卫生监控点，如成品加工过程中的温度、压力、时间、pH、中间产品的质量指标等。岗位操作规程应对各生产主要工序规定具体操作要求，明确各车间、工序和个人的岗位职责。

每批产品均应有相应的批生产记录，可追溯该批产品的生产与质量相关的情况。批生产记录的内容至少应包括：生产指令、各工序生产记录、工艺参数、生产过程控制记录、清场记录、质量控制点监控记录及偏差处理等特殊问题记录。

生产车间的生产技术和管理人员，应按照生产过程中关键工序控制项目及检查要求，对每一批次产品从原料配制、中间产品产量、产品质量和卫生指标等情况进行记录。

（二）原辅料的领取和投料

投产前的原料必须按生产指令要求领用原辅料和包装材料，并进行严格复核，确认其品名、规格、数量和批号与生产指令一致，并确定没有霉变、生虫、混有异物或其他感官性状异常、超过保质期等情形。液体的原辅料应过滤除去异物；固体原辅料需粉碎、过筛的应粉碎至规定细度。

生产用水必须符合国家生活饮用水要求，工艺用水应当根据工艺规程需要制备，并定期检验，检验应当有记录。

投料时配料的计算、称量及投料等工序需经二人复核无误后方可进行生产，并进行记录备查。

（三）配料与加工

产品配料前需检查配料锅及容器管道是否清洗干净、符合工艺所要求的标准。利用发酵工艺生产用的发酵罐、容器及管道必须彻底清洁、消毒处理后，方能用于生产。每一班次都应做好器具清洁、消毒记录。

原辅料应当经过物料通道进入车间，凡进入洁净室厂房和车间的物料必须除去外包装或进行清洁消毒。配制过程原、辅料必须混合均匀，物料需要热熔、热取或浓缩（蒸发）的必须严格控制加热温度和时间。中间产品需要调整含量、pH 等技术参数的，调整后必须经对含量、pH、相对密度、防腐剂等重新测定复核。

各项工艺操作应在符合工艺要求的良好状态下进行。口服液、饮料等液体产品生产过程需要过滤的，应注意选用无纤维脱落且符合卫生要求的滤材，禁止使用石棉作滤材。胶囊、片剂、冲剂等固体产品需要干燥的应严格控制干燥温度与时间，防止颗粒熔融与变质；捣碎、压片、过筛或整粒设备应选用符合卫生要求的材料制作，并定期清洗和维护，以避免铁锈及金属污染物的污染。

产品压片、分装胶囊、冲剂、液体产品的灌装等均应在洁净室内进行，应控制操作室的温度、湿度。手工分装胶囊应在具有相应洁净级别的有机玻璃罩内进行，操作台不得低于0.7m。

配制好的物料须放在清洁的密闭容器中，及时进入灌装、压片或分装胶囊等工序，需贮存的不得超过规定期限。

（四）包装容器的洗涤、灭菌和保洁

保健食品应使用符合卫生标准和卫生管理办法规定允许使用的食品容器、包装材料、洗涤剂、消毒剂。使用的空胶囊、糖衣等原料必须符合卫生要求，禁止使用非食用色素。产品包装用各种玻璃瓶、塑料瓶、瓶盖、瓶垫、瓶塞、铝塑包装材料等，凡是直接接触产品的内包装材料均应采取适当方法清洗、干燥和灭菌，灭菌后应置于清洁室内冷却备用。贮存时间超过规定期限应重新洗涤、灭菌。

（五）产品杀菌

各类保健食品的杀菌应选用有效的杀菌或灭菌设备和方法，对于需要灭菌又不能热压灭菌的产品，可根据不同工艺和食品卫生要求，使用精滤、微波、辐照等方法，以确保灭菌效果。采用辐照灭菌方法时，应严格按照辐照食品相关法规规定，严格控制辐照吸收剂量和时间。企业应对杀菌或灭菌装置内温度的均一性、可重复性等定期做可靠性验证，对温度、压力等检测仪器定期校验。在杀菌或灭菌操作中应准确记录温度、压力及时间等指标。

（六）产品灌装或装填

每批待灌装或装填产品应检查其质量是否符合要求，计算产出率，并与实际产出率进行核对。若有明显差异，必须查明原因，在得到合理解释并确认无潜在质量事故后，经品质管理部门批准方可按正常产品处理。

液体产品灌装，固体产品的造粒、压片及装填应根据相应要求在洁净区内进行，除胶囊外，产品的灌装、装填须使用自动机械装置，不得使用手工操作。

灌装前应检查灌装设备、针头、管道等是否用新鲜蒸馏水冲洗干净、消毒或灭菌。操作人员必须经常检查灌装及封口后的半成品质量，随时调整灌装机器，保证灌装质量。

凡需要灭菌的产品，从灌装到灭菌的时间应控制在工艺规程要求的时间限度内。口服安瓿制剂及直形玻璃瓶等瓶装液体制剂灌封后应进行灯检，每批灯检结束，必须做好清场工作，剔除品应标明品名、规格、批号，置于清洁容器中交专人负责处理。

（七）包装

保健食品的包装材料和标签应由专人保管，每批产品标签凭指令发放、领

用，销毁的包装材料应有记录。经灯检及检验合格的半成品在印字或贴签过程中，应随时抽查印字或贴签质量。印字要清楚，贴签要贴正、贴牢。

成品包装内不得夹放与保健食品无关的物品，产品外包装上应标明最大承受压力或重量。

（八）标识

产品标识必须符合《保健食品标识规定》和 GB 7718—2011《食品安全国家标准　预包装食品标签通则》的要求。保健食品产品说明书、标签的印制，应与批准的内容相一致。

二、质量管理

企业应当建立有效的质量保证体系，应当建立完整的程序来规范质量管理体系的运行，并监控其运行的有效性。

（一）质量管理制度

企业应当制订完善的质量管理制度，质量管理制度应当包括：部门和关键岗位的质量管理职责，物料、中间产品和成品放行制度，物料供应商管理制度，物料、中间产品和成品质量标准和检验规范，取样管理制度，留样观察和稳定性考察制度，生产过程关键质量控制点的监控制度和监控标准，清场管理制度，验证管理制度，生产和检验记录管理制度，不合格品管理制度，质量体系自查管理制度，文件管理制度，档案管理制度，实验室管理制度，上市产品安全性监测及不安全产品召回制度，人员培训与健康管理制度，设施设备保养维修制度，仪器仪表检定校验制度，贮存和运输管理制度，产品跟踪监测制度，安全事故处置制度，生产工艺操作核查制度等。

（二）原辅料的质量管理

企业应当对生产用原辅料、包装材料的供应商建立质量档案，加强对供应商审核和质量评估管理。应当按标准对原辅料、包装材料进行检验，合格后方可使用。要检查和管理原辅料的存放场所，存放条件不符合要求的场所不得使用。

（三）加工过程的质量管理

生产企业应找出保健食品加工过程中的质量、卫生关键控制点，至少要监控下列环节，并做好记录。

（1）投料的名称与重量（或体积）；

（2）有效成分提取工艺中的温度、压力、时间、pH 等技术参数；

（3）中间产品的产出率及质量规格；
（4）成品的产出率及质量规格；
（5）直接接触保健食品的内包装材料的卫生状况；
（6）成品灭菌方法的技术参数。

除做好以上监控外，还要对重要的生产设备和计量器具定期检修，用于灭菌设备的温度计、压力计至少半年检修一次，并做好记录。还应具备对生产环境进行监控的能力，并定期对关键工艺环境的温度、湿度、空气净化度等指标进行检测；应具备对生产用水的监测能力，并定期检测。对质量管理过程中发现的异常情况，应迅速查明原因做好记录，并加以纠正。

（四）成品的质量管理

企业必须逐批次对成品进行感官、卫生及质量指标的检验，不合格者不得出厂。企业应具备产品主要功效因子或功效成分的检测能力，并按每次投料所生产的产品的功效因子或主要功效成分进行检测，不合格者不得出厂。

每批产品均应有留样。留样的包装形式应当与市售的产品相同；留样数量应当至少满足对该产品按质量标准进行三次全检的需要，或至少 4 个独立包装产品；留样应当存放于专设的留样库（或区）内，按品种、批号分类存放，并有明显标识；留样库（或区）应当具备与产品相适应的存储条件；应当按标示的贮存条件至少保存至产品保质期后 1 年。

企业应定期做产品稳定性实验。企业必须对产品的包装材料、标识、说明书进行检查，不合格者不得使用。检查和管理成品库房存放条件，不符合存放条件的库房不得使用。

（五）质量管理的其他要求

企业应对用户提出的质量意见和使用中出现的不良反应详细记录，并做好调查处理工作，并作记录备查。企业必须建立完整的质量管理档案，设有档案柜和档案管理人员，各种记录分类归档，保持 2~3 年备查。企业应定期对生产和质量进行全面检查，对生产和管理中的各项操作规程、岗位责任制进行验证。对检查或验证中发现的问题进行调整，定期向监管部门汇报产品的生产质量情况。

企业应当至少每年组织一次企业质量管理体系内部审核，对检查中发现的问题及时进行整改，自查和整改应当形成完整记录。

知识拓展 ▶

保健食品的消费提示

保健食品经营者在经营保健食品的场所、网络平台等显要位置标注“保健食品不是药物，不能代替药物治疗疾病”等消费提示信息，引导消费者理性消费。保健食品消费提示具体要求如下：

（1）保健食品是食品，不是药物，不能代替药物治疗疾病。

（2）选购保健食品要认清、认准产品包装上的保健食品标志及保健食品批准文号，依据其功能和适宜人群科学选用并按标签、说明书的要求食用。保健食品产品注册信息可在国家市场监督管理总局网站查询。

（3）选购保健食品要到正规的商场、超市、药店等经营单位购买，并索要发票或销售凭据。

（4）消费者如对所购买的保健食品质量安全质疑，或发现存在虚假宣传等违法行为，请及时向当地市场监管部门举报，也可拨打投诉举报电话：12315。

第四章　配套教学课件

复习思考题▶▶

1. 简要说明保健食品申请保健食品注册、备案应提交哪些材料？
2. 保健食品在申请生产许可中现场审核的主要内容是什么？
3. 简述保健食品的生产管理主要内容。
4. 从哪些方面进行保健食品的质量管理？

实训项目四▶

保健食品生产许可证申请

一、实训目的

1. 通过保健食品生产许可申请和《食品生产许可证申请书》的填写，掌握保健食品生产许可 SC 申请的过程、要求及申请书的书写规范。

2. 熟悉《保健食品生产许可审查细则》，掌握保健食品生产许可 SC 认证的基本要求。

二、实训内容及操作步骤

（1）利用各种搜索引擎，查找阅读食品、保健食品企业获取 SC 证书、申请书填写的相关案例；进入政府监管部门网站，查看“食品生产许可”窗口，了解获取 SC 证的基本要求。

（2）从官网中下载“食品生产许可证申请书”，模拟一家保健食品生产企业（申请人），设定一个保健食品产品（含类别名称），填写食品生产许可申请书。申请书基本内容如下：

①申请人基本情况

申请人名称			
法定代表人（负责人）			
食品生产许可证编号			
统一社会信用代码			
住　　所			
生产地址			
联 系 人		联系电话	
传　　真		电子邮件	
备　　注			

②产品信息表

序号	保健食品类别	类别编号	类别名称	品种明细	备注

③保健食品生产主要设备、设施

设备、设施				
序号	名称	规格/型号	数量	使用场所
检验仪器				
序号	检验仪器名称	精度等级	数量	使用场所

④食品安全专业技术人员及食品安全管理人员

序号	姓名	身份证号	职务	文化程度与专业	人员类别	专职/兼职情况
					□专业技术人员 □管理人员	□专职人员 □兼职人员

⑤保健食品安全管理制度清单

序号	管理制度名称	文件编号

（3）按照《保健食品生产许可申请材料目录》的要求，收集、整理、编写、

制作技术材料。技术材料包括：

①食品生产设备布局图和功能性食品生产工艺流程图；

②食品生产主要设备、设施清单；

③食品安全专业技术人员、食品安全管理人员信息；

④食品安全管理制度；

⑤生产质量管理体系文件；

⑥保健食品注册或备案文件（包括产品配方和生产工艺等技术材料，产品质量标准，产品标签、说明书样稿等）；

⑦其他，有必要提供的资料。

（4）申请资料准备完毕，审核无误后提交。

第五章

功能性食品生产新技术

【知识目标】

1. 掌握功能性食品生产新技术的原理、特点和装备。
2. 熟悉功能性食品特点、生产特性、生产新技术。
3. 了解功能性食品生产新技术的发展过程与应用领域。

【能力目标】

1. 掌握各功能性食品生产新技术基本原理；掌握功能性食品生产新技术在实际中应注意的主要事项。
2. 认识领会各种生产新技术应用的基本操作及过程；根据需要将生产新技术应用到具体的功能性食品开发与生产中。

【职业素养目标】

1. 理论联系实际，学会具体问题具体分析，坚持问题导向，掌握获取信息、分析问题、解决问题和开拓创新的方法论；为社会、行业提供高质量的功能性食品，满足人民健康美的生活需求。
2. 培养终身学习的能力和理想信念，提高学生独立思考和辨识能力，使其具有主动发展、不断提升的职业精神。
3. 加深对于发明创造和技术的重要性的理解，充分认识到科学技术是第一生产力，激发对科学学习兴趣，培养工程思维，树立不畏困难、坚持不懈的探索精神。

第一节 ▸▸ 生物工程技术

一、生物工程技术概述

生物工程技术也被称为生物技术或生物工艺学，一般认为，生物工程技术是指直接或间接地利用生物体的机能来生产物质的技术，是应用生物科学和工程学的原理来加工生物材料或利用生物及其制备物作为加工原料，以提供所需商品和社会服务的综合性技术科学。

从广义上说，生物工程技术是人们运用现代生物科学、工程学和其他基础学科的知识，按照预先的设计，对生物进行控制和改造或模拟生物及其功能，用来发展商业性加工、产品生产和社会服务的新兴技术领域。从狭义上理解，生物工程技术是利用生物体（包括微生物和高等动植物）或者其组成部分（包括器官组织、细胞或细胞器等）发展新产品或新工艺的一种技术体系。生物工程技术与众多的基础学科，如微生物学、遗传学、分子生物学、细胞生物学、生物化学、物理学、数学等有着密切的关系，其形成与发展依赖于化学工程学、材料科学、电子学、计算机科学和发酵工程学的发展，反映了基础学科研究的新成果，体现了工程学科所开拓出来的新技术与新工艺。

人类应用生物技术的历史，可以追溯到一两千年以前，例如酿酒、酿醋、面粉发酵等，现代生物科学的飞速发展，已经深入到分子、亚细胞、细胞、组织和个体等不同层次，越来越深刻地揭示了生物结构和功能的关系，从而使人们得以运用生物学的方法以及现代工程科学所开拓的新技术和新工艺，对生物体进行不同层次的设计、控制、改造和模拟，构成巨大的生产力。例如，基因重组技术为创造食品原料如不同加工类型的大豆、番茄、玉米和农作物新品系提供了最有希望的手段，通过发酵工程和生化工程技术可以实现生物产品的大规模商品化生产。

二、生物工程技术的内容

一般认为，生物工程技术包括如下四个方面。

（1）基因工程　涉及一切生物类型共有的遗传物质——核酸的分离、提取、体外剪切、重组以及扩增与表达等技术。

（2）细胞工程　包括一切生物类型的基本单位——细胞（有时也包括器官或组织）的离体培养、繁殖、再生、融合以及细胞核、细胞质乃至染色体与细胞器（如线粒体、叶绿体等）的移植与构建等操作技术。

（3）酶工程　指的是利用生物体内酶所具有的特异催化功能，借助固定化技术、生物反应器和生物传感器等新技术、新装置，高效、优质地生产特定产品的一种技术。

（4）发酵工程　也称为微生物工程，即给微生物提供最适宜的发酵条件，生产特定产品的一种技术。

基因工程、细胞工程可看作是生物技术的核心基础，可以通过基因工程和细胞工程技术，创造许许多多具有特异功能或多种功能的“工程菌株”或“工程细胞株”，这些菌株或细胞株往往可以使酶工程或发酵工程生产出更多、更好的产品，发挥出更大的经济效益。酶工程和发酵工程是生物技术产业化，特别是发展大规模生产的关键环节。因此，生物技术所包括的四个方面应当是一个完整的统一体。近年来的科技发展显示，在生物技术的应用领域出现了一些新的变化趋势，主要表现在如下两个方面：一方面是天然生物材料中活性成分的开发利用，如天然功能食品、天然药物、天然生物材料的利用与开发等；另一方面是基因工程技术的推广应用。

生物食品的来源与分类

生物食品的来源与分类可扫二维码学习。

三、生物技术在功能性食品中的应用

现代生物技术已经广泛应用于食品加工，形成了食品生物技术产业。功能性食品研制开发是当代食品研发的世界潮流。传统的食品加工工艺往往难以满足研制开发功能性食品的技术要求，因此迫切需要采用现代科学技术。生物技术在功能性食品中的应用主要包括功能性食品原料开发与功能性食品开发中的应用。

（一）在功能性食品原料开发中的应用

1. 生产膳食纤维

利用巴氏醋酸菌、木醋杆菌等微生物发酵法生产的细菌纤维素具有很好的持水性、黏稠性、稳定性及生物可降解性，是良好的功能性食品原料，用于促进胃肠蠕动、通便等。

2. 生产活性多糖

真菌中所含多糖如金针菇多糖、银耳多糖、香菇多糖、灵芝多糖、猴头菇多糖、茯苓多糖、虫草多糖等具有免疫激活、抗肿瘤、抗衰老、降血糖、降血脂、保肝、防血栓等多种生理功能。上述真菌的菌丝体可采取深层发酵培养制取，然后提取真菌多糖。葡聚糖又称右旋糖酐，具有抗血栓、改善微循环等生理作用。葡聚糖可由蔗糖经肠膜明串珠菌发酵制得。甲壳素经细菌（或真菌）中的甲壳素脱乙酰酶处理制取壳聚糖。鲜猪皮加胰蛋白酶酶解制取黏多糖。动物软骨经木瓜蛋白酶处理提取硫酸软骨素。

3. 生产功能性低聚糖

目前应用较广的是低聚葡萄糖（GOS）和低聚果糖（FOS）。蔗糖加水溶解后通过装有固定化果糖基转移酶的生物反应器（控制温度、pH、通风）制造低聚果糖。玉米芯、甘蔗渣（木聚糖）经木聚糖酶处理制得。纤维素经纤维素酶分解生成纤维低聚糖可用作双歧因子。魔芋淀粉经由细菌产生的β-甘露聚糖酶处理水解生成魔芋低聚糖可用作双歧因子。淀粉和蔗糖经环化糊精合成酶作用制得具有低腐蚀性可用于防龋齿的偶合糖。以1：1乳糖和蔗糖为原料经β-呋喃果糖苷酶处理制得低聚乳蔗糖，该糖为低卡糖，可用于减肥功能性食品，亦可用作双歧因子。蔗糖经 α-葡萄糖基转移酶处理制得帕拉金糖。壳聚糖经壳聚糖酶处理制得低聚壳聚糖。

4. 生产功能性糖醇

淀粉先经 α -淀粉酶液化，再由 β -淀粉酶糖化制得麦芽糖，然后在镍催化下高压氢化制得。蔗糖经 α -葡萄糖基转移酶处理制得帕拉金糖，然后在镍催化下氢化制得异麦芽糖醇。淀粉经 α -淀粉酶、糖化酶处理制得葡萄糖，然后在镍催化下氢化制得山梨糖醇。淀粉经酶解成葡萄糖后由嗜高渗酵母发酵制得赤藓糖醇，利用酵母发酵法由木糖生产木糖醇。目前部分企业用功能糖醇代替白砂糖的应用，实现减糖食品的目的。

5. 生产活性肽

酪蛋白经胰蛋白酶（或产碱杆菌蛋白酶）等蛋白酶作用下水解制得酪蛋白磷酸肽（CPPs）。大豆蛋白经木瓜蛋白酶等蛋白酶处理制得大豆多肽，大豆多肽具有促进脂肪代谢、降低胆固醇、活化双歧杆菌等功能。鱼、虾蛋白经蛋白酶酶解可制得降压肽，如 C_8肽（金枪鱼）、C_{11}肽（沙丁鱼）、C_3肽（南极磷虾），降压肽可抑制血管紧张素转移酶活性，从而起到降低血压作用。L-谷氨酸、L-半胱氨酸及 L-甘氨酸经固定化谷胱甘肽合成酶催化合成谷胱甘肽。以L-谷氨酸为原料通过固定化 L-谷氨酸脱羧酶转化制得 γ -氨基丁酸，γ -氨基丁酸具有降血脂及健脑益智功能。

6. 生产功能性油脂

可利用毛霉、根霉、深黄被孢霉等霉菌发酵后分离、提取制得 γ-亚麻酸。花生四烯酸可利用青霉、被孢霉发酵后分离、提取制得。二十碳五烯酸（EPA）和二十二碳六烯酸（DHA）可利用苔藓、高山被孢霉、硅藻、隐甲藻等发酵后分离、提取制得。利用各种脂肪水解酶的专一性，采用柱晶假酵母脂肪酶、黑曲霉脂肪酶等脂肪酶可选择性水解鱼油中的非多不饱和脂肪酸部分，从而对 EPA、DHA 起到富集作用。由大豆磷脂或蛋黄磷脂经磷脂酶处理制得酶解卵磷脂，可提高卵磷脂的乳化性能。共轭亚油酸（CAL）具有抗肿瘤、减肥、调节免疫、防动脉硬化等保健功能，亚油酸（LA）在嗜酸乳杆菌的发酵作用下，转化为 CAL。

7. 生产红曲

红曲可用于制备天然色素红曲红，同时具有降血脂、降血糖的保健功能。红曲所含洛伐他丁具有降低血清胆固醇的作用。将稻米清洗后用 0.2%柠檬酸水溶液浸泡、蒸熟、冷却至 45℃，接种红曲霉，经发酵、干燥制成，除了采用固态发酵法生产红曲外，亦可通过深层发酵法生产红曲。

（二）在功能性食品开发中的应用

1. 生产无乳糖牛乳

牛乳经过装有固定化 β -半乳糖苷酶的生物反应器处理，使牛乳中的乳糖水解为半乳糖和葡萄糖制成无乳糖牛乳以供乳糖不耐症患者食用。利用基因工程向乳牛导入一个乳糖酶基因并在乳腺中表达则可能产生不含乳糖牛乳。

2. 生产低胆固醇乳脂乳

采用固定化胆固醇还原酶或胆固醇氧化酶处理牛乳生产低胆固醇乳脂乳。

3. 生产低变应原米

有些人因先天性高过敏体质遗传因素影响，食用大米后大米中的球蛋白可引起过敏性皮炎。为此开发了低变应原大米工艺为：首先将大米浸泡于油酸单甘油酯水溶液中使其组织膨润后进行脱气（抽真空）处理，然后用猕猴桃蛋白酶处理分解大米中的球蛋白，充分洗净后进行米表面蒸煮以改善口感经干燥后即为低变应原米。

4. 生产乳酸杆菌食品

乳酸杆菌中含有一种具有延缓细胞凋亡和抗衰老作用的酶，其活性会对乳酸杆菌存活率产生直接影响。在含乳酸杆菌功能性食品生产中，若能采用基因技术导入该种酶的基因，可使该功能性食品具备更好的保健功能。

第二节 ▸▸ 微胶囊化技术

一、微胶囊技术概述

微胶囊系指利用天然的或合成的高分子材料（囊材）作为囊膜，将固体或液体物质（囊心物）包裹而成的微小胶囊。制备微胶囊的过程称为微型包囊工艺，即微胶囊化，也称微型包囊技术。该技术制备微型胶囊所需的辅料主要是载体材料，制备方法主要有物理化学法、物理机械法和化学法。

微胶囊化技术的作用：

（1）掩盖不良气味及口味，如大蒜素、鱼肝油等。

（2）提高活性成分的稳定性，如对于易氧化的β-胡萝卜素、易挥发的挥发油、对水分敏感的物质等通过微胶囊化可以改善其稳定性。

（3）防止活性成分在胃内失活或减少对胃的刺激性，如酶、多肽等易在胃内失活，大蒜素等对胃有刺激性，可用微胶囊化克服这些缺点。

（4）使液态成分固态化，便于贮存或再制成各种剂型。如可将植物油等物质制成微胶囊，可提高物料的流动性与可压性。

（5）减少复方物质的配伍变化。

微胶囊制剂的辅料可扫二维码学习。

微胶囊制剂的辅料

二、微胶囊的制备

微胶囊的制备方法按成型原理可分为物理化学法、物理机械法和化学法三大类。根据主要成分和囊材的性质和粒径等要求，选择不同的制备方法。

（一）物理化学法

本法在液相中进行，其特点是改变条件使溶解状态的成膜材料从溶液中聚沉下来，并将囊心物包裹形成微胶囊。因成膜材料聚沉时产生了新相，故本法又称相分离法。

根据形成新相方法的不同，相分离法又分为单凝聚法、复凝聚法、溶剂-非溶剂法、改变温度法和液中干燥法。相分离工艺已成为微胶囊化的主要工艺之一，它所用设备简单，高分子材料来源广泛。

1. 单凝聚法

单凝聚法是相分离法中较常用的一种。

（1）基本原理　本法是在高分子囊材溶液中加入凝聚剂以降低高分子溶解度而凝聚成囊的方法，如将活性成分分散在明胶材料溶液中，然后加入凝聚剂（可以是强亲水性电解质硫酸钠或硫酸铵的水溶液，或强亲水性的非电解质如乙醇或丙酮），由于明胶分子水合膜的水分子与凝聚剂结合，使明胶的溶解度降低，分子间形成氢键，最后从溶液中析出而凝聚形成微胶囊。但这种凝聚是可逆的，一旦解除促进凝聚的条件（如加水稀释），就可发生解凝聚，使微胶囊很快消失。这种可逆性在制备过程中可反复利用，直到凝聚微胶囊形状满意为止（可用显微镜观察）。最后再采取措施加以交联，使之成为不凝结、不粘连、不可逆的球形微胶囊。

（2）工艺流程　具体见图5-1。

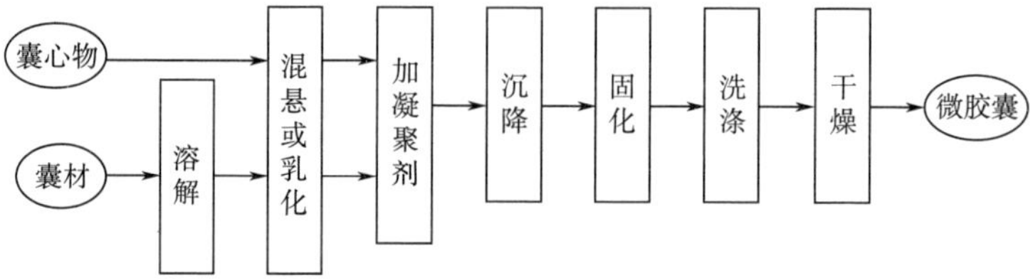

图5-1　单凝聚法制备微胶囊的工艺流程

2. 复凝聚法

复凝聚法是经典的微胶囊化方法，它操作方便，适合于难溶性成分的微胶囊化。

（1）基本原理　本法利用两种具有相反电荷的高分子材料为囊材，将囊心物分散（混悬或乳化）在囊材的水溶液中，在一定条件下，相反电荷的高分子互相交联后，溶解度降低，自溶液中凝聚析出而成囊。

以明胶与阿拉伯胶为例，将溶液pH调至明胶的等电点以下使之带正电（pH4.0~4.5时明胶带的正电荷多），而阿拉伯胶带负电，由于电荷互相吸引交联形成正、负离子的络合物，溶解度降低而凝聚成囊，加水稀释，加入甲醛交联固化，洗去甲醛，即得。

可作复合材料的有明胶与阿拉伯胶（或 CMC、CAP 等多糖）、海藻酸盐与聚赖氨酸、海藻酸盐与壳聚糖、海藻酸与清蛋白、清蛋白与阿拉伯胶等。

（2）工艺流程　复凝聚法制备微胶囊的工艺流程图与单凝聚法基本一致，只是凝聚的具体条件不同。

3. 溶剂-非溶剂法

溶剂-非溶剂法是在囊材的溶液中加入一种对囊材不溶的溶剂（非溶剂），引起相分离，而将囊心物包裹成囊的方法。使用疏水囊材，要用有机溶剂溶解，疏水性成分可与囊材溶液混合，亲水性成分不溶于有机溶剂，可混悬或乳化在囊材溶液中。然后加入争夺有机溶剂的非溶剂，使材料降低溶解度而从溶液中分离，除去有机溶剂即得。

4. 改变温度法

本法通过控制温度成囊，而不加凝聚剂。如用聚异丁烯（PIB，$M_{av}=3.8\times10^{5}$）、乙基纤维素（EC）与环己烷组成的三元系统，在 80℃溶解成均匀溶液，缓慢冷至 45℃，再迅速冷至 25℃，EC 可凝聚成囊。PIB 的作用为稳定剂，可减少微胶囊粘连。

5. 液中干燥法

从乳状液中除去分散相中的挥发性溶剂以制备微胶囊的方法称为液中干燥法，亦称为乳化-溶剂挥发法。干燥工艺包括两个基本过程：溶剂萃取过程（两液相之间）和溶剂蒸发过程（液相和气相之间）。制备中要先配制囊材的溶液，乳化后囊材溶液存在于分散相中，与连续相不混溶，但囊材溶剂在连续相中应有一定的溶解度，否则萃取过程无法实现。

用水包油（O/W）型乳状液的连续干燥法所得微胶囊表面常含活性成分的微晶体。但如果控制干燥速率，使初步干燥的微胶囊迅速萃取形成硬膜后再继续干燥，即可得满意的微胶囊，称间歇干燥法。

（二）物理机械法

本法是将固态或液态成分在气相中进行微胶囊化的方法，需要一定设备条件，其中常用的方法是喷雾干燥法和空气悬浮法。

1. 喷雾干燥法

喷雾干燥法可用于固态或液态成分的微胶囊化。

（1）基本原理　本法是先将囊心物分散在囊材的溶液中，再用喷雾法将此混合物喷入惰性热气流使液滴收缩成球形，进而干燥即得微胶囊。如囊心物不溶于囊材溶液，可得到微胶囊；如能溶解，则得微球。溶解囊材的溶剂可以是水或有机溶剂，以水作溶剂更易达到环保要求，降低成本。

（2）工艺流程　具体见图 5-2。

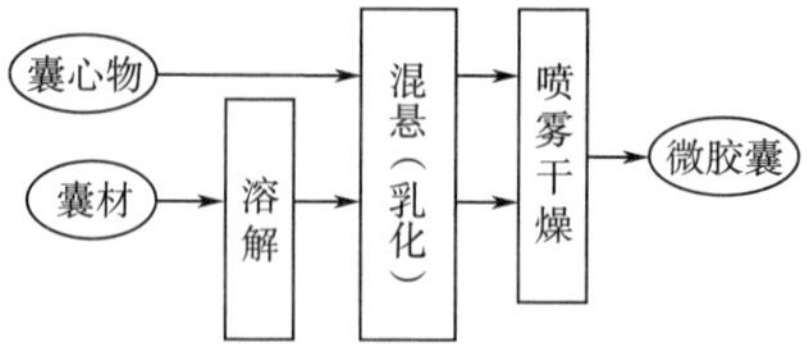

图 5-2　喷雾干燥法制备微胶囊的工艺流程

2. 空气悬浮法

空气悬浮法亦称流化床包衣法，囊心物通常为固体粉末，利用垂直强气流使囊心物悬浮在包衣室中，将囊材溶液通过喷嘴喷射于囊心物表面，热气流将溶剂挥干，囊心物表面便形成囊材薄膜而成微胶囊。

3. 喷雾凝结法

喷雾凝结法是将囊心物分散于熔融的囊材中，再喷于冷却液体介质或冷气流中凝固而成囊的方法。常用的囊材有蜡类、脂肪酸和脂肪醇等，在室温均为固体，而在较高温下能熔融。

4. 多孔离心法

多孔离心法利用圆筒的高速旋转使囊材溶液形成液态膜，同时使囊心物在离心力作用下高速穿过液态膜形成微胶囊，再经过不同方法加以固化（用非溶剂法、凝结或挥去溶剂等），即得微胶囊。

其他的物理机械法还有锅包衣法、挤压法、静电结合法、粉末床法等。通常，采用物理机械法时囊心物有一定损失且微胶囊有粘连，但囊心物损失在5%左右、粘连在10%左右，生产中认为是合理的。

（三）化学法

化学法系指利用溶液中的单体或高分子通过聚合反应或缩合反应产生囊膜而制成微胶囊的方法。本法的特点是不加凝聚剂，先制成W/O型乳状液，再利用化学反应或射线辐照交联固化。

1. 界面缩聚法

界面缩聚法亦称界面聚合法，是在分散相（水相）与连续相（有机相）的界面上发生单体的聚合反应。例如，水相中含有1，6-己二胺和碱，有机相为含对苯二甲酰氯的环己烷、氯仿溶液，将上述两相混合搅拌，在水滴界面上发生缩聚反应，生成聚酰胺。由于缩合反应的速率超过1，6-己二胺向有机相扩散的速率，故反应生成的聚酰胺几乎完全沉积于乳滴界面成为囊材。淀粉衍生物（如羟乙基淀粉HES或羧甲基淀粉CMS）用邻苯二甲酰氯发生界面交联反应亦可得微胶囊。

2. 辐射交联法

系将明胶在乳化状态下，经 γ 射线照射发生交联，再处理制得粉末状微胶囊。该工艺的特点是工艺简单，不在明胶中引入其他成分。

三、微胶囊化技术在功能性食品生产中的应用

采用微胶囊化功能性食品，既可以防止外界环境中水分、氧气和阳光等对食品质量的影响，又可以掩蔽功能因子自身的不良风味，防止营养素之间及其和食品配料之间的相互作用，因此微胶囊化技术广泛应用于功能性食品生产中。

1. 活性肽和功能性蛋白的微胶囊化

有人采用β-谷甾醇、豆甾醇、麦角甾醇三种植物甾醇作为膜材构建新型脂质体，用于功能性多肽的包载。蛋白的易腐败性致使生产上不得不采用高温或长时的杀菌，使得蛋白部分变性丧失营养功能特性，而经过微胶囊化的脂质体强化的牛乳可耐受巴氏消毒处理（63~65℃/30min），在冷藏条件下贮存7d还保持良好的稳定性。采用喷雾干燥生产核桃蛋白肽微胶囊，得到了高达84%微胶囊的成品率，经过微胶囊化得核桃蛋白肽显著提高了稳定性，延长了货架期，并且易于贮存与运输。

2. 油脂功能性成分微胶囊化

以大豆卵磷脂为芯材，采用喷雾干燥法生产大豆卵磷脂微胶囊。大豆卵磷脂微胶囊化后，吸湿性显著降低，有利于延长其货架期。采用O/W（水包油）微乳液法对植物甾醇乳化，进行喷雾干燥得到植物甾醇微胶囊粉末，得到的植物甾醇粉末在水性材料中分散稳定、均一。

有报道提出喷雾干燥法制备微胶囊化大豆异黄酮的工艺及技术，制备的大豆异黄酮微胶囊化产品，包埋率高达86%，且气味纯正，无异味；颜色浅黄；颗粒细腻、均匀，大多呈球状；干燥，不结块；水分含量1.83%；流动性好，溶解度高。

3. 维生素等功能性成分的微胶囊化

通过乳化喷雾干燥的方法制备维生素E微胶囊已广泛实现的工业化大生产，经微胶囊化的维生素E，得到的微胶囊具有较好的色泽，且能在水溶液中分散稳定、均一，满足功能性食品饮料产品开发需求。对于维生素C遇潮易氧化，则可将其细粉分散在乙基纤维素的异丙醇溶液中，后经喷雾干燥后得乙基纤维素包埋的维生素C胶囊，经过胶囊化后的维生素C胶囊在贮存期内质量较稳定，生物活性维持好。

以反式叶黄素晶体为芯材，辛烯基琥珀酸酯化淀粉和蔗糖为壁材，通过乳化、均质、喷雾干燥等工艺，制备叶黄素微胶囊，得到的叶黄素微胶囊溶解性高，流动性好，水分含量低于5%，可长时间贮存。通过制备洋葱皮黄酮微胶囊，提高了洋葱皮黄酮的稳定性。

第三节 ▸▸ 超临界流体萃取技术

一、超临界流体萃取技术及其原理

随着人们食品安全意识的不断提高，用于食品加工的绿色分离萃取技术备受青睐，这使得一种新型绿色的食品分离技术——超临界流体萃取成为国内外的研究热点。超临界流体在超临界状态下具有双重特性（高密度和低黏度），可以有目的地从一些天然物质中提取所需组分，多用于筛选或去除食品尤其是功能性食品中的某些成分。与传统的提取工艺相比，它具有高效、环保、节能、易控等特点。

1. 超临界流体萃取技术

传统的提取物质中有效成分的方法，如水蒸气蒸馏法、减压蒸馏法、溶剂萃取法等，其工艺复杂、产品纯度不高，而且易残留有害物质。超临界流体萃取是一种新型的分离技术，它是以超临界状态下的流体作为萃取剂，在临界温度和临界压力附近条件状态下，从液体或固体物料中萃取出待分离组分的方法。图 5-3 所示为物质的三相图，可以看出物质是以 3 种状态存在的，通过压力和温度的改变在三相中转换。当物质温度超过 T_C、压力超过 p_c时，就进入图中的右上角所示的超临界状态。此时的物质与三相不同，属于新的单一相，被称为超临界流体。

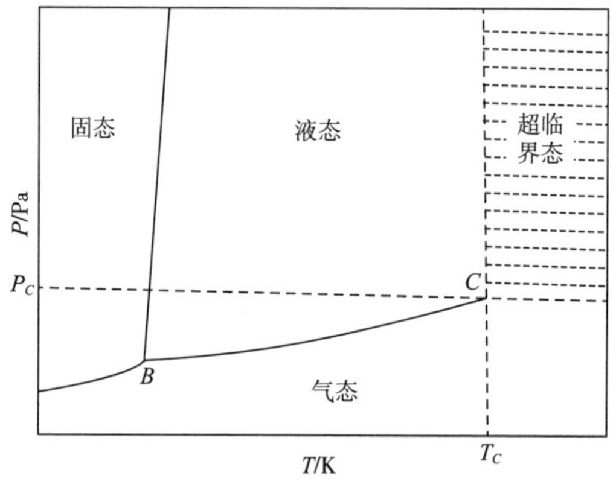

图 5-3　物质的三相图

2. 超临界流体萃取基本原理

在超临界状态下，将超临界流体与待分离的物质接触，使其有选择性地依次把极性大小、沸点高低和相对分子质量大小的成分萃取出来。超临界流体的密度和介电常数随着密闭体系压力的增加而增加，极性增大，利用程序升压可将不同极性的成分进行分步提取。对应各压力范围所得到的萃取物不可能是单一的，但可以通过控制条件得到最佳比例的混合成分。借助减压、升温的方法使超临界流体变成普通气体，被萃取物质自动完全或基本析出，超临界流体萃取技术将萃取-分离两过程合为一体，从而达到分离提纯的目的。超临界流体萃取技术流程见图 5-4。

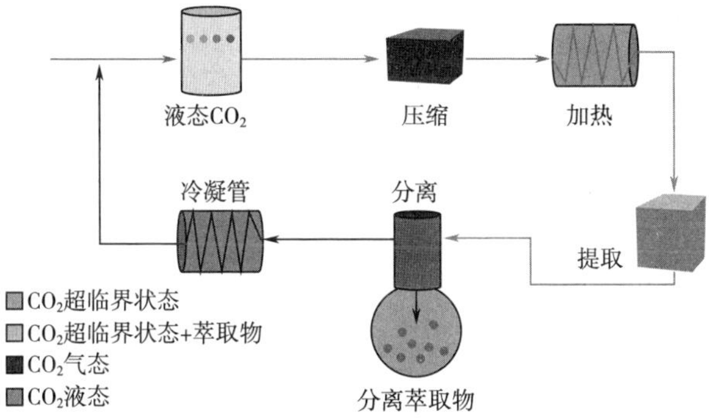

超临界流体萃取技术的溶剂

图 5-4　超临界流体萃取技术流程

超临界流体萃取技术的溶剂可扫二维码学习。

二、超临界 CO_2 萃取技术及其特点

二氧化碳是一种很常见的气体，但是过多的 CO_2 会造成“温室效应”，因此充分利用 CO_2 具有重要意义。传统的 CO_2 利用技术主要是用于生产干冰或作为食品添加剂等。近些年来国内外已致力于发展一种新型的 CO_2 利用技术——超临界 CO_2 萃取技术。CO_2 在温度高于临界温度 $T_C = 31.26℃$、压力高于临界压力 $P_C = 7.2MPa$ 的状态下，性质会发生变化，其密度近于液体，黏度近于气体，扩散系数为液体的 100 倍，因而具有惊人的溶解能力，从而可利用 CO_2 溶解很多种物质，提取其中的有效成分，应用前景广阔。运用超临界 CO_2 萃取技术可生产出高附加值的产品，提取过去用化学方法无法提取的物质，且廉价、无毒、安全、高效；广泛应用于化工、医药、食品等工业。

超临界 CO_2 萃取技术的特点。

(1) 萃取和分离合二为一，当饱含溶解物的 CO_2 超临界流体流经分离器时，由于压力下降使得 CO_2 与萃取物迅速成为两相（气液分离）而立即分开，不存在物料的相变过程，不需回收溶剂，操作方便；不仅萃取效率高，而且能耗较少，节约成本。

(2) 临界点附近，温度、压力的微小变化会引起 CO_2 密度显著变化，从而引起待萃物的溶解度发生变化。因此，压力和温度都可以成为调节萃取过程的参数，可通过控制温度或压力的方法达到萃取的效果。压力固定，改变温度可

将物质分离；反之温度固定，降低压力使萃取物与萃取剂分离，因此该工艺流程短、耗时少，对环境无污染，萃取流体可循环使用，真正实现了生化过程的绿色与环保。

（3）萃取温度低，CO_2的临界温度为31.2℃，可以有效地防止热性成分的氧化和逸散，完整保留其生物活性，而且能把高沸点、低挥发、易热解的物质在其沸点温度以下萃取出来，特别适合于提取或精制热敏性和易氧化性的物质。

（4）超临界CO_2流体常态下是气体，纯天然、无毒，与萃取成分分离后，完全没有溶剂残留，有效地避免了传统提取条件下毒性溶剂的残留。同时也防止了提取过程对人体的毒害和对环境的污染。

（5）超临界流体的极性可以改变，一定温度条件下，只要改变压力或加入适宜的夹带剂即可提取不同极性的物质，可选择范围广。

超临界CO_2萃取技术萃取能力强，溶解能力大，效率高，而且提取物充分体现天然性能，无氧化或无损失，且对提高功效成分的纯度和活性具有重要作用。但其缺点在于需要相应的高压设备，一次性投资较高，工艺技术要求较高。

三、超临界流体萃取技术在功能性食品生产中的应用

超临界CO_2萃取技术在功能性食品生产中的应用时间不算太长，但发展很快。目前已用于鱼肝油的分离，多不饱和脂肪酸的提取，咖啡因的提取，啤酒花的分离，香精、色素、可可脂的提取等。在日本，利用超临界CO_2萃取技术加工特种油脂已实现工业化生产。在欧美主要国家，通过超临界萃取技术，从天然植物中提取天然色素、香料和风味物质，已被用作优质风味食品的添加剂。

（1）功能性油脂的提取利用超临界流体萃取，可以从月见草、沙棘籽、红花籽、玉米胚、小麦胚、米糠中提取功能性油脂，不仅使油脂中必需脂肪酸和维生素不受损失，而且还使油的质量得以提高，避免常规提取溶剂的残留。

（2）不饱和脂肪酸、磷脂的分离通过控制萃取条件，可使脂肪酸混合物得以分别萃取；用于鱼油、鱼肝油的提取，获得高浓度的DHA、EPA，可防止多不饱和脂肪酸的氧化，作为功能性食品原料加以应用；可以脱除乳脂、蛋黄中的胆固醇，用于生产低胆固醇的功能性食品；通过萃取分离磷脂，可生产高磷脂纯度的功能性食品原料。

（3）天然香料、食用色素的提取利用超临界萃取技术，从橘皮、桂花、胡椒、肉豆蔻、肉桂、柠檬皮等植物中提取挥发油等香料物质，其香料的成分和香气更接近天然、品质更佳；从辣椒中提取辣椒红色素、从红花中提取红花色素，其色价远高于普通溶剂提取的色素原料。

（4）植物中功效成分，如大蒜素、姜酚、茶酚、银杏叶黄酮、维生素E、β-胡萝卜素等，利用超临界CO_2萃取，可获得高纯度、高质量的功能性原料。

对生姜萃取，萃取物含有丰富的姜辣素，而通过蒸馏法提取所得姜油中其含量很低。同时，该技术提取过程中姜酚不发生性质变化，具有很好的抗风湿功能，而普通姜油则由于姜酚的氧化无此功效。

（5）糖及苷类等生化制品的提取分离糖及苷类的化合物相对分子质量较大、羟基多、极性大，用纯 CO_2 提取产率低，加入夹带剂或加大压力则可提高产率。通过添加一定的夹带剂，可用于氨基酸、活性蛋白质、多肽、酶的提取分离，能最大限度地保持这类物质的生物活性。

超临界流体萃取技术作为一种新型绿色的萃取方法，广泛应用于食品领域。在功能性食品工业方面，国内外已经有过百项关于超临界流体萃取技术的研究，其中部分研究成果已投入工业化生产中。在食品基质愈加复杂的当今，应将超临界流体萃取技术与其他提取技术相结合，获得更加有效的提取纯化方法，并使工艺参数符合工业生产的要求。随着基础试验研究的不断深入，超临界流体萃取技术必将在更广泛的领域得到应用。

第四节 ▸▸ 膜分离技术

一、膜分离技术的概念及原理

膜分离是一项新兴的高效分离技术。膜分离技术发展历史大致为：20 世纪 30 年代微孔过滤；40 年代透析；50 年代电渗析；60 年代反渗透；70 年代超滤；80 年代气体分离；90 年代渗透汽化或称渗透蒸发。大多数膜分离过程中，物质不发生相变化，分离系数较大，操作温度在室温左右，所以它是解决当代人类面临的能源、资源、环境等重大问题的重要新技术，国际上曾将“在 21 世纪的多数工业中膜过程所扮演的战略角色”列为专题，进行深入讨论，并被认为是 20 世纪末到 21 世纪中期最有发展前途的高技术之一，甚至可能将引起一次工业革命的重大生产技术。

1. 膜分离技术概念

用天然或人工合成的高分子薄膜，以外界能量或化学位差为推动力，对双组分或多组分的溶质和溶剂进行分离、分级、提纯和浓缩的方法，统称为膜分离法，该技术称为膜分离技术。作为一种高效的浓缩和分离技术，膜技术在食品工业上的应用，对于改善产品质量，增加过程效益和最新产品的开发都有着积极意义，如用于果蔬汁加工、水处理、植物蛋白加工、食用胶生产以及啤酒生产等方面的应用。随着膜材料的发展和新型膜设备的开发，膜技术在食品工业的应用必将更加广泛，同时也将给食品工业带来更大的效益。它具有设备简单、操作方便、无相变、无化学变化、处理效率高和节能等优点，已被人们加以重视。

2. 膜分离技术基本原理

膜分离技术主要是利用天然或人工合成的高分子薄膜，以外界能量或化学位差为推动力对液液、气气、液固、气固等双组分或多组分的溶质和溶剂体系中的不同组分进行分离、纯化、富集的一项新技术。膜材料的研制方法、膜分离过程的研究及膜技术的应用种类多种多样，但在工业上膜分离技术一般可分为微滤、超滤、纳滤和反渗透等。分离类型不同，其作用机理也不尽相同。在一个容器中，如果用膜把它隔成两部分，膜的一侧是水溶液，另一侧是纯水，或者膜的两侧是浓度不同的溶液，则通常把小分子溶质透过膜向纯水侧或稀溶液侧移动、水分透过膜向溶液侧或浓溶液侧移动的分离称为渗析（或透析）。如果仅溶液中的水分（溶剂）透过膜向纯水侧或浓溶液侧移动，溶质不透过膜移动，这种分离称为渗透。不同的分离技术虽各具优势和特点，但其基本原理都是以高分子膜的选择透过性为基础，以浓度差、压力梯度或电势梯度作为推动力，在膜相际之间进行传质，即用半透膜作选择障碍层，允许某些组分透过而保留混合物中的其他组分，从而达到不同组分的分离、纯化的目的。

膜的分类可扫二维码学习。

膜的分类

二、膜分离过程及优点

1. 膜分离过程

膜分离过程的主要特点是以选择透过膜作为组分分离的手段。当膜两侧存在某种推动力（如压力差、浓度差、电位差）时，使溶剂（通常是水）与溶质或微粒分离的方法。一般包括电渗析、反渗透、超滤、扩散渗析等，其中的反渗透、超滤相当于过滤技术。用选择性透过膜进行分离时，使溶质通过膜的方法称为渗析；而使溶剂（水）通过膜的方法则称为渗透。膜分离过程可概述为以下 3 种形式。

（1）渗析式膜分离　溶液中的某些如溶质或离子在浓度差或电位差的推动下，透过膜进入另一侧的接受液从而被分离出去，渗析和电渗析属于这类膜分离。

（2）过滤式膜分离　在压力差的作用下，部分物质透过膜而成为渗滤液或渗透气，留下部分则为滤余液。由于组分的分子大小和性质有别，它们透过膜的速率有差异，因而透过部分与留下部分的组分不同，即实现了组分的分离。属于这类膜分离操作的有超滤、微滤、反渗透和气体渗透等。

（3）液膜分离　该过程涉及 3 个液相，料液和接受液都是液相，处于两者之间的液膜也是液相，膜必须与料液和接受液互不混溶。液-液两相间的传质分离操作类似于萃取和反萃取，溶质从料液进入液膜相当于萃取，溶质再从液膜进入接受液相当于反萃取。

2. 膜分离技术的优点

现代膜分离技术与传统的分离方法比较，具有如下明显的优点。

（1）高效　由于膜具有选择性，它能有选择性地透过某些物质，而阻挡另一些物质的透过。选择合适的膜，可以有效地进行物质的分离、提纯和浓缩。

（2）常温下进行　特别适用于热敏性物质，如果汁、酶或保健食品分离、分级、浓缩与富集，同时对于物质本身的色泽香味影响较小。

（3）应用范围广泛　对于特殊溶液体系的分离同样适用。膜分离不仅适用于有机物和无机物，也包括病毒、细菌及微粒；而且还适用于许多特殊溶液体系的分离，如溶液中大分子与无机盐的分离、一些共沸物或近沸点体系的分离等。

（4）节能　多数膜分离过程在常温下操作，被分离物质不发生相变，是一种低能耗，低成本的单元操作。

（5）不污染环境　膜分离过程在一个闭合回路中运行，外界影响小。

（6）大多采用压力作为推动力，过程简单、容易操作和控制，故障处理方便。

三、超滤

应用孔径为 1. 0~20. 0nm 的超滤膜来过滤含有大分子或微细粒子的溶液，使大分子或微细粒子从溶液中分离的过程称之为超滤。超滤所用的膜为非对称膜，其表面活性层有孔径为 10^{-9}~2×10^{-8}m 的微孔，能够截留相对分子质量为 500 以上的大分子和胶体微粒，可起到脱盐、浓缩、分级、提纯等作用。与反渗透相似，超滤的推动力也是压差。在溶液侧加压，使溶剂通过膜而得到分离。与反渗透不同的是，在超滤过程中，小分子溶质将同溶剂一起透过超滤膜。

1. 超滤的工作过程

当物料和溶剂被超滤膜分隔开时，由于超滤膜上有许多微孔，允许溶剂和某些小相对分子质量物质自由通过膜，因而很快两侧溶剂和那些可以自由通过膜的小分子物质达到平衡。但物料中含有许多大分子物质，它们不能通过膜，而是在膜两侧形成渗透压差，物料侧渗透压大于溶剂侧渗透压，这时在物料侧施加一定压力（一般大于两侧的渗透压差），则可以使物料侧的小相对分子质量物质向溶剂侧转移。

在压力足够大时物料中的溶剂大量进入溶剂侧。这样，仅在一种操作中就可完成渗析（从大分子溶液中除去小分子物质）和浓缩（从物料中脱去部分溶剂），从而达到物料的分离和浓缩。超滤工作原理见图 5-5。

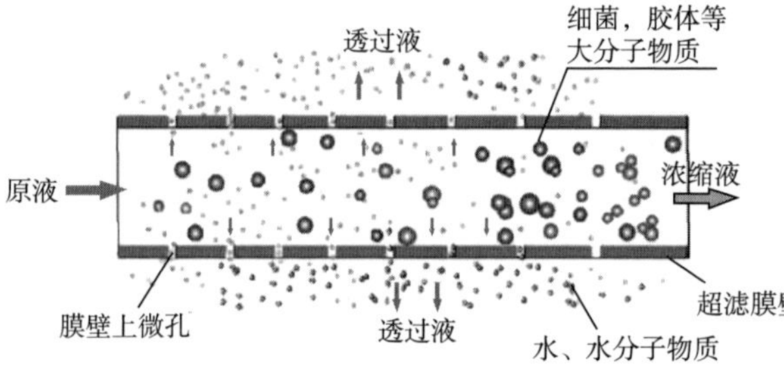

图 5-5　超滤工作原理图

超滤膜的种类及特性

超滤膜的种类及特性可扫二维码学习。

2. 超滤分离技术的特点

（1）过滤面积大，物料加工时间短，所以生产率高；

（2）操作条件温和，温度和压力较低；更换膜片方便，所以操作简单、能耗低；

（3）适应 pH 范围广，可处理多种物料，并可同时完成渗析和浓缩，产品质量好纯度高；

（4）设备运行时没有污染物质浸入物料，清洁卫生；

（5）膜分离过程是在常温下进行，因而特别适用于热敏感物质的分离与提纯；

（6）膜分离对于稀溶液中微量成分的回收和低浓度溶液的浓缩非常有效，且物质的性质不改变。

3. 超滤在功能性食品生产中的应用

（1）果汁的澄清　利用超滤可将苹果汁、山楂汁中的果胶、单宁分离出去，使产品澄清性能大大提高，比其他方法效果好。同时，还可得到用途广泛的副产品果胶。此外，超滤法还可用于酒类、醋、啤酒、白酒、水、酱油、饮料的澄清，以去除浑浊物、微粒、胶质、细菌等。

（2）乳清蛋白的回收　在干酪制作过程中，分离出酪蛋白后的乳清中含有蛋白质、乳糖。通过超滤膜得到浓缩乳清蛋白，再用反渗透回收乳糖，用于功能性食品的生产。这样避免了加热蒸发浓缩时的能源浪费，同时分离出乳糖和小分子盐类，提高了乳清蛋白的有效应用价值。大豆蛋白生产中也可以利用超滤反渗透生产乳清蛋白和低聚糖。

（3）酶的浓缩提纯　在食品生产中 α -淀粉酶、蛋白酶、果胶酶、糖化酶和葡萄糖氧化酶等已得到广泛应用。利用超滤技术代替盐析沉淀法、溶剂萃取法、真空蒸发法、低温冷冻法、色层分离法、超离心分离法等技术浓缩提纯酶，具有所得酶的活性高、产品质量高、纯度高、收率高、能耗低等优点，且操作简单，能耗只有真空蒸发的 1/8，同时还节省沉淀剂和有机溶剂。例如，从菠萝中提取菠萝蛋白酶，就是将菠萝皮汁离心分离后，清汁用超滤法浓缩，再用有机溶剂提取蛋白酶，这样就可保持酶的活性。又如，自由基清除剂超氧化物歧化酶（SOD）制备过程中采用超滤可去除大部分小分子物质，并得到浓缩，然后再用溶剂萃取，从而得到活性很高的产品。

（4）功能性食品功效成分的提取和制备　药食两用等原材料成分复杂，一般含有多种物质，如糖类、蛋白质等，提取液浓度又比较小。用热蒸发法浓缩提取功效成分，损失较大，纯度也不够。利用膜技术浓缩就可解决上述缺点。通过超滤去除胶质、糖、淀粉、蛋白质等大分子物质，再以反渗透进行浓缩，然后干燥得到提取物。黄酮、皂苷、酚类等都可以利用超滤提取分离。

茶叶中的茶多酚具有抗氧化、抗癌、抗突变、抗辐射、防止动脉粥样硬化等功效，是近年来用途广泛的功能性基料。用超滤法提取茶多酚时，应先使用果胶酶在50°C下保温处理分解果胶，从而提高超滤时的透过速度。选择合适的超滤膜可有效地分离茶多酚而截留咖啡因，再经过反渗透膜浓缩，干燥后可得茶多酚产品。

四、纳滤

作为目前国内外膜分离领域研究热点的纳滤技术，是介于超滤和反渗透之间的一种膜分离技术，一般纳滤膜的操作压力为0.5~1.5MPa，其截留物质相对分子质量在200~1000，孔径为几纳米，其分离对象的粒径为约1nm。一般纳滤膜比反渗透膜疏松得多，因此操作压力远低于反渗透压，且能有效地截留小分子有机物并可同时透析盐，集浓缩与透析为一体，同时膜表面的荷电性使纳滤有对离子电荷密度上的选择性等特点。

纳滤膜对盐的截留性能主要是由离子与膜之间的静电相互作用所贡献的，纳滤膜对中性不带电荷的物质（如乳糖、葡萄糖、麦芽糖）的截留则是根据膜的纳米级微孔的分子筛效应。盐离子的电荷强度不同，膜对离子的截留率也有所不同。对于含有不同价态离子的多元体系，由于膜对各种离子的选择性有异，根据道南效应（Donnan Effect）不同离子透过膜的比例不同，例如，溶液中含有Na_2SO_4和NaCl，膜对SO_4^{2-}的截留优先于Cl^-。如果增大Na_2SO_4的浓度，则膜对Cl^-的截留率降低，为了维持电中性，透过膜的Na^+也将增加。当多价离子浓度达到一定值，单价离子的截留率甚至出现负值，即透过液中单价离子浓度大于料液浓度。

纳滤原理见图5-6。

1. 纳滤膜的分离机制

纳滤类似于反渗透与超滤，均属压力驱动的膜过程，但其传质机制有所不同，一般认为，超滤膜由于孔径较大，传质过程主要为孔流形式，而反渗透膜通常属于无孔致密膜，溶解-扩散的传质机制能够满意地解释膜的截留性能。

就目前提出的纳滤膜机制来看，大部分学者认为，纳滤膜的分离作用主要是

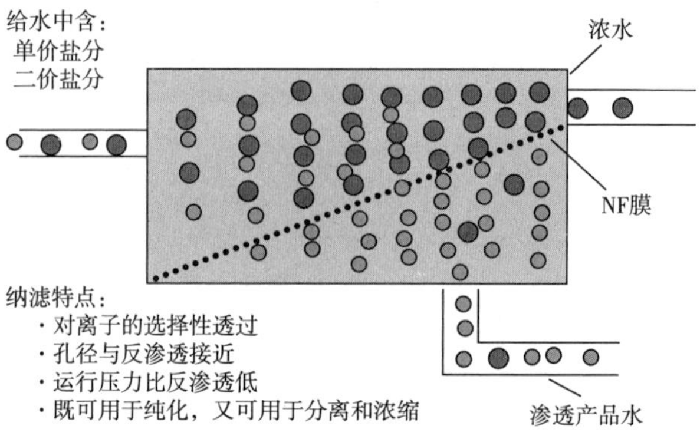

图 5-6　纳滤原理图

粒径排斥和静电排斥。对于非荷电分子，分离机制主要是筛滤或粒径的排斥；离子的分离机制是筛滤和静电排斥。由于大部分纳滤膜为荷电型，其对无机盐的分离行为不仅受化学势控制，同时也受到电势梯度的影响，其确切的传质机制至今尚无定论。

纳滤膜材质可扫二维码学习。

纳滤膜材质

2. 纳滤的特点及优点

（1）截留相对分子质量在 200～1000，适宜于分离相对分子质量在 200 以上，分子大小约为 1nm 的溶解组分。

（2）操作压力低：通常纳滤分离需要的跨膜压差一般为 0.5～2.0MPa，因而也被称为“低压反渗透”。

（3）具有离子选择性：由于在膜上或膜中常带有荷电基团，通过静电相互作用，对含有不同价态离子的多元体系溶液，可实现不同价态离子的分离，故有时也称“选择性反渗透”。

纳滤主要有以下优点。

（1）纳滤膜浓缩纯化过程在常温下进行，无相变，无化学反应，不带入其他杂质及造成产品的分解变性，特别适合于热敏性物质。

（2）纳滤膜可脱除产品的盐分，减少产品灰分，提高产品纯度，相对于溶剂脱盐，不仅产品品质更好，且收率还能有所提高。

（3）纳滤膜工艺过程收率高，损失少。

（4）纳滤膜可回收溶液中的酸、碱、醇等有效物质，实现资源的循环利用。

（5）纳滤膜设备结构简洁紧凑，占地面积小，能耗低。

（6）纳滤膜操作简便，可实现自动化作业，稳定性好，维护方便。

3. 纳滤在功能性食品生产中的应用

（1）天然植物有效成分的分离、纯化与浓缩　天然植物中许多有效成分受热易发生氧化、水解等结构改变，可能影响其保健功效，传统的浓缩溶液易产生沉淀，影响功效物质的稳定性。纳滤在常温下操作，有利于保留天然植物中的有效成分，提高功能性食品的稳定性。功能性凉茶中许多有效成分对热不稳定，根据凉茶中的有机物组成及分子质量，选择了两种型号的纳滤膜在低温操作条件下，水提取液经纳滤浓缩，加水稀释复原后风味、色泽、有效成分含量基本没有变化，优化了工艺，提高了产品的收率和质量，降低了成本。

（2）功能性多肽与氨基酸的纯化与浓缩　功能性多肽是由蛋白质水解或氨基酸合成制得的。生产中通常采用色谱柱从有机溶液或水溶液中纯化多肽和多肽化合物，然后进行蒸发浓缩。采用纳滤膜技术代替蒸发，优点是浓缩和纯化可一步完成，并可低温操作、效率高、操作简便，对活性肽的分离更为有利。

氨基酸的相对分子质量介于100~1000，纳滤分离氨基酸主要靠电荷效应起作用。纳滤膜对于处于等电点状态的氨基酸的截留率几乎为零。因为溶质离子与膜之间产生静电排斥，使膜对偏离等电点状态的氨基酸溶质有较高截留率。调整溶液的 pH，使不同的氨基酸在不同的 pH 时，带上不同的电荷，利用膜的电荷效应分离和纯化分子质量接近的氨基酸。

（3）功能性低聚糖的分离和精制　大豆低聚糖（相对分子质量为350~700）是大豆中所含寡糖类化合物的总称，主要成分为水苏糖、棉籽糖及蔗糖，可从大豆乳清废水中分离得到。首先用超滤从大豆乳清中去除蛋白质等大分子物质，透过液再用纳滤或反渗透浓缩。

异麦芽低聚糖工业化产品是由葡萄糖、麦芽糖、异麦芽低聚糖组合成的混合糖浆或粉末，其中具有生理功能的成分主要集中在二糖和三糖，四糖以上组分功能活性相对较弱。采用纳滤技术可提高产品中的二糖和三糖的含量。

低聚木糖是由2~7个木糖以 β -1，4 糖苷键结合而的低聚糖。其产品的主要成分为木糖、木二糖、木三糖和三糖以上木寡糖，其中以木二糖为主要有效成分。采用纳滤四级串联方式可脱除大量的氯化钠，使低聚木糖的含量达到20%以上，且降低了能耗和污染。

低聚果糖是由蔗糖的残基上结合 1~4 分子果糖而成的蔗果三糖、四糖以及五糖的混合物。实验室研究表明采用纳滤对低聚果糖进行纯化，可生产高纯度（总含量约 95%）的低聚果糖。

五、电渗析

1. 电渗析的概念及原理

电渗析也是较早研究和应用的一种膜分离技术，是通过具有选择通透性和良好导电性的离子交换膜，在外加直流电场的作用下，以电位差为推动力，当含盐分的水流经阴、阳离子交换膜和隔板所构成的隔室时，原水中的阴离子和阳离子就开始做定向运动，阴离子向阳极方向移动，阳离子向阴极方向移动。

由于离子交换膜具有选择性透过性能，阳离子交换膜（CM，简称阳膜）的固定交换基团带负电荷，根据异性相吸、同性相斥的原理，因此允许原水中阳离子通过而阻挡阴离子；同理，阴离子交换膜（AM，简称阴膜）的固定交换基团带正电荷，因此允许原水中的阴离子通过而阻挡阳离子，致使淡水隔室中的离子迁移到浓水隔室中去，从而达到淡化或净化的目的，其原理见图 5-7。根据电渗原理制取淡水或净化的时候，需要消耗一定量的浓水和极水，因浓水浓度提高了，会降低膜的选择透过性，也就降低了电流效率，增大了耗电量。为了减少水耗量可以采用浓水循环和极水循环的方法。

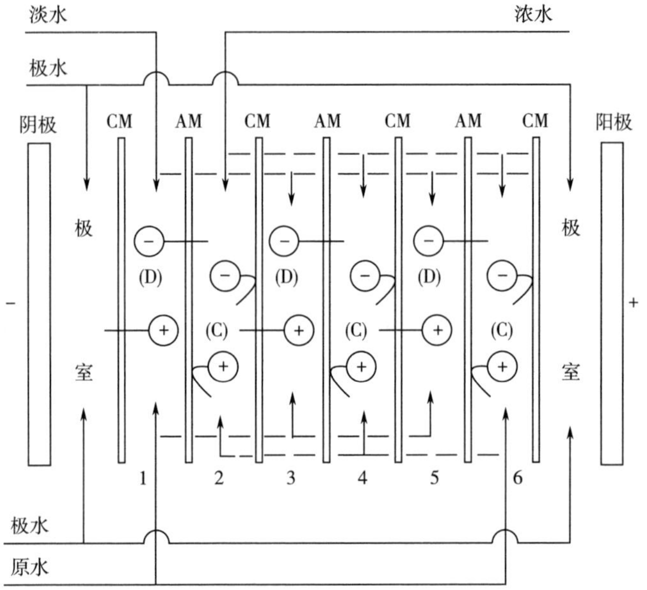

图 5-7　电渗析原理

CM—阳离子交换膜　（C）—浓水隔板　AM—阴离子交换膜　（D）—淡水隔板

电渗析过程是利用离子能选择性地通过离子交换膜的性质使离子从各种水溶液中分离出来的过程，这一基本特征使它成为一种可将能电离成离子的物质与水（和其他非电解质）分离的有效手段；另一方面也可以利用这一特征来实现某些化学反应。因此，它的应用范围十分广泛，遍及化工、医药、食品、电子、冶金等工业部门，包括原料与产品的分离精制以及废水废液的处理，以除去有害杂质与回收有用物质等。

2. 电渗析在功能性食品生产中的应用

（1）脱除盐分　将含盐与有机物的溶液进入电渗析器的淡化室中，盐的阴阳离子通过膜进入两侧，留下有机物得到纯化。这种方法应用甚广，例如医药工业生产中葡萄糖、甘露醇、氨基酸、维生素 C 等溶液的脱盐；食品工业中牛乳、乳清、酶液的脱盐，以及酒类产品脱除酒石酸钾等。为使牛乳主要成分接近于人乳以用作婴儿食品，必须减少牛乳中无机盐的含量，可采用电渗析法，既经济又可以进行大规模生产。由海带浸泡液中提取甘露醇时除盐。

（2）酸的脱除或中和　有机物中的酸可以令其 H^+ 和酸根离子从脱盐室两侧的阳、阴膜渗析出来而除去。采用柑橘和葡萄等水果制成果汁，常常由于存在过量的柠檬酸而显得太酸，采用电渗析法可将其除去，即保持了天然果汁的滋味，也可提高果汁的质量。

（3）盐取代反应制有机酸　柠檬酸盐可在两侧均为阳膜的转化室中使 Na^+ 从一侧渗出，而从另一侧渗入 H^+，即可得柠檬酸。氨基酸盐也可以用这种方法转化为游离氨基酸。

（4）利用离子的可渗性分离氨基酸　将电泳后的含蛋白质或核酸等的凝胶，经电渗析，使带电荷的大分子与凝胶分离。从胱氨酸的盐酸溶液中提取 L-半胱氨酸等。

六、反渗透

反渗透是 20 世纪 60 年代发展起来的一项新型膜分离技术，是利用反渗透膜选择性地只能通过溶剂（通常是水）的性质，对溶液施加压力以克服溶液的渗透压，使溶剂通过反渗透膜而从溶液中分离出来的过程。在通常情况下，由于渗透压的作用，纯水将自发地通过半透膜向溶液侧渗透，由于上述过程与通常渗透的方向正好相反，因此称为反渗透。由于纯溶剂侧的压力高于溶液侧的压力，即存在着渗透压，要想使溶剂向相反方向渗透，必须外加一个大于渗透压的反向压力，克服渗透压并形成一个推动力。反渗透的结果是获得相当纯净的溶剂和浓度增大了的溶液，因此常用于海水的淡化及溶液的浓缩。对透过的物质具有选择性的薄膜为半透膜，一般将只能透过溶剂而不能透过溶质的薄膜视为理想的半透膜。当把相同体积的稀溶液和浓溶液分别置于一容器的两侧，中间用半透膜阻隔（盐类等比水分子大的溶质不能透过），稀溶液中的溶剂将自然穿过半透膜，向浓溶液侧流动，浓溶液侧的液面会比稀溶液的液面高出一定高度，形成一个压力差（α），达到渗透平衡状态，此种压力差即为渗透压（图 5-8）。渗透压的大小决定于浓溶液的种类、浓度和温度，与半透膜的性质无关。若在浓溶液侧施加一个大于渗透压的压力时（$>\alpha$），浓溶液中的溶剂就会反过来穿过半透膜向稀溶液流动，即为反渗透（图 5-9）。

应用反渗透进行膜分离就是基于上述原理，反渗透过程的特征是从水溶液中分离出水，其应用也主要局限于水溶液的分离，在食品加工方面广泛应用于果汁、牛乳、咖啡、硬水软化、维生素、抗生素、激素、细菌、病毒的分离和浓缩等方面。

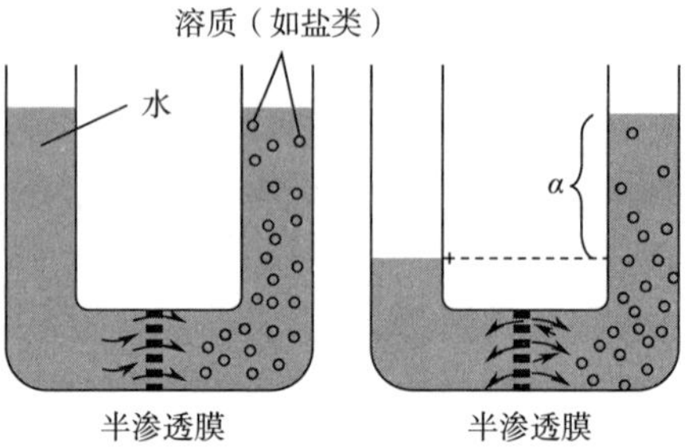

图 5-8　渗透压产生过程示意图

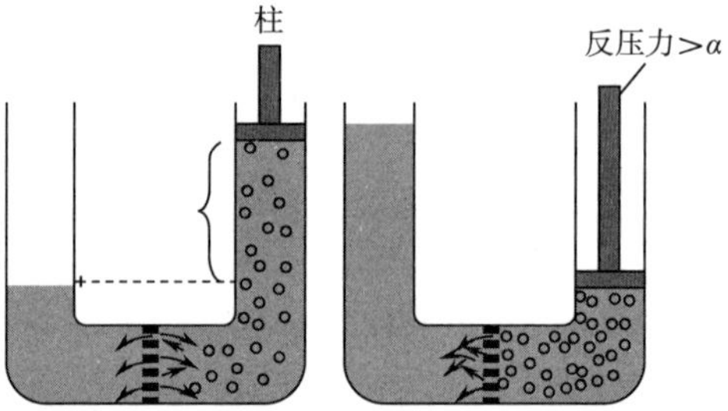

图 5-9　反渗透原理

第五节 ▸▸ 色谱分离技术

一、色谱分离技术概述

利用不同物质在两相介质中具有不同的分配系数，通过两相介质的相对运动实现物质分离的一类方法，统称为色谱法。根据操作方式和目的的不同，色谱法可分为分析型色谱和制备型色谱两类。分析型色谱的目的是分析样品的组成信息，制备型色谱的目的是制备、纯化产品。制备型色谱是一种分离技术，称为色谱分离，又称为层析分离。

色谱分离的实质是利用混合物中各组分的物化性质（分子形状、大小、极性、吸附力、分子亲和力以及分配系数等）的差异，使各组分在两相介质中进行多次的分配，原来各组分间的微小差异在多次分配中被不断放大，从而分离得到目标成分。

在色谱分离中，其中的一相介质是不动的，称为固定相，另一相介质携带含目标成分的原料，呈流体（气体或液体）状流经固定相，称为流动相。当流动相流过固定相时，原料中的各组分以不同的速度移动，从而达到分离的目的。

色谱分离技术的分离效率高，能将各种性质相似的组分彼此分离，具有设备简单、操作方便等特点。对于大多数蛋白质产品纯化工艺而言，色谱分离通常是产品包装前的最后纯化工艺。

目前，工业上常用到的色谱分离技术包括凝胶过滤色谱法、离子交换色谱法、反相和疏水作用色谱法以及亲和色谱法等。

色谱分离过程可扫二维码学习。

色谱分离过程

二、凝胶过滤色谱

凝胶过滤色谱是以凝胶作为固定相，利用不同组分具有不同的分子大小这一物理性质进行分离纯化的，因此又称为分子筛色谱、凝胶排阻色谱、凝胶透色谱等。

凝胶色谱的固定相是具有立体网状结构的凝胶，当含有不同分子大小的组分的溶液作为流动相注入凝胶色谱柱后，较小的分子可以渗透浸至凝胶内部，较大的分子被排除在凝胶外部，沿凝胶颗粒外部向下移动。因此，在流动相流经固定相的过程中，大分子组分流程短，移动速度快；小分子组分的流程长，移动速度慢。由于移动速度的差异，各个组分按分子从大到小的顺序依次流出固定相，实现分离目的。凝胶色谱分离具有工艺简单、操作方便、分离回收率高、实验重复性好等特点，适用于水溶性高分子物质的分离。尤其是不会改变样品生物活性，特别适合蛋白质（酶）、核酸、激素和多糖等的分离纯化，同时还可应用于蛋白质的相对分子质量测定、脱盐、样品浓缩等。凝胶色谱分离的样品用量很少，常在浓缩操作（如超滤、离子交换等）后使用，如图 5-10 所示。

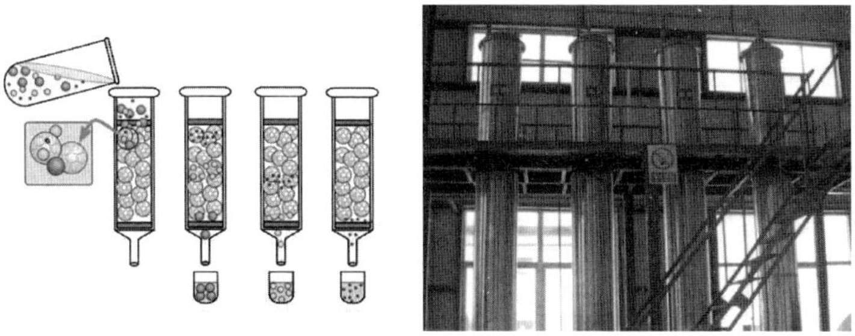

图 5-10　凝胶色谱示意图和工业设备图

在进行凝胶过滤色谱法分离纯化操作时，凝胶过滤介质的选择非常重要。良好的凝胶过滤介质要求亲水性高，表面惰性，稳定性强，具有一定的孔径分布范围，机械强度高等。目前工业上常用的凝胶主要有交联葡聚糖凝胶、聚丙烯酰胺凝胶、琼脂糖凝胶、聚丙乙烯凝胶等。实际操作中应根据料液的性质、目标成分的分子大小和形状、分离目的、凝胶颗粒的大小（影响流速和分离效果）等选择合适的凝胶。

三、离子交换色谱

离子交换色谱是以离子交换剂为固定相，以适当的溶剂为流动相，使原料中的各个组分（溶质）按它们的离子交换亲和力（静电引力）的不同而得到分离。这是目前各种色谱中应用最为广泛的技术。随着工业化大生产及高压液相色谱对压力和流速的要求不断增加，新的离子交换介质不断出现，应用也越来越广泛。

离子交换色谱所用的固定相为离子交换剂，是人工合成的多孔高分子物质，其主要成分为苯乙烯和二乙烯苯的共聚物（树脂），不溶于水，一般也不溶于酸、碱或有机溶剂。共聚物含具有阳离子或阴离子交换特性的活性基团，可解离出离子。含有酸性基团的离子交换离解出的是阳离子，能和阳离子发生交换，称为阳离子交换剂；反之，为阴离子交换剂。

生化分离常用的离子交换剂有两大类，即疏水结构与亲水结构离子交换剂。疏水结构离子交换剂适合于提取小分子物质，如抗生素、有机酸、氨基酸等物质；亲水结构离子交换剂包括葡聚糖凝胶、琼脂糖凝胶等，主要用于蛋白质的纯化，是主要的纯化手段。工业上常见的离子交换介质见表 5-1。

表 5-1　工业上常见的离子交换介质

介质类别	代表种类
纤维素类离子交换介质	DE23、DE52、DEAE-Sephacel
葡聚糖类离子交换介质	DEAE-SephadexA-25、CM-SephadexC-25
琼脂糖类离子交换介质	DEAE-sepharose CL-6B CM-Sepharose CL-6B、DEAEBio-Gel A、CM Bio-Gel A
高效离子交换介质	Mono Q、Mono S、DEAE-5-PW、SP-5-PW、DEAE Si500、TEAPSi100

四、亲和色谱分离

许多生物活性物质具有与其他某些物质可逆结合的性质，生物物质的这种结合能力称为亲和力。生物亲和力具有高度的特异性，如抗原-抗体、酶-底物或抑制剂、激素受体等之间的相互作用。利用这一性质，把具有亲和吸附作用的物质分子偶联在固体介质上作为固定相，进行分离纯化目标成分的方法即亲和色谱分离。

亲和色谱分离技术利用固定相的配基与生物分子间特殊的亲和力，专一性很强，因此，亲和色谱具有高度的选择性，操作条件温和，广泛用于酶、抗体、核酸、激素等生物大分子及细胞、细胞器、病毒等超分子物质的分离与纯化。尤其是对混合物中含量少而又不稳定的物质的分离非常有效，一步亲和色谱即可提纯几百至几千倍，并可维持生物活性的高回收率。

除上面所介绍的广泛应用于工业生产中的色谱技术外，随着科技的发展，近年来又出现了一些新型的色谱分离技术。如压力液相色谱、制备型超临界流体色谱、模拟移动床色谱高速逆流色谱等。目前，生产中往往采用几种色谱技术综合一起使用，可以克服单一技术的不足，提高产品纯度。

五、色谱分离技术在功能性食品中的应用

色谱分离技术已被广泛应用于食品工业生产分离过程中，并正得到迅速的发展。如在甜味剂工业中，现在已实行工业化色谱分离的有单糖类、多元糖醇类、糖与醇、单糖与多糖的三组分分离、副产品中的糖醇分离。在发酵工业中，如：采用模拟移动床变温色谱分离技术吸附提纯柠檬酸，与老工艺比较，产品收率得到提高，成本得到降低，并可从根本上解决柠檬酸生产中严重污染的状况，具有极大的经济和社会效益。色谱分离是一种非常有效的分离手段，随着人们对常规方法难以纯化和分离的物质和食品中具有生理活性的肽、蛋白质等功能性食品添加剂和天然药物中有效成分的纯化的需求不断增加，其应用前景将越来越广阔。

第六节 ▸▸ 真空冷冻干燥技术

一、真空冷冻干燥技术的概念及原理

食品干燥是将食品中的大部分水分除去，降低水分活度，抑制微生物的生长与繁殖，从而达到延长食品贮藏期、便于食品运输的目的。食品干燥有很多种方法，例如风干、晒干、远红外干燥、微波干燥、真空冷冻干燥等。真空冷冻干燥技术则是将真空与冷冻结合运用到食品干制加工中，以形成冻干制品，可有效保留功能性食品中的热敏性功能成分的生理活性。

真空冷冻干燥又称为冷冻升华干燥、冷冻干燥，它是将食物中的水分冻结（低温：-60～-10℃）成冰后，利用冰晶升华的原理，在真空（1.3～13Pa）下使冰晶不经过液态直接升华成气态，最终得到残留含水量为1%～4%左右的脱水制品的一项食品干燥技术。

冻干制品的真空冷冻干燥过程包括预冻、升华和再干燥三个阶段。真空冷冻干燥装备系统包括制冷系统、真空系统、加热系统、干燥系统等四部分。真空冷冻干燥系统组成见图5-11。

制品的预冻应将温度降到该溶液的最低共熔点以下，并需保持一段时间，以克服溶液的过冷现象，使制品冻结完全。为使冻干制品粒子均匀细腻，具有较大的比表面积和多孔结构，溶液的冻结宜采用速冻法，即每分钟将其温

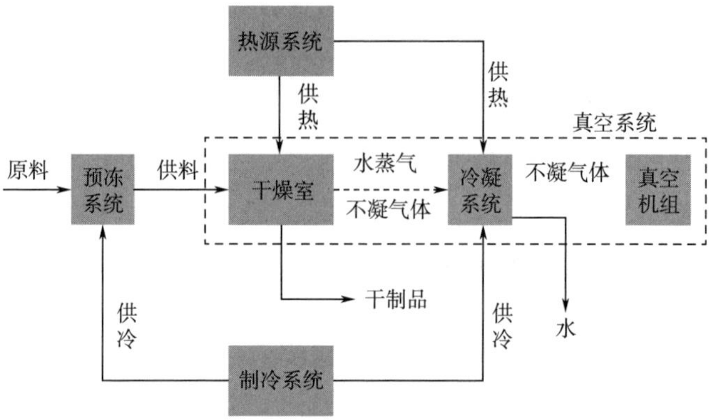

图 5-11 真空冷冻干燥系统组成

度降低 10~50℃。速冻的冰晶细小，没有冻结浓缩现象，但升华阻力大，存在不完全冻结现象。小型制品的预冻通常是将干燥箱中的搁板温度降到-40℃后将制品放入，然后再继续冷冻一段时间，待制品完全冻结后即可进行升华操作。

升华速率与温度、压力及升华活化能有关，若增加升华热的供给，可以提高升华的速率，但这样会使物品的温度超过升华平衡温度，造成其熔化，这是不允许的，也是真空冷冻干燥中应避免出现的，它直接关系到冻干产品的质量。

二、真空冷冻干燥的特点

1. 冷冻干燥的优点

(1) 由于食品的冷冻干燥在低温及高真空度下进行，避免了食品中热敏性成分的破坏和易氧化成分的氧化，所以，冻干食品的营养成分和生理活性成分损失率最低，这是某些功能性食品采用冻干食品为基料的主要原因。

(2) 食品冻结后水变成冰形成了一个稳定的固体骨架，当水分冷冻后直接干燥升华，仍使固体骨架基本维持不变。因此，冻干食品的收缩率远远低于其他干制品，能够保持新鲜食品的形态。

(3) 冻干食品由于脱水较彻底，包装适当，不加任何防腐剂，对贮存时的环境温度没有特别的要求，即在常温下可安全地贮存较长的时间。因此，其贮存、销售等经常性费用远远低于冷冻食品。

(4) 由于食品冻结后进行升华干燥，食品内细小冰晶在升华后留下大量空穴，呈多孔海绵状，在复水时能迅速渗入并与干物料充分接触，可使冻干食品在几分钟甚至数十秒钟内完全复水，因而最大限度地保留了新鲜食品的色、香、味。所以，冻干食品具有优异的复水性能，是高质量的速食方便食品。

(5) 食品在冷冻干燥时，由于低温使得各种化学反应速率降低，故食品的各种色素分解造成的褪色、酶及氨基酸引起的褐变几乎不会发生。所以，冻干食品不需添加任何色素，最大限度地保留了食品的原有色泽。

（6）由于物料中的水分在预冻结后以冰晶形态存在，原来溶于水中的无机盐被均匀地分配在物料中，而升华时，溶于水中的无机盐就地析出，这样就避免了一般干燥方法因内部水分向表面扩散，所携带的无机盐也移向表面而造成的表面硬化现象。因此，冷冻干燥制品复水后易于恢复其原有的性质和形状。

（7）因物料处于冰冻的状态，升华所需的热可采用常温或温度稍高的液体或气体为加热剂，所以热能利用经济。

2. 冷冻干燥的缺点

（1）食品的比表面积（表面积与其体积之比）较大，在贮存期间食品中的脂肪容易氧化造成脂肪酸败。所以，真空冷冻干燥食品要真空包装，最好充氮包装。

（2）食品暴露于空气中容易吸湿吸潮，故包装材料要绝对隔湿防潮。

（3）食品一般所占体积相对较大，不利于包装、运输和销售，所以冻干食品常被压缩之后再包装。

（4）食品因具有多孔海绵状疏松结构结构，在运输、销售中易破碎及粉末化。所以，对不便压缩包装的冻干食品，应采用有保护作用的包装材料或形式。

（5）由于低温干燥操作是在高真空和低温下进行，需要有一整套高真空获得设备和制冷设备，故投资费用和操作费用都很大，因而产品成本高。

真空冷冻干燥技术发展到今天，已在许多领域得到成功应用。但与其他干燥方法相比，其设备投资依然较大，能源消耗及产品成本依然较高，限制了该技术的进一步发展。因此，如何在确保产品质量的同时，实现节能降耗、降低生产成本是真空冷冻干燥技术当前面临的最主要的问题。

三、真空冷冻干燥技术在功能性食品生产中的应用

真空冷冻干燥是目前最先进的食品干燥方式。但是，由于设备投资昂贵、能耗大、干燥能力小，运行成本很高，只能应用于一些高价值、干燥条件要求很严的物品或特殊用途的物品。真空冷冻干燥技术在食品生产中，主要用于宇航、军队、登山、航行、探险等特殊场合的食品及一些高附加值食品的生产，同时在民用食品尤其是功能性食品中获得越来越多的应用。

许多功能性食品功效成分不稳定，用普通干燥法干燥常造成部分破坏或活性降低，最好的干燥方法是真空冷冻干燥。某些贵重药食两用原料的干燥，如人参、蜂王浆、蜂胶、蚕蛹提取物、花粉制品等用真空冷冻干燥法脱水，其有效成分可充分得到保护，特别是某些活性物质可以不受损失。功能性食品及中

药材如山药粉、芦笋粉、保健茶、蜂王浆、营养冲剂、活性人参粉、天麻粉等的加工制造也用真空冷冻干燥法。此外，SOD、谷胱甘肽过氧化物酶以及某些食品生产中常用的酶、免疫球蛋白的干燥，也最好用真空冷冻干燥法，以保持其活性。还有活性干酵母、活性干乳酸菌、活性蛋白、活性肽的干制也在广泛使用真空冷冻干燥技术。真空冷冻干燥的水果和蔬菜在国外很受欢迎。例如冻干草莓、香蕉、青梅等，具有保持原有水果风味、色泽以及复原性好等特点，也可用于高档功能性食品的配料。

真空冷冻干燥在功能性食品生产中应用越来越广，随着技术的进步和冻干设备制造成本的降低，许多用量较小但作用很大的成分逐渐改为真空冷冻法干制，使功能性食品的功能作用得到进一步提高。

第七节 ▸▸ 超微粉碎技术

一、超微粉碎技术的概念及原理

超微粉碎技术是利用机械或流体动力的方法，将物料颗粒粉碎至微米级甚至纳米级微粉的过程。微粉是超微粉碎的最终产品，具有一般颗粒所不具备的一些特殊理化性质，如良好的溶解性、分散性、吸附性、化学反应活性等。其粒径限度至今尚无统一的标准，普遍认为将微粉粒径界定为小于 75μm 较为合理。

超微粉碎一般是指将 3mm 以上的物料颗粒粉碎至 10～25μm 以下的过程。物料粉碎是用物理的方法克服物料内部的结合力使其达到一定粒度的过程。超微粉碎的原理与普通粉碎相同，只是细度要求更高，它利用外加机械力，使机械力转变成自由能，部分地破坏物质分子间的内聚力，来达到粉碎的目的。超微粒粉碎设备按其作用原理可分为气流式和机械式两类，气流式粉碎设备是利用转子线速度所产生的超高速气流，将产品加速到超高速气流中，转子上设置若干交错排列的、能产生变速涡流的小室，形成高频振动，使产品的运动方向和速度瞬间产生剧烈变化。促使产品颗粒间急促撞击、摩擦，从而达到粉碎的目的。与普通机械式超微粉碎相比，气流粉碎可将产品粉碎得很细，粒度分布范围很窄，即粒度更均匀。又因为气体在喷嘴处膨胀可降温，粉碎过程不产生热量，所以粉碎温升很低。这一特性对于低熔点和热性物料的超微粉碎特别重要，其缺点是能耗大，一般认为超微粉碎的耗能是其他粉碎方法的数倍。机械法超微粉碎可分为干法粉碎和湿法粉碎（表 5-2），根据粉碎过程中产生粉碎力的原理不同，干法粉碎有气流式、高频振动式、旋转球（棒）式、锤击式和自磨式等几种形式；湿法粉碎主要是胶体磨和均质机。

表 5-2　超微粉碎分类

类型		原理
干法粉碎	气流式	利用气体通过压力喷嘴的喷射产生剧烈气流式的冲击、碰撞和摩擦等作用力实现对物料的粉碎
	高频振动式	利用球或棒形磨介在水平回转时产生冲击摩擦等作用力实现对物料的粉碎
	旋转球磨式	利用球或棒形磨介在水平回转时产生冲击和摩擦等作用力实现对物料的粉碎
湿法粉碎	胶体磨	通过转子的极速旋转，产生急剧的速度梯，物料受到强烈的剪切、摩擦和湍动来粉碎物料
	均质机	由于急剧的速度梯度产生强烈的剪力，使液滴或粒发生变性和破裂以达到微粒化的目的

二、超微粉碎技术的特点

1. 速度快，可低温粉碎

超微粉碎技术采用超音速气流粉碎、冷浆粉碎等方法，在粉碎过程不会产生局部过热现象，甚至可在低温状态下进行，粉碎瞬时即可完成，因而能最大限度地保留粉体的生物活性成分，有利于制成所需的高质量产品。

2. 粒径细，分布均匀

由于采用了气流超音速粉碎，使得原料外力的分布非常均匀。分级系统的设置既严格限制了大颗粒，又避免了过度粉碎，能得到粒径分布均匀的超细粉，很大程度上增加了微粉的比表面积，使吸附性、溶解性等也相应增大。

3. 节省原料，提高利用率

物体经超微粉碎后的超微粉一般可直接用于制剂生产，而用常规粉碎方法得到的粉碎产品，仍需一些中间环节才能达到直接用于生产的要求，这样很可能造成原料的浪费。因此，超微粉碎技术非常适合贵重原料的粉碎。

4. 减少污染

超微粉碎是在封闭系统内进行的，既避免了微粉污染周围环境，又可防止空气中的灰尘污染。

超微粉碎设备及其特点可扫二维码学习。

超微粉碎设备及其特点

三、超微粉碎技术在功能性食品生产中的应用

超微粉碎技术是近年来随着现代化工、电子、生物、材料及矿产开发等高

新技术的不断发展而兴起的，是国内外食品加工的高科技尖端技术。超微粉碎技术在食品加工中的应用还只是在一个起步的阶段，在国外，美国、日本市售的果味凉茶、冻干水果粉、超低温速冻龟鳖粉、海带粉、花粉和胎盘粉等，多是采用超微粉碎技术加工而成。随着人类生存环境的恶化，水资源和空气污染现象的加剧。各种恶性疾病发病率的上升，这些因素都刺激着人们更加关注自身的健康。因此，人们对功能性食品寄托了很大的希望。包括超微粉碎技术在内的各种食品加工新技术，将在功能性食品中得到更深入广泛的应用。我国于20 世纪 90 年代将超微粉碎技术应用于花粉破壁，随后一些口感好、营养配比合理、易消化吸收的功能性食品（ 如山楂粉、魔芋粉、香菇粉等）应运而生。超微粉碎技术，因为有着其他一般粉碎方式所没有的优势与特点，以后在汤料、功能性天然植物生产加工中肯定会起到更加突出的作用，相信在不久的将来，这种节能，高效产品品质高的新技术会更加趋于完善并加以应用。

第八节 ▸▸ 分子蒸馏技术

一、分子蒸馏技术及其原理

蒸馏是将固体与液体或液体与液体混合物分离最基本的方法。普通蒸馏的基本过程是当分子离开液面后所形成的蒸汽分子，会在运动中互相碰撞，一部分进入冷凝器中，另一部分则返回液体内。要避免部分物质在蒸馏过程中因分解而造成损失，可以采用减压蒸馏法。然而，沸点高、对热不稳定、黏度高或容易爆炸的物质，均不宜用一般的减压蒸馏，应进行分子蒸馏。

分子蒸馏（又称短程蒸馏）是在一定温度和真空度下，依据不同物质分子运动的平均自由程不同而实现物质分离的一种液-液分离技术。将液面与冷凝器的冷凝面距离拉近，当分子离开液面后在它们的自由程内就不会互相碰撞，直接到达冷凝面，不再返回液体内，这就称为分子蒸馏法。分子蒸馏技术具有真空度高、受热时间短、蒸馏温度低、分离效果好等特点而适用于高沸点、热敏性和易氧化的组分分离。

分子蒸馏基本理论是在高真空（0.133～1Pa）条件下进行的非平衡蒸馏，具有特殊的传质传热机制，蒸发面和冷凝面的间距小于或等于被分离物料的蒸汽分子的平均自由程，由蒸发面逸出的分子，既不与残余空气的分子碰撞，自身也不相互碰撞，毫无阻碍地奔射并凝集在冷凝面上。依据分子蒸馏基本理论，在设计分子蒸馏器时，蒸发面与冷凝面的间距不得大于分子平均自由程。所以，分子平均自由程是分子蒸馏基本理论的核心。

分子蒸馏技术的过程可扫二维码学习。

分子蒸馏技术的过程

二、分子蒸馏技术的特点

从分子蒸馏的技术原理及设备设计的型式来看，分子蒸馏技术与普通蒸馏或真空蒸馏技术相比，具有如下一些特点。

（1）蒸馏温度低　常规蒸馏是在物料沸点温度下进行操作的，而分子蒸馏是利用不同种类的分子逸出液面后的平均自由程不同的性质来实现分离的，可在远低于沸点的温度下进行操作，物料并不需要沸腾，加之分子蒸馏的操作真空度更高，这又进一步降低了操作温度。如某液体混合物在真空蒸馏时的操作温度为260℃，而分子蒸馏仅为150℃左右，由此可见，分子蒸馏技术更有利于节约能源，特别是一些高沸点热敏性物料的分离更适宜采用此技术。

（2）蒸馏压强低　常规真空蒸馏装置由于存在填料或塔板的阻力，所以系统很难获得较高的真空度，而由于分子蒸馏装置内部结构比较简单，压降极小，所以极易获得相对较高的真空度，更有利于进行物料的分离。

（3）物料受热时间短　一般的真空蒸馏，被分离组分从沸腾的液面逸出到冷凝馏出，由于所走的路程较长，所以受热的时间较长。分子蒸馏在蒸发过程中，物料被强制形成很薄的液膜，并被定向推动，气态分子从液面逸出到冷凝面冷凝所走的路径要小于其平均自由程，距离较短，所以物料处于气态这一受热状态的时间就短，一般仅为0.05~15s，特别是轻分子，一经逸出就马上冷凝，受热时间更短，一般为几秒。这样，使物料的热损伤很小，特别对热敏性物质的净化过程提供了传统蒸馏无法比拟的优越条件。

（4）可在任何温度下进行分离　普通蒸馏是在沸点温度下进行分离，而分子蒸馏只要冷热两极之间达到足够的温度差，就可在任何温度下进行分离。

（5）分离程度高　分子蒸馏常常用来分离常规蒸馏不易分开的物质（不包括同分异构体的分离）。对用两种方法均能分离的物质而言，分子蒸馏的分离程度更高。

（6）不可逆性　普通蒸馏的蒸发与冷凝是可逆过程，液相和气相之间达到了动态平衡；分子蒸馏中，从加热面逸出的分子直接飞射到冷凝面上，理论上没有返回到加热面的可能性，所以分子蒸馏是不可逆过程。

（7）非沸腾状态的蒸发　普通蒸馏有鼓泡、沸腾等现象；而分子蒸馏是在液膜表面上的自由蒸发，没有鼓泡现象，即分子蒸馏是在沸点温度下、非沸腾状态的蒸发过程。

（8）环保　分子蒸馏的产物无毒、无害、无污染、无残留，可得到纯净安全的产物。

三、分子蒸馏技术在功能性食品生产中的应用

1. 天然维生素E的提纯

随着生活水平的提高，人们对功能性食品的需求量越来越大。人们对天然产物日趋增长的消费趋势，以分子蒸馏作为技术手段对天然产物进行浓缩、纯化日渐成为研究的热点，进而以浓缩纯化物作为原料，生产出具有高附加值的功能性食品。天然维生素E主要存在于一些植物组织中，如大豆油、花生油中，小麦胚芽油以及油脂加工的脱臭馏分和油渣中。因维生素E具有热敏性，沸点很高，用普通的真空精馏很容易使其分解。作为植物油加工的副产物，脱臭馏出物含有丰富的高附加值产物，主要有游离脂肪酸（FFA）、生育酚、甾醇及甾醇酯等，其中，生育酚（天然维生素E）是一种天然的高效抗氧化剂，具有生理活性，对人体无任何毒副作用，能够提高人体免疫力，在功能性食品中广泛应用。利用分子蒸馏技术提取维生素E，浓度达到30%以上。近年来，分子蒸馏技术用于浓缩脱臭馏出物中的天然维生素E也被广大科研工作者不断研究。

2. 天然色素的提取

天然食用色素以其安全、无毒和有营养的特点，越来越受到人们的青睐。现代科学研究表明，类胡萝卜素等天然食用色素是人们必需的维生素来源，具有抗菌和防治疾病的作用，已被广泛应用于功能性食品原料中。用分子蒸馏从脱蜡的甜橙油中进一步提取得到类胡萝卜素，产品具有很高的色价，而且不含外来的有机溶剂。

3. 不饱和脂肪酸的分离和除臭

二十碳五烯酸（EPA）和二十二碳六烯酸（DHA）具有很高的药用和营养价值，在治疗和防止动脉硬化、老年性痴呆症以及抑制肿瘤等方面都有较好功效。二十碳五烯酸（EPA）在功能性食品开发中广泛用于辅助降血脂降血压等功效，二十二碳六烯酸（DHA）对大脑和视网膜也有特殊的功效，常用于开发成改善记忆、缓解视疲劳等功能性食品。分离EPA和DHA的方法有高效液相色谱法、尿素配位法、真空精馏法、超临界萃取法和分子蒸馏法。前两种方法要用大量的溶剂并产生副产品，又由于EPA和DHA有多个不饱和双键，而真空精馏法操作温度较高会导致鱼油中不饱和脂肪酸分解、聚合或异构化。因此，分子蒸馏法是分离EPA和DHA可选用的方法。分子蒸馏技术用于不饱和脂肪酸的除臭，处理后的不饱和脂肪酸完全没有臭味。

4. 天然抗氧化剂的生产

天然抗氧化剂主要存在于一些植物如辣椒、生姜、丁香当中，广泛应用于功能性食品行业。天然抗氧化剂要求活性高、稳定性强、无色、无害。传统的分离方法直接在原料中加入有机溶剂，植物油或动物油来对原料进行萃取，在这些过程中包含对昂贵的危险性溶剂的处理。这些溶剂很难从抗氧化剂中清除

干净，从而污染了得到的天然抗氧化剂。另外用有机溶剂或油萃取也会把植物中的叶绿素、芳香类化合物等有色物质萃取出来，这就需要增加脱色、除臭处理，从而降低了天然抗氧化剂的收率，导致了生产成本的增加，用分子蒸馏法可克服上述问题。

5. 辣椒红色素中微量溶剂的脱除

辣椒红色素是从辣椒果皮中提取出的一种优良的天然色素，因其具有良好的乳化分散性、耐光、耐碱、耐热和耐氧化性而广泛用于功能性食品等产品的着色过程。由于在提取过程中加入了有机溶剂，在普通的真空精馏对其进行脱溶剂处理后，辣椒红色素中仍残存 1%～2%的溶剂，不能满足产品的卫生标准。用分了蒸馏技术对辣椒红色素进行处理后，产品中溶剂残留体积分数仅为 2×10^{-5}，完全符合质量要求。

6. 天然精油的纯化

香精油应用广泛，可应用于清凉饮料、糖果、饼干、点心、冰淇淋等食品尤其是功能性食品行业；香精油具有祛痰、止咳、促进肠胃蠕动、促进消化液分泌、镇痛、溶解胆结石及消炎抗菌等作用。天然提取精油往往是由萜烯类、含氧化合物及一些非挥发性物质组成百余种组分的混合物。萜烯类是大部分精油的主要成分，主要有柠檬烯、香叶烯、石竹烯、松油醇、柠檬醛、芳樟醇、月桂烯等，但是萜烯类组分对精油香气并不起作用，且极易挥发，不稳定，增大了精油在运输和贮存过程中的成本，除此之外，萜烯类物质微溶于乙醇，给香精香料行业带来了极大的不方便，因此，工业上常常选择将萜烯类物质去除，以增加产品的稳定性、减少生产成本且富集后的香气也会增强。分子蒸馏技术在天然精油的纯化方面也有广泛的用途。

7. 高级脂肪醇的提取

高级脂肪醇以二十八烷醇为主，主要存在于蜂蜡、苹果皮、小麦胚芽中，具有众多的生理活性，如抗疲劳、提高机体免疫力、促进新陈代谢、降低血清胆固醇和甘油三酯等，又因其是一种水溶性的稳定化合物，因此而备受关注，广泛应用于功能性食品行业中。目前针对二十八烷醇的提取方法主要为有机溶剂浸提法，因为需要经过多次多种有机溶剂的反复浸提，导致了多种有机溶剂的残留，对环境造成一定的污染，并且工艺烦琐，不易进行。因此，无有机溶剂残留、操作步骤简单的分子蒸馏技术在对二十八烷醇的纯化中应用渐广。

8 高浓度甘油单酸酯的制备

甘油单酸酯是一种优质高效食用乳化剂和表面活性剂，在食品尤其是高附加值的功能性食品中用途广泛。甘油单酸酯是在碱催化下由甘油和脂肪酸直接酯化得到的。酯化后的粗产品中含有甘油单酸酯、甘油二酸酯、甘油三酸酯、甘油、脂肪酸和金属皂化物。利用分子蒸馏技术可以从粗产品中分离出浓度高达95%以上的甘油单酸酯。

第九节 ▸▸ 冷杀菌技术

一、冷杀菌技术概述

在食品生产中，无论是普通食品还是功能性食品，杀菌工艺都占有极其重要的地位。最大限度地杀灭食品中的有害微生物和能够引起食物成分变质的酶类，才能保证食品的安全性，并保证食品在贮存、运输过程中不会腐败变质。过去，应用加热杀死微生物的原理，发展了各种加热杀菌技术，但是对于热敏感的食品在加热杀菌中会发生负面的影响，因为化学变化会导致营养组分的破坏、损失，或导致不良风味等。为此，人们一方面发展了减少加热损害的杀菌技术，一方面则发展了非加热的冷杀菌技术，如超高压杀菌、微波杀菌技术、高压脉冲电场杀菌技术和辐射杀菌技术等新的食品杀菌技术。

冷杀菌技术是在食品温度不升高或升高很少的条件下进行杀菌，弥补了热杀菌的不足，可最大限度地保持食品功能成分的生理活性及原有色、香、味及营养成分，特别是对热敏性功能成分的保存更为有利，是一种安全、高效的杀菌方法。

作为新型杀菌技术，近年来冷杀菌受到了国内外食品行业的极大关注，使之成为21世纪食品工业研究和推广的重要高新技术之一，在食品加工过程中采用冷杀菌技术成为必然的趋势。因此，它是最有应用前景的杀菌技术。

二、冷杀菌技术的特点

冷杀菌技术主要有超高压杀菌技术、高压脉冲电场杀菌技术、脉冲强光杀菌技术、微波杀菌技术等。

（1）超高压杀菌技术　该技术主要是通过破坏微生物细胞膜，抑制酶的活性和DNA等遗传物质的复制来实现。杀菌均匀、高效、低耗，还能保护原物质中的维生素、色素、营养成分等不发生变化，有效延长食品的贮藏时间。

（2）高压脉冲电场杀菌技术　此技术是流状食品（比如啤酒、牛乳、饮料）常用的杀菌技术，采用高压脉冲器产生的脉冲电场进行杀菌，用瞬时、高压处理放置在两极间的低温冷却食品。具有杀菌效果好、能耗低等特点，杀菌均匀，对食品的质量影响较小。

（3）脉冲强光杀菌技术　微生物主要的组成成分为水、蛋白质、脂肪等，而脉冲光具有一定的穿透力，当强光作用于活性结构时，蛋白质等发生变性，使得细胞失去生物活性，以达到杀菌的目的。此技术属于一种安全、高效、节能的冷杀菌技术，经过此技术处理后，微生物会明显减少，但不会破坏掉食品的质量及营养成分，还具有投资少，无有害物质残留，杀菌时间短等特点。

（4）微波杀菌技术　微波杀菌是利用电磁场效应和生物效应改变微生物细胞膜的通透性，阻碍其正常生长发育，最终达到杀菌的目的。具有节约能源、安全环保、加热速度快等特点，杀菌效果理想。

（5）强磁脉冲杀菌技术　采用强脉冲磁场的生物效应进行杀菌。在输液管外面，套装有螺旋形线圈，磁脉冲发生器在线圈内产生（2~10）T的磁场强度。当液体物料通过该段输液管时，其中的细菌即被杀死。

（6）臭氧杀菌技术　臭氧具有灭菌或抑菌作用，通常是物理的、化学的及生物学等方面的综合结果。其作用机制可归纳为作用于细胞膜、导致细胞膜的通透性增加、细胞内物质外流，使细胞失去活力；使细胞活动必需的酶失活。这些酶既有基础代谢的酶，也有合成细胞重要成分的酶；破坏细胞质内的遗传物质或使其失去功能。臭氧杀灭病毒是通过直接破坏RNA或DNA完成的；而杀灭细菌、霉菌类微生物则是先作用于细胞膜，使其构成受到损伤，导致新陈代谢障碍并抑制其生长，臭氧继续渗透破坏膜内组织，直至其死亡。臭氧对几乎所有病菌、霉菌、真菌及原虫卵囊都有明显的灭活效果，并可以破坏肉毒杆菌毒素。

（7）辐射杀菌技术　辐照就是运用X射线、γ射线或电子高速射线照射食品引起食品内的物质发生物理、化学或生物学上的变化，从而抑制或破坏其新陈代谢和生长发育，使细胞死亡，延长食品的贮藏期。食品中常用的辐照源主要是Co^{60}、Cs^{137}等所产生的γ射线，其穿透性强，对只要求表面处理的食品效果不佳。

（8）软电子束冷消毒杀菌技术　利用直线加速器产生的电子束破坏微生物的DNA，从而杀灭食品表面的细菌。因电子束的能量过大可能产生诱感放射性问题，则用于照射食品的电子束能量被限制在10MeV以下。电子束穿透性低，仅使食品表面呈无菌状态，不影响食品品质。

三、冷杀菌技术在功能性食品生产中的应用

1. 冷杀菌技术在功能性果汁加工中应用

超高压杀菌技术在果汁饮料生产中的应用，经过超高压技术的处理的果汁，颜色、营养、风味几乎与未处理过的新鲜果汁无异。高压脉冲电场杀菌技术在果汁饮料生产中的应用，经过此技术处理后的果汁，在常温下保质期可达1个月。与中等程度的热处理技术相结合或与溶菌酶、乳链球菌等天然抗微生物剂结合处理果汁，能减少果汁中的大肠杆菌，果汁保质期得到延长，香味物质在脉冲前后无明显差异，口感更好。

2. 微波杀菌技术在功能性食品中应用

微波杀菌技术是实现肉制品安全、高效杀菌的重要方法之一。微波杀菌加热速度快，且受热较热力杀菌均匀，能够解决软包装肉制品的杀菌问题，如对于酱牛肉的保鲜处理，微波加热温度达到50~60℃时，可杀死酱牛肉中的大部分腐败菌，这样就使酱牛肉的货架期大大延长。与低温长时杀菌相比，微波杀菌时间短，减小了对肉质的损伤，最大限度地保持肉制品的营养和风味。微波杀菌在具体功能性食品中的研究和应用已有很多报道。微波灭菌比常规灭菌方法更有利于保存活性物质，即能保证产品中具有生理活性的营养成分和功效成分是其一大特点。因此它应用于人参、香菇、猴头、花粉、天麻、蚕蛹及其他功能性基料的干燥和灭菌是非常适宜的。

3. 脉冲强光杀菌技术在功能性食品中应用

近年发展起来的一种非物理杀菌技术，它是通过光热和光化学效应的共同作用来杀灭微生物。20世纪90年代美国圣地亚哥纯脉冲技术研究所发明了此项杀菌新技术，称之为“纯亮”杀菌。此后一些科学家进行系列脉冲强光杀菌设备研发，并进行各种食品杀菌试验，获得良好的效果，部分脉冲强光杀菌设备被用于鱼片、肉丁等食品以及血液的杀菌。

4. 辐照杀菌技术在功能性食品中应用

辐照杀菌技术主要用于食品保藏方面，我国食品辐射中心主要利用钴-60（Co）作为辐射源，主要是利用其衰变过程中放出的γ射线。钴-60广泛应用于肉类及其制品、调味品、鱼虾禽肉、谷物、水果蔬菜的辐射保鲜，用于大蒜、洋葱、马铃薯等可抑制其发芽。

知识拓展▶

3D食品打印技术

奇妙的片剂崩解微观察

3D打印技术是一种以计算机控制平台移动，通过激光装置或者喷墨打印的方式快速制造复杂形状3D物体的新型数字化成型技术。3D打印技术按照“分层制造、逐层叠加”的原理，通过特定的成型设备，将粉末、液体或者丝状材料打印成各种三维产品。目前3D打印可以应用于航空、医疗、药物、食品等领域。随着社会经济水平的提高，人们越来越认识到功能强化食品在健康饮食中的作用，个性化食品配方对功能强化食品提出更高的要求，3D食品打印技术作为新型技术为个性化食品开发提供了可能。3D食品打印是在3D打印技术的基础上发展起来的一种新型食品加工技术，个性化食品通过将不同营养和物性的食材混合，然后挤出成型，不仅可以提供个性化的营养饮食，为不同营养需求的人群提供独特的饮食配方，而且可以利用全新的食材，制备非传统食品从而缓解粮食短缺危机，同时可以满足人们的个性化的健康与情感需求，快速打印出形状各异的立体甜点。3D食品打印技术的出现也将改变传统的食品加工方式，颠覆固有的饮食理念，提升了营养与健康观念，增加了生活情趣。

第五章 配套教学课件

复习思考题 ▶▶

1. 生物技术包括哪些内容？举例阐述生物技术在功能性食品中的应用。
2. 微胶囊技术可解决功能性食品哪些潜在的问题？
3. 微胶囊技术应用应注意哪些问题？
4. 超临界流体萃取技术特点有哪些？举例阐述超临界流体萃取技术在功能性食品中应用。
5. 膜分离技术的原理是什么？工业上膜分离技术一般可分为哪几种类型？
6. 色谱分离过程包括哪些步骤？列出一些主要的色谱分离技术。
7. 真空冷冻干燥技术的原理是什么？真空冷冻干燥技术有哪些优缺点？
8. 超微粉碎设备的工作原理的什么？特点是什么？
9. 分子蒸馏技术和普通蒸馏技术的异同是什么？分子蒸馏技术在功能性食品行业中主要有哪些应用？
10. 冷杀菌技术有什么优势？目前功能性食品行业中较为常用的冷杀菌技术有哪些？

实训项目五

微胶囊的制备

一、实训目的

（1）掌握制备微胶囊的复凝聚或单凝聚工艺。

（2）熟悉单凝聚法和复凝聚法制备微胶囊的基本原理。

（3）了解微胶囊形成的条件及影响微胶囊形成的因素。

二、实训内容

微胶囊系利用天然或合成的高分子材料（通称囊材）作为囊膜壁壳，将固体或液体药物（通称囊心物）包裹而成药库型微型胶囊，简称微胶囊。药物制成微胶囊后，具有缓释作用，提高药物的稳定性，掩盖不良口味，降低胃肠道的副反应，减少复方的配伍禁忌，改善药物的流动性与可压性，液态药物制成固体制剂等特点。

微胶囊的制备方法很多，可归纳为物理化学法、化学法以及物理机械法。可按囊心物、囊材的性质、设备与要求微胶囊的大小等选用不同的方法。在实验室内常采用物理化学法中的凝聚工艺制成微胶囊。本实验采用水作介质的复凝聚工艺，操作简易、重现性好，为难溶性药物微胶囊化的经典方法。

三、实训材料

药品液状石蜡、明胶、阿拉伯胶、5%醋酸溶液、36%~37%甲醛溶液、阿拉伯胶、明胶（A 型）、37%甲醛、甘油、蓖麻油、10%醋酸、10%氢氧化钠和纯化水等。

器材电子天平、显微镜（10×40 倍）、恒温水浴、研钵、电动搅拌器、烧杯、量筒（10 mL 和 100mL）、冰浴、抽滤瓶、布氏漏斗、抽气泵（水泵）、pH 计、烘箱、温度计、滤纸等。

四、实训内容

1. 液状石蜡（或鱼肝油）（复凝聚）微胶囊的制备

（1）配方

液状石蜡	3g
明胶	3g
阿拉伯胶	3g
5%醋酸溶液	适量
36%~37%甲醛溶液	适量
纯化水	适量

（2）制法

①明胶溶液的制备：称取明胶，用纯化水适量浸泡待膨胀后，加纯化水至 60mL，搅拌溶解（必要时可微热助其溶解），即得。

②液状石蜡乳的制备：称取阿拉伯胶与液状石蜡，于干研钵中混匀，加入纯化水 6mL，迅速朝同一方向研磨至初乳形成，再加纯化水 54mL，混匀，加上述明胶溶液 60mL，混匀，即得。

③微胶囊的制备：将液状石蜡乳置于 500mL 烧杯中，在约 50℃恒温水浴上搅拌，滴加 5%醋酸溶液，于显微镜下观察至微胶囊形成，pH 约为 4，加入约 30℃纯化水 240mL 稀释，取出烧杯，不停搅拌至 10℃以下，加甲醛溶液，搅拌 15min，用 20%氢氧化钠溶液调节 pH 至 8~9，继续搅拌约 1h，静置至微胶囊沉降完全，倾去上清液，显微镜下观察。

（3）注意事项

①操作过程中的水均系纯化水或去离子水，否则因有离子存在可干扰凝聚成囊。

②制备微胶囊的搅拌速度应以产生泡沫最少为度，必要时可加入几滴戊醇或辛醇消泡，可提高收率。在固化前切勿停止搅拌，以免微胶囊粘连成团。

③加入30℃纯化水240mL的目的：微胶囊吸水膨胀，囊形较好；便于固化剂均匀分散。

2. 蓖麻油微胶囊的制备

（1）配方

蓖麻油	3mL
阿拉伯胶	3g
明胶	3g
37%甲醛溶液	4mL
10%醋酸	Qs
10%氢氧化钠	Qs

（2）制法　取阿拉伯胶3g置于干燥乳钵中研细，加3mL蓖麻油研匀，加水5mL研磨至初乳，移置量筒中，加水至100mL，搅拌均匀，测pH。取制好的乳剂放入烧杯中加等量3%明胶溶液（pH=8），混匀，将混合液置水浴中，温度45~50℃，上述混合液在不断搅拌下，用10%醋酸溶液调节pH为4.0左右，镜下观察是否成囊。然后在不断搅拌下，加入2倍量冷水稀释，待温度降至32~35℃时，将微胶囊液置于冰水浴中，不断搅拌，急速降温至5℃左右，加入37%甲醛溶液4mL，搅拌20min，用10%氢氧化钠溶液调pH至8，搅拌30min，镜下观察结果。静置，待微胶囊下沉，抽滤，用蒸馏水洗至无甲醛味，加入6%左右淀粉，用20目筛制粒，于50℃以下干燥，称重。

（3）注意事项

①成囊时pH调节不要过高或过低，一般调pH至4.0左右，此时明胶全部带正电荷。

②搅拌速度要适宜。速度过快，囊膜易破坏，过慢则微胶囊易粘连。速度不一，则成囊大小不均匀。

③加入甲醛使囊膜变性，用量多少直接影响变性程度。用10%氢氧化钠调pH=8。搅拌30min，以增加甲醛与明胶的交联作用，使凝胶的网状结构孔隙缩小。

五、实训结果与讨论

分别绘制复凝聚或单凝聚工艺制成的微胶囊形态图。讨论制备过程的现象与问题，

六、思考题

复凝聚或单凝聚工艺制备微胶囊的关键是什么？

第六章

增强免疫力、抗氧化与缓解疲劳功能性食品

【知识目标】

1. 掌握免疫力的概念及分类；抗氧化物质及机制；缓解体力疲劳的含义，体力疲劳的分类及作用机制；视觉疲劳的分类。

2. 熟悉免疫力低下的表现，自由基对人体的危害，体力疲劳的表现；视觉疲劳的表现与状态。

3. 了解常见具有增强免疫力、抗氧化、缓解体力疲劳功能的功能因子及其作用原理。

【能力目标】

1. 学会查找具有增强免疫力、抗氧化、缓解体力和视觉疲劳功能的功能因子和物质的文献、资料的方法。

2. 学会选择合适的有助于增强免疫力、抗氧化、缓解体力疲劳和视觉疲劳功能的物质或原料，指导相关人群推荐正确的功能性食品。

【职业素养目标】

1. 理解免疫力对人体健康的重要性，培养学生“健康中国”的文化素养，增强学生的责任感和使命感。

2. 提高日常健康饮食与良好生活习惯有机结合的保健意识，养成健康的生活习惯，增强自我保健能力。

3. 把国家利益、国情观念、民族团结、国际视野相结合，培养家国情怀，深刻理解人类命运共同体的内涵与价值。以海纳百川的宽阔胸襟借鉴吸收人类一切优秀文明成果。

第一节 ▸▸ 有助于增强免疫力功能性食品

「保健功能释义」 免疫力是人体对外防御和对内环境维持稳定的反应能力，受多种因素影响。营养不良、疲劳、体力活动不足、生活不规律等导致的免疫力降低，应注意调整和纠正这些因素。有科学研究表明，补充适宜的物质有助于改善免疫力。

21世纪物质极大丰富，现代化程度越来越高，人们每天都生活在快节奏里，精神压力大，睡眠质量差，缺乏适当的运动造成疲劳，亚健康等状态，免疫力低下，且呈现出快速增长的发展态势。随着人类生活水平的日益提高、工作环境的改变、经济压力的加大，越来越多的人处于亚健康状态，人们逐渐意识到保健的重要性，因此增强免疫力的功能性食品将会在未来的市场中具有巨大的潜力。

一、免疫与免疫系统概述

免疫是人体识别“自己”和“非己”成分，维持人体健康的一种生理性保护功能，可分为非特异性免疫和特异性免疫，其中特异性免疫又分为体液免疫和细胞免疫。人体共有三道防线，由皮肤黏膜构成的第一道防线，不仅能够阻挡病原体入侵，而且其分泌物还有杀菌功能。第二道防线是体液中的杀菌物质和吞噬细胞，又称为非特异性免疫。第三道防线是人体的特异性免疫即人体经后天感染（病愈或无症状的感染）或人工预防接种（菌苗、疫苗、类毒素、免疫球蛋白等）而使机体获得的抵抗感染能力。前两道防线是人人生来就有的，且对多种病原体都有防御作用。第三道防线是后天逐渐建立起来的防御功能，只对某一特定的病原体起作用。

免疫系统是机体执行免疫应答和免疫功能的最重要的系统，是保护自身的防御性结构。免疫系统主要包括免疫器官、免疫组织、免疫细胞和免疫分子这四个方面。免疫器官和组织又可分为中枢淋巴组织及器官（如胸腺、骨髓等）和外周淋巴组织及器官（如淋巴结、脾脏和扁桃体等），这些器官和组织是免疫细胞生成、成熟或集中分布的主要场所。在免疫系统中，各种免疫细胞发挥着最重要的免疫功能，这些免疫细胞主要包括：位于淋巴液、血液和淋巴结中的淋巴细胞（如T淋巴细胞、B淋巴细胞和NK细胞等）、粒细胞和抗原提呈细胞（如单核/巨噬细胞、树突状细胞等）。免疫分子即免疫活性物质，主要是由活化的免疫细胞产生的多种效应成分，一般包括各种细胞因子、免疫球蛋白等。

二、免疫力功能低下的原因与表现

1. 免疫力功能低下的原因

有一些疾病需要患者终生或者长期服用免疫抑制剂或者糖皮质激素来对抗

病症，包括但不限于风湿类疾病和/或人类免疫系统相关疾病；由于治疗肿瘤的手段和知识的进步，更多的病人接受了放疗化疗等治疗手段；器官移植和骨髓移植的手术技术手段日渐成熟，技术水平有了极大的发展，每年接受手术的人群比例逐年增加；随着流行病学趋势改变，亚洲获得性免疫缺陷综合征患者数量正处于快速增长期，我国免疫功能低下人群也正在不断增长。除此之外，随着人体衰老的过程，其免疫功能也在逐步缓慢的减弱。同时，生活中存在的各种因素都有可能引发我们身体免疫力的波动，例如气温、湿度、光照等环境因素的变化，身体或者脑力的过度劳动，心理压力等问题的出现和爆发等。

2. 免疫力功能低下的表现

免疫力是人类在自然环境中对疾病和自身变异的保护系统，它既能发现并抵御来自外界的病原体入侵，例如病毒、细菌、真菌等，也能监视并处理人体自身内部细胞的变异和衰亡，还能在外部病原体入侵或内部细胞变异后产生疾病时进行自我治疗。免疫系统以免疫器官、免疫细胞和免疫活性物质为武器，抵御、预防可能发生的疾病，保护人体机能，代谢衰老死亡的体内细胞，消灭入侵人体的致病因素，维持人体的平衡与健康的状态。在免疫力失调造成人体的保护机能减弱时，人体就会更容易被外界病原体侵扰，如病毒入侵、细菌、真菌的感染；同时人体内部变异或衰老的细胞也会因为得不到及时处理，致使人体出现不同程度的表现，最直观的表现是生病。同时，因为发生疾病时人体的功能会出现下降，人体内部机能会增加损耗，所以会出现虚弱的人更容易生病，同时疾病会使人更加虚弱的恶性循环，不仅疾病的治愈和恢复时间长，且常常反复发作。长此以往，还易诱发重大疾病。生活中较为常见的例子就有反复感冒、咽喉长期发炎、长期哮喘和支气管炎、经常性腹泻等，这都是免疫力下降，身体衰弱的表现。

三、有助于增强免疫力的物质

1. 蛋白质

蛋白质是机体免疫防御的“建筑原材料”，人体的各免疫器官以及血清中参与体液免疫的抗体、补体等重要活性物质都主要由蛋白质参与构成。当人体出现蛋白质营养不良时，免疫器官的组织结构和功能均会受到不同程度的影响，特别是免疫器官和免疫细胞受损会更严重。

2. 维生素

（1）维生素 A　目前已有研究表明，维生素 A 能从多方面影响机体免疫系统的功能，包括增强皮肤和黏膜的局部免疫力，提高机体细胞免疫的反应性，促进机体对细菌、病毒、寄生虫等病原微生物产生特异性的抗体。

（2）维生素 C　维生素 C 是人体免疫系统所必需的维生素，它可以提高具有吞噬功能的白细胞的活性，参与机体免疫活性物质（即抗体）的合成过程，还可以促进机体内干扰素的产生。

（3）维生素 E　维生素 E 是一种重要的抗氧化剂，同时也是一种有效的免疫调节剂，能够促进机体免疫器官的发育和免疫细胞的分化，提高机体细胞免疫和体液免疫的功能。

3. 微量元素

（1）铁　作为人体必需的微量元素，铁对机体免疫器官的发育、免疫细胞的形成均有一定的影响。铁是较易缺乏的营养素，儿童、乳母和孕妇等人群易缺乏，尤其是婴幼儿与儿童的免疫系统发育还不完善，很易感染疾病，预防铁缺乏对这一人群有着重要的意义。

（2）锌　锌在免疫功能方面是被关注和研究最多的元素之一，它的缺乏对免疫系统的影响十分迅速和明显，所以应该注意对锌的摄取，以维持机体免疫系统的正常发育和功能。

4. 免疫球蛋白

免疫球蛋白（Ig），也称为抗体，是指能与相应的抗原发生特异性结合且具有抗体活性的球蛋白，主要存在于体液、血液、淋巴细胞膜以及乳膜分泌液中，是构成体内液体免疫作用的主要物质之一。国外从 20 世纪 70 年代末就开始研究从初乳、乳清、血清、蛋黄中提取 Ig，并开发出了含 Ig 的免疫活性添加剂。近年来我国也加大了对 Ig 作为功能性食品添加剂的研究与开发力度。

5. 活性多糖

（1）香菇多糖　香菇多糖可显著提高长期大负荷小鼠的腹腔巨噬细胞吞噬率与吞噬指数，并能提高小鼠血清凝集效价和体外抗体形成细胞，继而改善机体的非特异性及特异性功能。

（2）黑灵芝多糖　黑灵芝多糖不仅能直接促进淋巴细胞的增殖，还能促进免疫细胞分泌细胞因子的能力，从而提高机体免疫力。

（3）猴头菇多糖　猴头菇味道鲜美，鲜嫩的质感使其具有“山珍猴头、海味燕窝”的美誉。研究表明猴头菇多糖对环磷酰胺所致小鼠的免疫抑制作用有明显的改善作用：猴头菇多糖能够显著提高免疫低下小鼠的外周血白细胞数、骨髓有核细胞数，促进刀豆球蛋白和脂多糖诱导的 T、B 脾淋巴细胞增殖，提高脾脏 NK 细胞的杀伤活性，并能提高血清中细胞因子的分泌水平；此外，猴头菇多糖能显著提高免疫抑制小鼠血清中超氧化物歧化酶（SOD）、谷胱甘肽（GSH）的活性，降低丙二醛（MDA）的含量。

（4）人参多糖　人参多糖可刺激小鼠巨噬细胞的吞噬作用，并能促进补体和抗体的生成。人参多糖对特异性免疫与非特异性免疫均有影响。研究表明人参多糖可使羊红细胞、免疫小鼠的 B 细胞增加，血清中特异性抗体及 IgG 显著增加。

（5）黄芪多糖　黄芪多糖是从黄芪根中分离得到的一种多糖，为葡萄糖与阿拉伯糖等组成的多聚糖。黄芪多糖可增强吞噬细胞的吞噬功能，继而提高机体的免疫功能。

（6）冬虫夏草　从冬虫夏草提取的 β -D-葡聚糖能不同程度地增加小鼠脾脏和胸腺的重量，也被证实冬虫夏草多糖能够促进正常机体或免疫功能低下机体的免疫器官和组织的发育，拮抗免疫抑制导致的免疫脏器萎缩，从而提高动物机体的免疫力。

6. 大蒜素

大蒜素可增加小鼠脾脏重量、增加吞噬细胞数，增强吞噬细胞的吞噬功能，提高淋巴细胞转化率，增加 T 细胞数，同时，还具有对抗免疫抑制剂的功效。

7. 双歧杆菌和乳酸菌

双歧杆菌是健康人肠道内定植数量占优势的一种重要的益生菌，双歧杆菌在肠道内可以通过诱导免疫原反应增强人体机体免疫机能。其免疫机理是双歧杆菌对肠道中免疫细胞产生刺激，通过提高肠道免疫球蛋白 A 浆细胞产生能力而起到防治各类疾病的效果。如将双歧杆菌及其表面结构成分作为生物应答剂，经口服或非胃肠途径增强宿主免疫监视功能，可增强各种细胞因子和抗体的产生，提高 NK 和巨噬细胞活性，提高局部或全身的防御功能，发挥自稳调节效应。双歧杆菌的免疫研究表明，双歧杆菌菌体及代谢产物通过刺激肠黏膜淋巴结，激活免疫活性细胞，使淋巴细胞增殖，产生特异性抗体和致敏淋巴细胞，调节机体免疫应答。

乳酸菌是一类不产芽孢的革兰阳性菌，它是能够将糖类化合物转化成乳酸的一类对人体有益的微生物。乳酸菌进入人体后快速繁殖，优化了肠道内部的菌群组成，可有效提升肠道蠕动的速度，肠道的适量蠕动有利于降低人体内的杂质以及加快体内致癌物质的分解，使有害物质在人体内的存留时间缩短。已被证实，乳酸菌和双歧杆菌可在肠道内相互作用分解体内的致癌物质，大大降低肠道内癌细胞对人体的伤害起到抗癌的作用；同样，乳酸菌与双歧杆菌相互作用后，激活了体内巨噬细胞的吞噬作用，相当于增添体内免疫屏障，达到增强免疫力的作用。

四、有助于增强免疫力功能性食品应用实例

1. 产品设计

该产品以沙棘、黄芪、人参和蝙蝠蛾拟青霉菌粉为原料，黄芪、人参、沙棘经提取、干燥、粉碎后与蝙蝠蛾拟青霉菌粉混合、制粒后填充装囊。不但能提高有效成分的生物利用度，还能提高原料中有效成分的稳定性，确保本品具有的增强免疫力功效不被破坏。

产品总配方为：黄芪 500g、蝙蝠蛾拟青霉菌粉 200g、人参 180g、沙棘 170g。共制 1000 粒，每粒 0.4g。

2. 配方产品的营养成分及功能

黄芪的主要化学成分为黄芪多糖类、皂苷类、黄酮类化合物等，如 α -1，4

（1，6）葡聚糖和 α-1，4 葡聚糖，二甲氧基异黄酮山萘酚、槲皮素等。研究表明黄芪不仅具有提高机体免疫功能，还具有保肝、利尿、抗衰老、抗应激、降压和较普遍的抗菌作用。

人参中包含有多种化学成分，如糖类、蛋白质、人参皂苷、维生素等多种物质。现代医学研究发现，糖类是人参的一种不可或缺的必要成分，其中包含多糖、单糖、淀粉及糖醛酸等成分；人参皂苷是人参中的主要功效成分，包括 Rh1，Rh2，Rc1，Rc2 等。人参对多种疾病具有预防作用，有“百草之王”之称。

沙棘营养成分主要为维生素、脂肪酸、生育酚、植物甾醇、黄酮、类胡萝卜素和多酚等，值得一提的是，沙棘果实维生素 C 含量极高，被誉为维生素 C 之王。研究表明沙棘中的黄酮在清除自由基、抑制细胞凋亡、增强免疫力等方面具有一定积极作用，还具有抗衰老的作用。沙棘多糖具有免疫调节，同时还具有抗氧化、降血脂、降血糖等生物活性。

蝙蝠蛾拟青霉菌丝体在冬虫夏草培养中被发现，后经分离所得并命名，常作为冬虫夏草的替代物，具备补肺益肾、止血化痰功能。

3. 生产工艺

（1）黄芪、人参、沙棘三个中草药药材分别通过净制、安全卫生等方面检验合格后供制剂使用。蝙蝠蛾拟青霉菌粉经安全卫生等方面检验合格后供制剂使用。

（2）取人参、沙棘添加 75% 乙醇回流提取 2 次，每次加 7 倍量乙醇回流 1.5h，滤过（药渣备用），合并两次滤液，减压回收乙醇（条件为：-0.065～-0.075MPa，65℃）并浓缩至相对密度为 1.30～1.35（60℃）的浸膏，待用。

（3）另取黄芪及醇提后药渣加水煎煮 2 次，每次加 8 倍量的水煎煮 1.5 h，滤过（药渣弃去），合并 2 次滤液，滤液减压浓缩（条件为：-0.065～-0.075MPa，75℃）至相对密度为 1.30～1.35（60℃）的浸膏，待用。

（4）合并上述两种浸膏，减压干燥（条件为：-0.085MPa，65℃），将得到的干膏粉碎成细粉末，使用 80 目筛网过滤，待用。

（5）将蝙蝠蛾拟青霉菌粉与干膏粉混匀，用 85% 的乙醇制作成软材，后制成颗粒，在 55～60℃ 下干燥，14 目筛整粒，装入 0 号标准胶囊内，然后抛光，包装和检验，即可得到成品。

第二节 ▸▸ 有助于抗氧化功能性食品

「保健功能释义」氧化是人体利用氧过程中的一个环节，抗氧化是人体控制由于氧化过度而产生不利健康影响的过程，氧化和抗氧化保持平衡，有助于维持正常生命活动。外源性抗氧化物质主要来源于食物。有科学研究表明，补充适宜的抗氧化物质，有助于人体维持氧化与抗氧化过程的平衡。

人体细胞在正常的代谢过程中受到高能辐射，以及由于高压氧、药物（如抗癌剂等）、香烟烟雾和光化学空气污染物等作用，都会刺激产生活性氧自由基。虽然体内含有各种内源性抗氧化物如维生素C、维生素E、超氧化物歧化酶（SOD）、谷胱甘肽过氧化物酶（GSH-Px）等。但当机体清除自由基的能力下降，自由基的生成速度超过了被清除的速度时，可与蛋白质、脂肪、核酸（DNA）等大分子物质反应，破坏细胞内这些生命物质的化学结构，干扰细胞功能，造成机体在分子水平、细胞水平及组织器官水平的各种损伤，内脏器官与血管也会因过度氧化而产生功能衰退，诱发各种疾病。

一、抗氧化的概念

抗氧化是抗氧化自由基的简称，通过有效抑制自由基导致的氧化反应的物质被称为抗氧化物质，其作用机理可以是直接作用在自由基，或是间接消耗掉容易生成自由基的物质，防止发生进一步反应。

自由基（又称游离基）是由单质或化合物的均裂而产生的具有不成对电子的原子或基团。它的单电子有强烈的配对倾向，倾向于以各种方式与其他原子基团结合，形成更稳定的结构，因而自由基非常活泼，成为许多生化反应的活性中间体。自由基有氧自由基及非氧自由基。人体内的以氧形成的自由基最重要，包括超氧阴离子自由基（$O_2^- \cdot$）、过氧化氢（H_2O_2）、过氧自由基（ROO·）、羟自由基（HO·）、单线态分子氧（$^1O_2$）、烷氧基（RO·）、烷过氧基（ROO·）等，它们又称活性氧。一般情况下，人体内自由基的产生和清除处于动态平衡。人体存在少量的氧自由基，不但对人体没有害处，而且可以促进细胞增殖，能刺激白细胞和吞噬细胞杀灭细菌，又可消除炎症、分解毒物。

有助于抗氧化功能性食品是指食品中含有一定量具有抗氧化活性的成分，并在摄入后能够有效清除体内自由基，从而预防自由基对机体的破坏。人体定期摄入有助于抗氧化的食品可以使自由基维持在合理的浓度范围，能够有效保护机体的正常生长与代谢。

二、氧化损伤对健康的影响

Denham Harman在1956年提出了衰老的自由基理论，认为衰老的过程归咎于细胞和组织长期处于氧化应激状态，即自由基造成的累积性损伤。

活性氧和自由基具有很大的能量，可攻击组织细胞中的脂质、蛋白质、糖类和DNA等物质，以夺取一个电子来重新达到平衡，使机体长期处于氧化应激状态，造成了脂质和糖类的氧化，蛋白质的变性、酶的失活、DNA结构的改变或碱基变化，从而导致细胞膜、遗传因子等的损伤，最终引起机体衰老，也诱发肿瘤等各种疾病。

抗氧化的过程可以防止氧化应激的相关疾病（如动脉粥样硬化、癌症、Ⅱ

型糖尿病、心血管疾病、慢性炎症、脑卒中）。如果能够消除过多的氧化自由基，对于许多自由基引起的及老化相关疾病都能够预防。例如常见的癌症、动脉硬化、糖尿病、白内障、心血管病、老年痴呆、关节炎等，这些疾病都被认为与大量自由基堆积相关。

三、有助于抗氧化的物质

有助于抗氧化功能性食品中需含有大量抗氧化活性成分，即抗氧化剂。这些抗氧化剂由于来源的不同可分为天然抗氧化剂与人工合成抗氧化剂；按照溶解性的不同可分为水溶性、脂溶性和兼容性抗氧化剂。而按照作用方式可分为自由基吸收剂、氧清除剂、过氧化物分解剂、金属离子螯合剂、酶抗氧化剂、紫外线吸收剂或单线态氧淬灭剂等。

1. 维生素 C 和维生素 E

维生素 C 是生物体必不可少的自由基清除剂，它可以减轻自由基引发或传播脂质过氧化链反应造成的危害。在没有损伤生物分子之前，维生素 C 分子上的一个活泼氢原子与自由基作用变成无活性的稳定分子，即维生素 C 分子变成无毒性自由基维生素 C，其自由基可继续向第二个有害自由基再提供一个氢原子而变成脱氢抗坏血酸，因此一个维生素 C 分子可连续消灭两个自由基。

维生素 E 也是一种很重要的自由基清除剂，对超氧阴离子自由基、羟自由基、脂质过氧自由基及其他自由基和单线态氧均有清除作用。一个维生素 E 分子亦可清除两个自由基。与水溶性的维生素 C 不同，维生素 E 为脂溶性化合物，主要存在于细胞膜中，特别是内质网和线粒体的膜中，因此在保护细胞膜免受自由基损伤方面具有重要作用。许多实验证明，维生素 E 缺乏的动物机体易受脂质过氧化反应的损伤。

2. 胡萝卜素、类胡萝卜素

胡萝卜素在人体内可以分解为维生素 A（又称视黄醇），维生素 A 也有一定的抗氧化作用，可以中和有害的游离基。类胡萝卜素是一类脂溶性抗氧化剂，能直接与活性氧起反应。β-胡萝卜素是自然界中最普遍存在也是最稳定的天然色素，是维生素 A 的前体物质，能有效淬灭活性氧，具有较强的抗氧化性，是维护人体健康不可缺少的营养素。叶黄素是 α-胡萝卜素的衍生物，在自然界中与玉米黄素共同存在。叶黄素可通过物理或化学淬灭作用灭活单线态氧抑制氧自由基的活性，阻止自由基对正常细胞的破坏，从而保护机体免受伤害，增强机体的免疫能力。

3. 机体内源性抗氧化防御系统物质——抗氧化酶

（1）超氧化物歧化酶（SOD） SOD 是生物体内清除自由基的首要物质。SOD 按金属辅基成分的不同又分为 Cu、Zn-SOD、Mn-SOD、Fe-SOD。Cu、Zn-SOD 性质稳定，易分离纯化，较耐热，不受蛋白酶水解。Mn-SOD 对热和化学试剂均较 Cu、Zn-SOD 敏感。SOD 已开始用于临床治疗某些疾病或作为抗氧化剂用作化妆品、功能性食品和饮料的添加剂。由于天然 SOD 生物制品的半衰期极短且具有免疫性，因此其应用受到一定限制。

（2）过氧化氢酶（CAT） 动物各器官都含有 CAT，肝和红细胞中的 CAT 含量较高，脑、心和骨骼肌中的 CAT 含量较低，各肌肉间和同一肌肉的不同区域 CAT 活性不同。CAT 有利于清除体内的氧自由基。

（3）谷胱甘肽过氧化物酶（GSH-Px） 每个分子的谷胱甘肽过氧化物酶（GSH-Px）含有 4 个硒原子，辅酶为 NADPH，为生物体中清除过氧化氢和其他有机过氧化物的脱毒酶，主要生物学作用是清除脂类氢过氧化物，在过氧化氢酶含量很少或 H_2O_2产量很低的组织中，可代替过氧化氢酶清除 H_2O_2。

（4）谷胱甘肽转硫酶（GST） GST 又名不含硒的谷胱甘肽过氧化物酶，它是一种多功能的酶，有减轻脂类过氧化的作用。

此外，还有细胞色素（cytochrome）、过氧化物酶（PO）、抗坏血酸过氧化物酶（APX）等，均具有抗氧化功能。

4. 中药提取物类

（1）生物类黄酮 生物类黄酮羟基、酚羟基位置在体内可以被自由基氧化，而自由基则被还原失去未成对电子而淬灭，因此是有效的抗氧化剂。生物类黄酮能够以羟基来螯合金属离子形成络合物，阻止催化自由基反应的金属离子的活性，并将金属离子排出体外，且与维生素 C 有协同效应，可以使维生素 C 在人体组织中趋于稳定。

（2）多糖类 多糖广泛存在于自然界，主要分为植物多糖、动物多糖及微生物多糖三类，大多具有提高抗氧化酶活性、清除自由基、抑制脂质过氧化从而保护生物膜的作用。

（3）生物碱类 生物碱是一类大多具有复杂含氮环状结构的有机化合物，绝大多数分布在双子叶植物中。影响生物碱抗氧化功能的结构因素主要是立体结构和电性，杂环中氮原子越“裸露”在外，越有利于充分接近活性氧并与之反应，抗氧化效果就越好，供电子基团或者能使氮原子富有电子的结构因素也可增加其抗氧化活性。

（4）皂苷类 皂苷是中药中一类重要的活性物质，根据苷元的化学结构不同分为甾体皂苷和三萜皂苷两类。大多数皂苷具有明显的抗氧化功能，如黄芪皂苷、大豆皂苷、绞股蓝皂苷、罗汉果皂苷等。

5. 新型抗氧化剂

（1）多酚类

①茶多酚：茶多酚是茶叶中多酚类物质的总称，包括黄烷醇类、花色苷类、黄酮类、黄酮醇类和酚酸类等，是茶叶中主要保健功能成分之一。茶多酚具有较强的抗氧化作用，且随温度的升高抗氧化作用增强。

②葡萄多酚：葡萄多酚广泛存在于葡萄籽、葡萄皮和果汁中，在葡萄籽与葡萄皮中含量较高。葡萄多酚能通过抑制低密度脂蛋白（LDL）的氧化而有助于防止冠心病、动脉粥样硬化的发生，这些物质能保护 LDL 与细胞膜结合的特定位点上的氨基酸残基，因此具有较强的抗氧化性。

③苹果多酚：苹果多酚是苹果中所含多元酚类物质的通称，含量因成熟度而异，未成熟果的多元酚含量为成熟果的 10 倍。苹果多酚清除氧自由基速度较快，其抗氧化能力与葡萄多酚相近。

④荞麦多酚：荞麦多酚在荞麦壳、籽粒、茎、叶、花的提取物甚至是花蜜中广泛存在，主要为黄酮类衍生物，具有很强的抗氧化作用。

（2）番茄红素　番茄红素是番茄中的红色素，是胡萝卜素的母体化合物，主要存在于茄科植物西红柿的成熟果实中，是目前自然界中发现的最强抗氧化剂之一。番茄红素清除自由基的功效远胜于其他类胡萝卜素和维生素 E，其淬灭单线态氧速率常数是维生素 E 的 100 倍。它可以有效地防治因衰老、免疫力下降而引起的各种疾病。

（3）虾青素　虾青素是从虾外壳、牡蛎和鲑鱼中发现的一种红色类胡萝卜素，在体内可与蛋白质结合而呈青蓝色，是迄今为止人类发现的自然界中最强的抗氧化剂之一，其抗氧化活性远远超过现有的抗氧化剂；其清除自由基的能力是天然维生素 E 的 1000 倍、天然β-胡萝卜素的 10 倍、葡萄籽的 17 倍、辅酶Q_{10}的 60 倍、茶多酚的 200 倍；还具有预防、缓解运动疲劳，增强机体能量代谢，抗炎、抗感染，抑制肿瘤等作用。

（4）原花青素　原花青素是一种有着特殊分子结构的生物类黄酮，由不同数量的儿茶素或表儿茶素结合而成。原花青素是安全高效的抗氧化剂和自由基清除剂，能有效清除体内多余的自由基，保护人体细胞组织免受自由基的氧化损伤。

（5）活性肽类　抗氧化活性肽是一种具有抗氧化性质的多肽类物质，主要是各种天然蛋白酶解物中具有一定抗氧化活性的低分子混合肽，如大豆肽、玉米肽、小麦肽、米糠肽、花生肽等。

（6）辅酶 Q　辅酶 Q 是生物体内广泛存在的脂溶性醌类化合物，不同来源的辅酶 Q 其侧链异戊烯单位的数目不同，人类和哺乳动物是 10 个异戊烯单位，故称辅酶Q_{10}。辅酶 Q 在体内呼吸链中质子移位及电子传递中起重要作用，是细胞呼吸和细胞代谢的激活剂，也是重要的抗氧化剂和非特异性免疫增强剂。辅酶Q_{10}可以抑制脂质和线粒体的过氧化，保护生物膜结构的完整性。

（7）蜂胶　蜂胶具有抗氧化作用，可升高 SOD 活性、降低过氧化脂质含量及降低血黏度，从而清除体内大量自由基，减少组织细胞的损伤，缓解肿瘤、炎症、心血管等疾病。蜂胶抗氧化作用的主要成分之一是黄酮类化合物，通过自身供氢氧化实现，其他成分为不饱和脂肪酸、阿魏酸、咖啡酸等。

四、有助于抗氧化功能性食品应用实例

通常利用具有抗氧化活性的天然动植物组分，通过将其中具有抗氧化功能成分进行有效提取，进而制成具有抗氧化功能活性的功能性食品。也可将这些活性物质与其他可食用原料进行混合，从而达到丰富食品口味并提高抗氧化剂稳定性的目的。制备中可以使用一种抗氧化剂作为抗氧化活性的唯一来源，也可以使用多种抗氧化剂复配的方式，达到协同抗氧化的功效。其中的抗氧化剂应具备以下特点：①具有明显的抗氧化效果；②抗氧化剂本身以及其分解产物无毒无害；③具有良好的稳定性，能够与食品共存，并对食品的感官性质（包括色、香、味等）无明显影响；④使用方便，价格便宜。

由于多数抗氧化剂具有功能活性强，稳定性差的特点。因此，在抗氧化功能性食品开发的过程中，要秉承最大可能提高抗氧化剂稳定性的准则。通过添加能够减少抗氧化剂降解的稳定剂，最大程度地保护抗氧化剂不在消费者摄入前氧化降解。此外，通过调节 pH、控制金属离子含量等方式，也能对部分抗氧化剂起到保护作用。

1. 蓝莓、树莓、黑加仑复合口服液

利用蓝莓、树莓、黑加仑等浆果，通过对其中活性成分提取，制成一种具有抗氧化活性的功能口服液产品。在这些浆果当中，其中所富含的酚类物质是其抗氧化活性的主要来源，包括花色苷、原花青素、树莓酮等。但这些酚类物质，特别是花色苷组分，在高 pH 下将会表现出极差的稳定性，从而快速降解，失去抗氧化活性等功能。因此，可以通过适当降低其 pH 的方式，有效提高稳定性。此外，为进一步提高其贮藏期间的稳定性，可以向其中加入蛋白、多肽等稳定剂。一方面可以使这些大分子通过形成非共价键的方式，有效保护浆果中具有抗氧化活性的小分子；另一方面，也使得口服液蛋白质含量增加，提高其营养价值。但值得注意的是，过高的蛋白质含量可能会导致口服液中沉淀的生成。

2. 维生素 A、维生素 E、鱼油胶囊

维生素 E 等脂溶性维生素具有显著的抗氧化活性，但由于其难溶于水，使得其相关产品多数以胶囊形式，或直接添加与使用油中。为丰富产品价值，提高功能活性，将维生素 A 和维生素 E 溶于深海鱼油中。为保证其不被氧化，同时提高鱼油功能活性，将其用明胶胶囊包裹，制成深海鱼油软胶囊。一方面，鱼油可以作为这些脂溶性维生素稳定的溶剂；另一方面，这些脂溶性维生素也可以起到防止鱼油氧化的作用。

第三节 ▸▸ 缓解体力疲劳功能性食品

「保健功能释义」 体力疲劳是体力劳动和（或）运动引起体力下降的感觉，

不同于疾病、脑力劳动和心理压力伴随的“疲劳感”。“体力疲劳”与身体承受的体力负荷大小直接相关。有科学研究表明，补充适宜的物质有助于缓解体力疲劳。

现代社会生活方式紧张、节奏快，各种信息的刺激、精神压力、大量的运动或劳动，常使人们处于疲劳甚至是过度疲劳状态，更多的人由于身心疲劳而处于亚健康状态。

一、疲劳的概念与主要表现

1. 疲劳的概念与分类

经过一定时间和达到一定程度的体力或脑力活动后，出现的活动能力下降、身体疲倦、肌肉酸痛或全身无力的现象称为疲劳。疲劳是防止机体过度功能衰竭而产生的一种保护性反应。它的出现提醒人们要降低目前的工作强度或终止目前的运动，以免造成进一步的机体损伤。疲劳的本质是一种生理性的改变，经过适当的休息便可以恢复或减轻。

临床上将疲劳分为体力疲劳、脑力疲劳、心理疲劳、病理疲劳和综合性疲劳。

体力疲劳又称躯体性疲劳。人持续长时间、高强度的体力活动时，体内会产生大量的代谢物，如乳酸、二氧化碳、血清尿素等，这类物质在体内积聚，刺激人体的组织细胞和神经系统，就会使人产生疲劳感。

脑力疲劳是人们长时间用脑后引起大脑血液和氧气供应不足导致的，具体可出现注意力不集中、头昏眼花、反应迟钝、四肢乏力或嗜睡等症状，严重的可引起失眠、多梦、恶心、呕吐、性格改变等诸多问题。

心理疲劳是现代生活中最常见和较复杂的一种疲劳，其产生与心理、社会环境及生活方式等因素有密切关系。长期从事一些单调、机械的工作、学习活动，中枢局部神经细胞由于持续紧张而出现抑制，致使人体对工作、生活的热情和兴趣明显降低，直至产生厌倦情绪。产生心理疲劳的人，轻者出现厌恶、逃避工作、学习及生活的症状，重者还可出现抑郁症、神经衰弱、强迫行为以及诸如开始吸烟、酗酒等生活习惯改变的现象。

病理疲劳是由于某些疾病所造成的人体虚弱、无力等症状。疲劳是这些病的先兆之一，比如病毒性肝炎、肺结核、糖尿病、心肌梗死、贫血、血液病和癌症等都可使患者感到莫名其妙的疲劳。病理疲劳有三个特点：一是在健康人不应该出现疲劳时出现；二是疲劳的程度严重，消除得也慢；三是常伴有其他症状，如低热、全身不适、食欲不振或亢进等，只有在疾病治愈后，疲劳才会消除。

综合性疲劳往往不是单一原因引起的，它既有体力、脑力的原因，也有心理、社交的原因，也可能还夹杂着疾病的原因，使各种单一疲劳的“症状”不很突出和典型，这种非单一因素引起的疲劳称为综合性疲劳。

根据发生的方式，疲劳可分急性疲劳和慢性疲劳。急性疲劳主要是频繁而强烈的肌肉活动所引起的，而慢性疲劳主要是长时间反复的活动所引起的。当疲劳到了第二天仍未能充分恢复而蓄积时，称为蓄积疲劳。

2. 疲劳的主要表现

疲劳宏观表现在劳动或运动时能量体系输出的最大功率下降，同时肌肉力量下降。疲劳的症状可分一般症状和局部症状。当进行全身性剧烈肌肉运动时，除肌肉的疲劳以外，也出现呼吸肌的疲劳，心率增加，自觉心悸和呼吸困难。由于各种活动均是在中枢神经控制下进行的，因此，当工作能力因疲劳而降低时，中枢神经活动就要加强活动而补偿，逐渐又陷入中枢神经系统的疲劳。但自觉的疲劳是易受心理因素影响，自觉疲劳增强时可出现头痛、眩晕、恶心、口渴、乏力等感觉。

疲劳的表现可分为四个阶段，第一阶段：工作效率开始减低，但靠暂时的意志还可以使效率回升。第二阶段：不但工作效率减低，动作迟钝，出现疲劳感觉。经过短时间或天的休息，可以得到恢复。但对于身体虚弱的人或老年人，则需要休息数日。第三阶段在第二阶段的疲劳状态下继续工作，就会导致疲劳难以恢复而使工作暂停。经过数日的休息可以恢复，但会由于一些原因（如感冒、消化不良等）而卧床不起。第四阶段：在第三阶段疲劳未充分消除的状态下又继续工作，就会陷入慢性疲劳状态。出现贫血、体重减轻、无力、消化不良、食欲不振、失眠或多梦、倦怠感及工作效率与判断力减低等精神症状。此时对精神刺激的敏感性增强，有时会很兴奋或很沮丧。这时期的疲劳需休息数周后才能消除，也有的需数月甚至数年。

二、疲劳产生的机制

根据疲劳发生的部位可将体力疲劳分为中枢疲劳和外周疲劳。两种不同部位的疲劳产生的机制亦不同。

1. 中枢疲劳及其产生的机制

中枢疲劳是指发生在脑至脊髓部位的疲劳。其特点：①由于中枢神经系统发生功能紊乱，改变了运动神经元的兴奋性。疲劳时神经冲动的频率减慢，使肌肉工作能力下降；②中枢内代谢功能失调，表现为大脑细胞中腺嘌呤核苷三磷酸（ATP）水平明显降低，血糖含量减少，γ-氨基丁酸含量升高，特别是5-羟色胺和脑氨升高，引起多种酶活性下降，ATP 再合成速率下降，从而使肌肉工作能力下降导致疲劳。

2. 外周疲劳及其机制

外周疲劳主要指运动器官肌肉的疲劳。其主要表现：一是肌肉中供能物质输出的功率下降，使机体不能继续保持原来的劳动强度；二是肌肉力量下降。运动性疲劳的产生大致可归纳为如下几点。

①能源、物质过度消耗。如 ATP、肌糖原和肝糖原过度消耗。

②内环境的紊乱。除了乳酸堆积外，机体渗透压、离子分布、pH、水分、温度等内环境条件的变化，使体内酸碱平衡、渗透平衡、水平衡等失调，导致机体工作能力下降而发生疲劳。

③神经系统、酶、激素在运动时的代谢调控失调等。

因此，肌肉中供能物质的变化机制与疲劳的发生可理解为以下几个方面。

（1）磷酸原储备减少而发生疲劳　当机体进行短时间极限强度的运动时，由于肌肉中 ATP 含量极少，仅能够维持 1~2s 的肌肉收缩。当肌肉中 ATP 含量减少后，磷酸肌酸将所贮存的能量随磷酸基团迅速转移给二磷酸腺苷（ADP），以重新合成 ATP。肌肉中磷酸肌酸的含量尽管比 ATP 高 3~4 倍，但也只能使剧烈运动持续约 10s。

（2）糖储备减少而发生疲劳　糖是肌肉活动时能量的重要来源，在超过 10s 的高强度运动中，糖是主要的供能物质。当肌肉中的糖原被大量消耗时，机体活动能力降低，出现疲劳。长时间运动时肌肉不仅消耗糖原，同时还大量摄取血糖。当摄取速度大于肝糖原的分解速度时，血糖水平降低。中枢神经系统主要靠血糖供能，血糖降低引起中枢神经系统供能不足，从而导致全身性疲劳的发生。

（3）乳酸与肌肉疲劳的发生　肌体进行超过 10s 的剧烈运动，其肌肉不能得到充足的氧气时，主要靠糖原的无氧酵解来获得能量。乳酸是在缺氧条件下糖酵解的产物，随着糖酵解速度的增加，肌肉中的乳酸量不断增加。机体内乳酸的积累，影响肌浆网中钙离子的释放及其与肌钙蛋白的偶联调节，降低了肌球、肌动蛋白的连接收缩过程，从而使肌力下降；破坏了细胞内外离子平衡，使肌细胞膜电位下降，导致肌力下降；使分解脂肪作用降低，脂肪供能减少，导致肌力下降。

（4）脂肪动用与疲劳　体内脂肪的储备量较多，在理论上可供 120h 以上的中强度的运动。但实际上在脂肪尚未大量动用之前，机体已因疲劳而停止运动。当运动员的脂肪作为能源时，糖的消耗会减少，但利用脂肪供能时由于其输出功率仅是糖有氧氧化供能的一半，是糖酵解的 1/4，因而产生运动的力量和速度都会降低，意味着疲劳出现。

三、缓解体力疲劳功能性食品开发原则

缓解体力疲劳功能性食品开发的原则包括以下几点。

（1）补充机体所需要的能量与营养素物质，纠正机体内环境，尤其是体液系统的不平衡。

（2）通过提高机体器官的功能，特别是循环系统的功能，加速体内代谢物

质的清除、排出，从而达到缓解体力疲劳的效果。

目前市场上缓解体力疲劳的功能性食品，按照产品开发原则分类，大致可以分为：补充能量型、补充人体必需维生素和微量元素型、提高机体器官功能型及综合型。

四、缓解体力疲劳的物质

1. 营养素

碳水化合物、脂肪、蛋白质、维生素与微量元素等营养素的补充，是缓解体力疲劳的重要方法。

2. 碱性物质

长期剧烈的运动会产生大量乳酸，从而降低血液中的 pH，因此碱性食物能起缓冲作用，保持内环境的稳定及与肌肉运动有关的酶的功能正常。如枸橼酸钠或枸橼酸钾、碳酸氢钠能起缓冲作用；天冬氨酸的钾盐与镁盐有防止疲劳的作用，能消除一般的疲劳症状与长途行军中的疲劳。服用天冬氨酸盐能防止疲劳的积累，特别是能延缓运动到衰竭的时间。此外，天冬氨酸能转变为谷氨酸，加强中枢神经系统功能，增强运动员的意志。

3. 牛磺酸

牛磺酸属于非必需氨基酸，但与体内半胱氨酸的合成有关。牛磺酸参与糖代谢的调节，加速糖酵解；促进人体对脂类物质的消化吸收，并参与胆汁酸盐代谢。牛磺酸能增强心肌收缩力，增加血液输出，同时防止心肌损伤，还能保护肝脏，对于维持运动能力而言牛磺酸是必需的，在马拉松、长距离徒步中饮用含有牛磺酸的饮品可加强补给，使运动能力和抗运动性疲劳能力进一步增加，同时改善内分泌状态，增强人体免疫。

4. 清除自由基及抗脂质过氧化物质

自由基与体力、脑力活动也有密切关系。可利用抗自由基与抗脂质过氧化的原理来防止在长期和过量的体育运动中肌肉细胞的损伤，如服用人体内固有的酶，包括超氧化物歧化酶（SOD）、过氧化氢酶（CAT）、谷胱甘肽过氧化物酶（GSH-Px）、谷胱甘肽转硫酶（GST）和葡萄糖磷酸脱氢酶（GPD），或服用营养素和生化物质，如维生素、胡萝卜素、谷胱甘肽（GSH）、辅酶 Q10 及微量元素锌、硒、锰和金属硫蛋白等。

5. 二十八烷醇

二十八烷醇属于高碳链饱和脂肪醇。具有增强耐久力、精力和体力；提高肌肉耐力、增加登高动力；提高能量代谢率，降低肌肉痉挛；提高包括心肌在内的肌肉功能等作用。

6. 鱼鳔胶

鱼鳔胶为鱼鳔的干制品。主要成分为胶原蛋白、黏多糖等。其主要生理功能：①增强肌肉组织的韧性和弹力，增强体力，消除疲劳；②加强脑、神经和内分泌功能，防止智力减退、神经传导滞缓、反应迟钝；③有养血、补肾、固精作用，可促进生长发育和乳汁分泌作用；④与枸杞、五味子合用，可缓解遗精、腰酸、耳鸣、头晕、眼花等肾虚症状。

7. 乌骨鸡

乌骨鸡含有多种营养成分，它的血清总蛋白及丙种球蛋白含量均高于普通肉鸡。乌骨鸡能增加体力，提高抗疲劳能力。

8. 小麦胚芽油

小麦胚芽油是从小麦胚芽中提取的油类，含有胆碱、植物固醇等营养物质，还有二十八碳醇、谷胱甘肽及多种微量元素，是国际公认的抗疲劳物质，是美国最流行的缓解体力疲劳的物质之一。运动员在训练时服用小麦胚芽油，能明显改善训练效果，增加机体的活动能力，增进机体对糖原的代谢。

9. 人参

人参分亚洲种和西洋种两类，前者统称人参，后者称西洋参。人参主要含18种人参皂苷，还含有人参多糖、低聚肽类以及氨基酸、无机盐、维生素及精油等。对机体功能和代谢具有双向调节作用，能增强机体对外界刺激的抵抗能力，使反应向着有利机体的方向进行；对中枢神经有一定兴奋作用和抗疲劳作用，能改善神经系统功能，减轻疲劳，加速疲劳的恢复。预防和治疗机体功能低下，尤其适用于各器官功能趋于全面衰退的中老年人。

10. 鹿茸

其水浸出物中含有大量胶质，灰质中含有钙、磷、铁、镁等。鹿茸精能提高机体的工作能力，降低肌肉的疲劳。

除人参、鹿茸等外，其他一些中药材也具有缓解体力疲劳的作用。常用的缓解体力疲劳的中药还有三七、灵芝、五味子、麦冬、红景天、刺五加、黄精、黄芪、枸杞、淫羊藿、巴戟天、补骨脂、桑椹、当归、山药、百合、绞股蓝等。此外，蝙蝠蛾拟青霉菌粉、拟黑多刺蚁、牡蛎提取物、玛咖粉、L-盐酸赖氨酸等也被广泛用于缓解体力疲劳的功能性食品中。

五、缓解体力疲劳功能性食品应用实例

1. 产品设计

以西洋参、淫羊藿和玛咖粉为主要原料，功能上以西洋参为主导，配以淫羊藿和玛咖粉，起到缓解体力疲劳的作用。玛咖粉是以玛咖为原料，经切片、干燥、粉碎、灭菌等步骤制成。西洋参和淫羊藿采用市场上可购得的药材提取物。

西洋参补气养阴，用于气虚阴亏，虚热烦倦；淫羊藿补肾阳，强筋骨，用于肾阳虚衰，阳痿遗精，筋骨皮软等。玛咖传统上作为食物和草药用于增强精

力，缓解体力疲劳。可见，西洋参、淫羊藿和玛咖粉搭配，从功能上能起来较好的缓解体力疲劳的效果。

产品总配方：西洋参提取物 60g（相当于原药 300g），淫羊藿提取物 30g（相当于原药 300g），玛咖粉 300g，微晶纤维素 54g，微粉硅胶 5g，羟甲基纤维素钠 1g。上述原料和辅料共 450g，制成胶囊，每粒 450mg。

2. 生产工艺

（1）分别将原辅料烘干、过 80 目筛，备用。

（2）西洋参提取物、淫羊藿提取物混合 15min，得混合粉 I；将混合粉 I、玛咖粉、微晶纤维素混合 20min，得混合物Ⅱ。

（3）羟甲基纤维素钠 1g 溶解用于做制粒的黏合剂，先对混合物Ⅱ制软材、过 16 目筛制粒、50～60℃烘干、过 12 目筛整粒，整粒后的颗粒与微粉硅胶总混。

（4）装胶囊，每粒 450mg；内包装、检测、外包装。即得具有缓解体力疲劳功能的胶囊成品。

第四节 ▸▸ 缓解视觉疲劳功能性食品

「**保健功能释义**」视觉疲劳是眼睛长时间调节屈光所致，表现为视物模糊、眼部酸胀、干涩、流泪等眼部不适感。视觉疲劳与用眼距离、时间、照明、眼镜屈光度不当和户外活动少等有关。有科学研究表明，补充适宜的物质有助于缓解视觉疲劳。

眼睛是人体掌管视觉的感觉器官，它的构造复杂，功能敏锐，是人体中最重要的器官之一。眼睛之所以能看到外界的物体，是外界光线通过眼球的角膜、房水、晶状体和玻璃体四部分的透明间质，折射成像在视网膜上，使视网膜上的视锥细胞和视杆细胞这两种感光细胞发生一系列变化而引发神经冲动，最后经视神经传至大脑皮层视区而产生视觉。眼睛若长期过度地紧张活动，超过其自身代偿能力则会引起一时性视功能减退或一些不适症状称为视觉疲劳。随着人们的工作节奏的加快与视频终端和 3D 立体影像的普及，从事阅读、视频终端操作和近距离精细作业等的人越来越多，视觉疲劳人群也越来越多。

一、视觉疲劳的分类

从医学角度，视觉疲劳可分为生理性视觉疲劳和病理性视觉疲劳。

1. 生理性视觉疲劳

生理性视觉疲劳是单眼或双眼视功能正常的人，由于过度用眼引起的。导致生理性视觉疲劳的因素大致有如下几个原因：①由于视觉距离过近或用眼时间过长，增加了眼的调节强度，睫状肌不能得到放松，发生视觉疲劳。②用眼场所的光线太强或过暗，或光线闪烁不稳，忽明忽暗，可引起视觉疲劳。③工作物的背景反差太小或长期在黄色、红色等色彩耀眼且极不协调的环境下作精细的操作，也容易发生视力疲劳。④精神高度紧张、长时间注视高速运动的物体，身体容易疲倦，更容易产生视觉疲劳。⑤工作场所空气污浊、烟、雾、灰尘及有害气体较多的环境中，既刺激眼睛出现疲劳症状又可产生全身疲劳。⑥身体衰弱、营养不良、蛋白质摄入不足、睡眠不足、病后恢复期、怀孕或产后哺乳期、经期、更年期等全身精力不佳的情况下，眼部更易发生视觉疲劳。⑦由于年龄上升，眼睛生理功能自然衰退。⑧遗传原因，家族中（特别是长辈）有与近视有关的基因。

2. 病理性视觉疲劳

导致视力减退的因素同时也是眼部疾病发生的诱因，即病理性视觉疲劳。常见的眼部疾病包括：各种类型的屈光不正，包括远视、近视、散光；晶状体混浊，即白内障；角膜混浊；玻璃体混浊及出血；视神经疾患，如视神经萎缩、视神经炎、球后神经炎、慢性青光眼及中毒性弱视；循环性盲，偶见于重症尿毒症、视网膜动脉硬化，多为暂时性；脉络或视网膜的肿瘤及视网膜脱离；急性青光眼；急性虹膜炎；眼球内出血等。其中近视最为常见。

二、视觉疲劳产生的原因

现代营养学和医学研究认为导致视觉疲劳产生的主要原因有以下方面。

1. 自由基

眼球长时间处于搜索注视状态眼外肌和睫状肌代谢增加，造成代谢废物（包括氧自由基）产生积累增加，从而造成肌细胞结构损伤和功能下降，已有研究表明自由基可导致和加剧多种视网膜疾病。

2. 视细胞营养物质损耗

视细胞消耗过度，而所需营养物质供应不及时，造成黄斑及视网膜恢复时间延长。视细胞中营养物质主要包括叶黄素、维生素 A、多不饱和脂肪酸、维生素 B_1、维生素 B_2、微量矿物质元素等。

3. 视网膜损伤

可见光在视网膜上的聚焦，产生高氧压、高聚光，易发生脂质过氧化反应而其产物吞噬视网膜色素上皮细胞导致其视网膜受损。

4. 视网膜细胞衰老

视网膜色素上皮细胞衰老，导致眼睛老化，进而引发与年龄相关性眼病，如黄斑色素光学密度降低等。

三、视觉疲劳的表现症状及其缓解措施

（一）视觉疲劳表现症状

视觉疲劳是眼或全身器质性因素与精神（心理）因素相互交织的综合征，是一组表现为用眼后出现视觉障碍、眼部不适及全身症状以致不能正常进行视作业的症候群，因此，在临床上又常称为眼疲劳综合征。具体表现症状为视力工作不能持久、视物模糊、看书复视串行、眼部干涩、酸胀，视觉重影，以及间歇性视觉模糊，严重时会产生恶心、呕吐、眩晕、头痛、眼睑沉重难睁开、眼球或眼眶酸胀或疼痛、记忆力减退、颈部肌肉紧张、肩部酸痛、有阅读恐惧感，有的人还有胃肠道功能紊乱现象，如食欲不振、消化不良、便秘等症状，直接影响人们的工作与生活。轻度的视觉疲劳往往得不到人们的重视，导致视觉疲劳症状加重，长期反复出现视觉疲劳可能会引发多种眼部疾病，如干眼症、屈光不正等。

（二）视觉疲劳缓解措施

1. 视觉疲劳检查与治疗

视觉疲劳作为一种症状，临床上往往要通过系列的检查来找到发病原因。视觉疲劳的检查方法，主要是对眼部进行综合检查：①测眼压以排除青光眼；②泪液分泌情况以除外干眼症；③查屈光以纠正轻微的屈光不正；④查旧镜以排除不合适的眼镜所造成的肌肉功能紊乱；⑤用 SD-1 型视度仪测量视觉疲劳；⑥全面的眼肌检查，包括隐斜、调节辐辏同视功能和融合力的测定，并注意检查眼外肌是否平衡。

2. 做好预防

视觉疲劳的预防要仔细诊断，针对起因，尽可能消除不利因素，做好预防工作，减少或减轻视觉疲劳的发生。电脑终端操作者应改用无闪烁、不眩目、无辐射的显示屏。眼镜屈光度不合适、近用镜的光心不适当都是易发生视觉疲劳的重要原因之一。有屈光不正和老视的要验光配镜。有的已有眼镜的如时间已久，度数不合适的要重新验光配镜。对于电脑终端操作者，按照 5m 验光的远用眼镜和按 30cm 验光的近用眼镜并不适合观看电脑屏幕的近距离使用。要按照操作者各自座位及习惯、眼与电脑屏幕的距离调整镜片屈光度。阅读、书写及其他近距作业用眼的时间不要持续过长，中间应有几次短暂的间歇，每次间隔 2~3min，间歇时避免视近物，最好到室外远眺 5m 以外景物。

3. 功能性食品的预防与保健作用

食用具有缓解视觉疲劳作用的功能性食品是预防视觉疲劳的又一途径。功能性食品预防视觉疲劳，首先应平衡膳食营养，保证宏量营养素蛋白质的摄入，

补充维生素 A、B 族维生素、维生素 E、锌等微量营养素。中医认为多数视觉疲劳与心肾不足，水少，肝阳上亢，肝经郁热等有关。应用中国传统中医理论和现代营养学理论开发出来的具有缓解视力疲劳的功能性食品对生理性视觉疲劳和某些病理性视觉疲劳有一定的功效。

四、缓解视觉疲劳的物质

1. 维生素

（1）维生素 A　负责暗光下视力和明暗变换视力的重要营养素，也是视色素的主要成分，对维持正常的视觉有着重要的作用。维生素 A 缺乏，可引起夜盲、干眼病及角膜软化症。表现为在较暗光线下视物不清、眼睛干涩、易疲劳等。

（2）维生素 B_1　是维持并参与视神经等细胞功能和代谢的重要物质，缺乏时可导致视神经和眼球干涩，引起视觉疲劳，从而影响视神经导致视力减退。

（3）维生素 B_2　可保证眼睑、视网膜和角膜的正常代谢，缺乏维生素 B_2，眼睛会怕光，流泪，容易疲劳，视力逐渐减退。

（4）维生素 C　是眼球晶状体的重要营养物质，能减弱光线对晶状体的损害，可延缓眼球功能的衰老，缺乏时可致晶状体浑浊，眼睛疲劳，视力下降，进而导致白内障等眼病。

（5）维生素 E　可延缓眼球功能的衰老，增加视神经的营养能力，预防老年性眼病的发生。

鱼肝油具有保护视力的功效，鱼肝油的主要成分是维生素 A 和维生素 D，其中保护视力的成分是维生素 A。

2. 矿物质

（1）锌　是人体必需的微量元素，眼角膜表皮、虹膜、视网膜及晶状体内也含有锌。锌能增强视神经的敏感度，是视网膜组织细胞中视黄醇还原酶的组成成分，缺乏时会影响视网膜上视锥细胞的辨色能力，还会影响维生素 A 对视紫质的合成和代谢。

（2）钙　与眼睛构成有关，缺钙会使正在发育的眼球壁巩膜的弹性降低，晶状体内压上升，致使晶状体曲度增大而导致近视。

（3）铬　人体缺铬元素易发生近视，铬元素能激活胰岛素，使胰岛素发挥最大生物效应，如人体铬元素含量不足，就会使胰岛素功能发生障碍，血浆渗透压增高，致使眼球晶状体、房水的渗透压升高和屈光度增大，从而诱发近视。

（4）硒　可参与眼球肌肉、瞳孔的活动，是维持视力的一种重要元素，缺硒可导致弱视。

（5）铜和钼　是组成眼睛虹膜的重要营养成分，而瞳孔活动的灵敏程度与虹膜密切相关。

3. 花色苷类

花色苷是广泛存在于水果、蔬菜中的一种天然色素，其中对保护视力功能最好的是欧洲越橘和越橘浆果中的花色苷类，保护毛细血管，促进视紫红质的再生，增强对暗的适应能力，据法国空军临床试验，能改善夜间视觉，减轻视觉疲劳，提高低亮度的适应能力。

4. 叶黄素

叶黄素是一种重要的类胡萝卜素，以叶黄素为主的各种类胡萝卜素，如新黄质、紫黄质。可特异性地高度聚集于特定眼部组织中，叶黄素是眼睛中黄斑的主要成分，高浓度的叶黄素，既可吸收进入眼睛的短波长可见光线，保护视觉感受器免受损害性蓝光的危害，又可通过抗氧化作用，在视觉感受器的膜被氧化前阻断过氧化进程。叶黄素是人体视网膜黄斑色素的构成成分。黄斑色素聚集于视网膜的外网状层，光线必须穿过黄斑色素才能到达光感受器，因此叶黄素可根据光谱吸收特性保护富含脂质且易受攻击的外层视网膜（如感受器细胞外节段和视网膜色素上皮细胞）免受氧化损伤。与其他抗氧化剂如维生素 E 相比，叶黄素尤其适合于保护视网膜免受氧化损伤。

除了在预防脂质过氧化方面可以发挥强大作用外，叶黄素还可以有效地预防由视网膜光敏物质 A2-PE 启动的氧化反应。而该反应的生成物 A2E（脂褐素中的一种荧光基团）对视网膜色素上皮细胞具有很强的细胞毒性，被认为在老年性黄斑变性（AMD）的发生过程中起到重要作用。

5. 珍珠

珍珠含 95%以上的碳酸钙及少量氧化镁、氧化铝等无机盐，并含有多种氨基酸，如亮氨酸、甲硫氨酸、丙氨酸、甘氨酸、谷氨酸和天门冬氨酸等。珍珠粉与龙脑、琥珀等配成的“珍珠散”可抑制白内障的形成。

6. 海带

海带除含有碘外，还含有 1/3 的甘露醇。晾干的海带表面有一层厚厚的“白霜”，它就是甘露醇，甘露醇有利尿作用，可减轻眼内压力，对急性青光眼有良好的功效。其他海藻类如裙带菜也含有甘露醇，也可用来作为辅助治疗急性青光眼的食品。

7. 其他物质

中药材类：白芍、白芷、党参、决明子、葛根、枸杞子、黑芝麻、菊花、桑叶、沙棘、菟丝子等。

功能性成分：牛磺酸、β-胡萝卜素、花青素、硫酸软骨素、玉米黄质、绿原酸、茶多酚、丹酚酸、葛根素、总黄酮、总皂苷、番茄红素。

五、缓解视觉疲劳功能性食品的开发原则

缓解视力疲劳功能性食品开发应遵循三个原则：一是矫正各方面的缺陷；二

是消除引起视力疲劳的各种因素；三是增强体质，避免超负荷工作。视力疲劳不是独立的疾病，而是由于各种原因引起的一组疲劳综合征，因此应综合考虑。

从眼睛的组织结构和视力疲劳的原因可以看出，营养与视力疲劳关系密切，功能性食品缓解视力疲劳应从补充人体的营养物质和改善高血压、内分泌紊乱、焦虑、神经衰弱等因素出发，消除引起视力疲劳的相关因素，通过增强体质达到缓解视力疲劳的目的。

六、缓解视觉疲劳功能性食品应用实例

1. 产品设计

产品配方：蓝莓提取物 200g，叶黄素 50g，β-胡萝卜素 20g，葡萄糖酸锌 50g，微晶纤维素 140g，羧甲基淀粉钠 20g，交联聚维酮 15g，聚乙二醇 6000 5g。制成片剂，每片 0.5g。

本产品主要选用富含花青素的蓝莓提取物为主要原料，复配叶黄素、β-胡萝卜素和锌元素。蓝莓提取物含有丰富的花青素，花青素是维护眼睛健康、预防视力受损的重要保健功能因子，其保健机理在于保护眼睛的微血管，进而促进眼部血液循环，同时，加速视紫质的再生能力，而视紫质正是良好视力不可或缺的成分。叶黄素和β-胡萝卜素除了具有一般抗氧化剂具有的抗脂质过氧化功能外，还具有各自特殊的功能。叶黄素可特异性地高度聚集于人体视网膜黄斑区，是黄斑色素的构成成分。β-胡萝卜素是维生素 A 的一个安全来源，当人体有需要时，可将其转变为维生素 A，维生素 A 是构成视觉细胞内感光物质的成分，它对维持正常的视觉有着重要的作用。锌元素是多种酶的活性中心，眼内的各种代谢反应都离不开酶的催化，如果锌元素流失得比较严重，就会导致房水产生减少，抗氧化能力变差，引起视网膜病变及视神经萎缩等症状。

2. 生产工艺

（1）原辅料检验和验收　根据原辅材料标准要求检验，合格后验收。

（2）预制备 1%羧甲基淀粉钠浆　称取羧甲基淀粉钠溶于纯化水中，搅拌均匀，得黏合剂，备用。

（3）准确称取蓝莓提取物、叶黄素、β-胡萝卜素、葡萄糖酸锌、微晶纤维素、羧甲基淀粉钠、交联聚维酮、聚乙二醇，过 80 目筛，备用。

（4）混合、制粒　将蓝莓提取物、葡萄糖酸锌、微晶纤维素、羧甲基淀粉钠加入沸腾制粒机混合 5min 后，喷入预制备好的 1%羧甲基淀粉钠浆进行制粒，进风温度控制在 65～70℃，烘干温度控制在 50～60℃，得干颗粒，颗粒的水分控制在≤5%。

（5）整粒　将制得的干颗粒采用颗粒粉碎机过 20 目筛整粒。

（6）总混　将整粒后的干颗粒、叶黄素、β-胡萝卜素、微晶纤维素、交联聚维酮、聚乙二醇投入三维混合机中，混合 15min 至混合均匀，得总混合物料。

（7）压片　将总混合物料在旋转式压片机上压片，每片 0.5g，压片过程中监测片重差异，将片重控制在±5%。

（8）内包、外包　即得具有缓解视觉疲劳功能性食品片剂。

知识拓展▶

《中国居民膳食指南（2022）》简介

自 1989 年首次发布《中国居民膳食指南》以来，我国已先后于 1997 年、2007 年、2016 年进行了三次修订并发布，在不同时期对指导居民通过平衡膳食改变营养健康状况、预防慢性病、增强健康素质发挥了重要作用。

中国营养学会组织近百位专家对近年来我国居民膳食结构和营养健康状况变化做充分调查的基础上，依据营养科学原理和最新科学证据，结合当前疫情常态化防控和制止餐饮浪费等有关要求，完成了《中国居民膳食指南（2022）》，并于 2022 年 4 月 26 日发布。

《中国居民膳食指南（2022）》包含 2 岁以上大众膳食指南，以及 9 个特定人群指南。为方便百姓应用，还修订完成《中国居民膳食指南（2022）》科普版，帮助百姓做出有益健康的饮食选择和行为改变；同时还修订完成了中国居民平衡膳食宝塔（2022）、中国居民平衡膳食餐盘（2022）和儿童平衡膳食算盘（2022）等可视化图形，指导大众在日常生活中进行具体实践。

《中国居民膳食指南（2022）》提炼出了平衡膳食八准则：一、食物多样，合理搭配；二、吃动平衡，健康体重；三、多吃蔬果、奶类、全谷、大豆；四、适量吃鱼、禽、蛋、瘦肉；五、少盐少油，控糖限酒；六、规律进餐，足量饮水；七、会烹会选，会看标签；八、公筷分餐，杜绝浪费。

第六章　配套教学课件

复习思考题▶▶

1. 什么是免疫力低下？免疫力低下有哪一些危害？请举例说明常见的能增强免疫力的功能性食品的作用机理。

2. 抗氧化功能在调节人体机能时有哪些作用？有助于抗氧化功能性食品研发生产的基本要求是什么？

3. 你认为生活中如何避免体力疲劳？能缓解体力疲劳的功能因子和物质有哪一些？

4. 如何缓解视觉疲劳？请列出至少 5 种具有缓解视觉疲劳功能的物质，并简述理由。

5. 结合对增强免疫力、有助于抗氧化与缓解体力疲劳，谈谈其相关功能性食品设计和开发思路。

实训项目六

缓解视觉疲劳功能饮料的设计开发

一、实训目的

（1）能阅读与理解产品标签与说明书中的产品基本信息。

（2）能尝试根据产品信息设计某种功能的功能性食品。

（3）能够按照《保健食品注册审评审批工作细则（2016年版）》中“保健食品产品技术要求（范本）”，给已有某种功能性食品撰写产品技术要求。

二、实训内容及操作步骤

（1）某一功能性食品其产品标签与说明书载明信息如下。

①主要原料：越橘提取物、牛磺酸、黑加仑浓缩果汁、葡萄浓缩果汁、白砂糖、柠檬酸、羧甲基纤维素钠、黄原胶、柠檬酸钠、葡萄香精、黑加仑香精、纯化水 。

②保健功能：缓解视觉疲劳。

③功效成分/标志性成分含量：每100mL含花青素5mg，牛磺酸30mg。

④适宜人群：视觉易疲劳者。

⑤食用方法与食用量：每日2次，每次1瓶。

⑥产品规格：300mL/瓶。

（2）根据提供的产品信息，设计出该款缓解视觉疲劳的功能性食品饮料。包括：

①设计产品配方；

②设计产品生产工艺；

③配制出300mL/瓶的缓解视觉疲劳的功能性食品饮料；

④制订该功能性食品饮料的产品技术要求。

第七章

有助于心血管健康水平功能性食品

【知识目标】

1. 掌握高脂血症、糖尿病、高血压的定义，有助于心血管健康水平功能性食品的开发思路。

2. 熟悉高脂血症、糖尿病、高血压的分类，开发有助于心血管健康水平功能性食品常见的原料。

【能力目标】

1. 能够依据有助于心血管健康水平功能性食品的开发思路及常用原料设计配方及生产工艺。

2. 学会掌握有助于心血管健康水平功能性食品的主要原料选择及原料特性。

【职业素养目标】

1. 提高资源开发意识，扩展学生视野，培养学生的独立思辨能力。

2. 牢固树立法治观念，自觉实践功能性食品行业的职业精神和职业规范，增强职业责任感，培养遵纪守法、爱岗敬业、诚实守信的职业精神。

3. 通过与中华民族传统医学相联系，加深对中华民族优秀文明成果的了解，增强民族自豪感和文化自信心，促进中医药传承创新发展。

案例导入▶

我国传统中医学认为糖尿病属于中医“消渴”“消瘅”等范畴。“脾瘅”一词首见于《素问·奇病论篇》：“帝曰：有病口甘者，病名为何？何以得之？岐伯曰：此五气之溢也，名曰脾瘅。夫五味入口，藏于胃，脾为之行其精气，精液在脾，故令人口甘也。”消渴由“脾瘅”转化而来。“消渴病”最早见于唐代·王焘《外台秘要》中：“消渴病有三……此肾消病也。”明代·李梃在其《医学入门消渴论》也说：“热伏下焦，肾亏精竭，引水自救，随即溺下，小便混池如膏淋然，腿膝枯细，面黑耳焦，形瘦。”

讨论：

1. 我国古代对于糖尿病的认识与现代有何异同?

2. 哪些“药食同源”的原料具有维持心血管健康的功能?

第一节 ▸▸ 有助于维持血脂（胆固醇/甘油三酯）健康水平功能性食品

「保健功能释义」

（1）有助于维持血脂健康水平　甘油三酯、胆固醇是血脂的重要组成成分，与健康相关。血胆固醇的健康水平应低于5.2mmol/L，血甘油三酯的健康水平应低于1.7mmol/L。血胆固醇在5.2~6.2mmol/L或血甘油三酯在1.7~2.3mmol/L为边缘升高，是心血管等疾病的主要风险因素之一。血胆固醇和血甘油三酯受多种因素影响。有科学研究表明，在健康饮食基础上，补充适宜的物质有助于血脂趋于健康水平。

（2）有助于维持血胆固醇健康水平　血胆固醇的健康水平应低于5.2mmol/L。血胆固醇在5.2~6.2mmol/L为边缘升高，是心血管疾病的风险因素。血胆固醇受体重和饮食等多种因素影响。有科学研究表明，在健康饮食基础上，补充适宜的物质有助于血胆固醇趋于健康水平。

（3）有助于维持血甘油三酯健康水平　血甘油三酯的健康水平应低于1.7mmol/L。血甘油三酯在1.7~2.3mmol/L为边缘升高，是一些疾病的风险因素。血甘油三酯受体重、饮食、运动等多种因素影响。有科学研究表明，在健康饮食基础上，补充适宜的物质有助于血甘油三酯趋于健康水平。

一、高脂血症概述

（一）高脂血症的定义

脂质代谢障碍就会表现出血脂异常，就是指血浆中的胆固醇、甘油三酯和低密度脂蛋白胆固醇升高，但高密度脂蛋白胆固醇过低的现象，俗称高脂血症。

（二）高脂血症的分类

1. 按病因分类

（1）继发性高脂血症　指由于其他疾病所引起的血脂异常。可引起血脂异常的疾病主要有：肥胖、糖尿病、肾病综合征、甲状腺功能减退症、肾功能衰竭、肝脏疾病、系统性红斑狼疮、糖原累积症、骨髓瘤、脂肪萎缩症、急性卟啉病、多囊卵巢综合征等。此外，某些药物如利尿剂、非心脏选择性β受体阻滞剂、糖皮质激素等也可能引起继发性血脂异常。

（2）原发性高脂血症　除了不良生活方式（如高能量、高脂和高糖饮食、过度饮酒等）与血脂异常有关，大部分原发性高脂血症是由于单一基因或多个基因突变所致。由于基因突变所致的高脂血症多具有家族聚集性，有明显的遗传倾向，特别是单一基因突变者，故临床上通常称为家族性高脂血症。

2. 临床分类

目前，国内一般以成年人空腹血清总胆固醇超过 5.2mmol/L，甘油三酯超过 1.70mmol/L，便诊断为高脂血症。

高胆固醇血症：血清总胆固醇含量>5.2mmol/L，甘油三酯含量<1.70mmol/L。

高甘油三酯症：甘油三酯含量>1.70mmol/L，血清总胆固醇含量<5.2mmol/L。

混合型高脂血症：血清总胆固醇和甘油三酯含量均增高，血清总胆固醇含量>5.2mmol/L，甘油三酯含量>1.70mmol/L。

低高密度脂蛋白血症：血清高密度脂蛋白-胆固醇含量<1.0mmol/L。

二、有助于维持血脂（胆固醇/甘油三酯）健康水平的物质

1. 挥发油及脂肪油类

小麦胚芽油、米糠油、紫苏油、沙棘（籽）油、葡萄籽油、深海鱼油、玉米胚芽油、月见草油、大蒜油等。

2. 具有维持血脂健康水平（胆固醇/甘油三酯）功能的部分中草药

降胆固醇为主的有人参、蒲黄、泽泻、刺五加、灵芝、当归、银杏叶、半夏、大豆、川芎、薤白、杜仲、怀牛膝、荷叶、陈皮等。降甘油三酯的有黄芩、黄连、金银花、刺五加叶等。既降低胆固醇又降低甘油三酯的有山楂、大黄、何首乌、银杏叶、女贞子、绞股蓝、三七、桑寄生、枸杞子、葛根、柴胡、水蛭、茶叶、虎杖、茵陈、姜黄、决明子、黄精、马齿苋、月见草等。应用最多的是何首乌、泽泻、丹参、山楂、决明子等。何首乌能与胆固醇结合，减少胆固醇在肠道吸收，阻止类脂质在血中滞留或渗透到动脉内膜。山楂含有酮类、解酯酶等，能降低血清胆固醇、甘油三酯，其脂肪酶可促进脂肪分解，明显地抑制胆固醇生物合成所需限速酶羟甲基戊二酰辅酶 A 还原酶活力，从而减少脂质的合成。泽泻含三萜类化合物，能减少合成胆固醇的原料乙酰辅酶 A 的生成。虎杖、人参、大黄、蒲黄、泽泻、黄芩苷元、柴胡皂苷等均有升高高密度脂蛋白或载脂蛋白 *a* 的作用。

三、有助于维持血脂（胆固醇/甘油三酯）健康水平功能性食品开发

有助于维持血脂（胆固醇/甘油三酯）健康水平功能性食品的开发思路可以从以下几方面思考：①降低血脂含量，例如银杏黄酮、大豆异黄酮和茶多酚等能降低高脂血症人群的血清总胆固醇、甘油三酯、低密度脂蛋白胆固醇含量，并使高密度脂蛋白胆固醇含量有一定程度的升高。各种纤维可吸附脂肪、胆固

醇和胆汁酸，使其吸收率下降，可达到降血脂的作用。②抑制低密度脂蛋白（LDL）的氧化，例如槲皮素、芦丁、葛根素、大豆异黄酮和沙棘黄酮等能抑制LDL的氧化。

四、有助于维持血脂（胆固醇/甘油三酯）健康水平功能性食品应用实例——青稞银杏胶囊

1. 原辅料筛选依据

（1）原料选择　通过查阅文献，筛选出具备降血脂、且可用于功能性食品的品种作为原料，从而达到有助于维持血脂健康水平（胆固醇/甘油三酯）的功能。选取同时具备降低血脂、胆固醇的食源性原料青稞提取物及银杏叶提取物作为原料。此外青稞属于普通食品原料，且主要种植于雪域高原，符合绿色、安全、健康的食用理念；银杏叶为银杏科植物银杏的叶，为卫健委批准的可用于功能性食品的原料。

辅助降血脂乳制品的开发思路

（2）辅料选择　本品为胶囊剂，根据制剂需要选择淀粉为填充剂、硬脂酸镁为助流剂，这两种辅料均符合功能性食品相关法律法规，可作为功能性食品的辅料。

2. 产品形态与剂型选择

从原料的性质方面分析，本品各原料均为粉状，适宜制成固体制剂。固体制剂中的硬胶囊剂具有以下优点：可以掩盖原料的苦味，保护对光敏感、遇湿热不稳定的功效成分提高其稳定性，在胃肠道中分散快、溶出快、吸收好、生物利用度高，易于服用，有定型的生产设备，适用于工业化生产。

3. 配方用量选择

通过筛选，组成配方：青稞提取物250g、银杏叶提取物60g、淀粉39g、硬脂酸镁1g，制成1000粒，0.35 g/粒，功效成分β-葡聚糖。

青稞银杏胶囊人体口服推荐剂量：0.35g/粒×4粒/次×2次/d，以每人60 kg体重计算，折合剂量为0.047g/（kg·d）。

4. 生产工艺

本品为普通硬胶囊剂，填充原、辅料均为粉末，经过筛、混合、填充、抛光、包装等主要工艺加工而成的，具体工艺流程：过筛→混合→填充→抛光→包装→检验→入库。

（1）过筛　将称好的符合要求的原辅料均过80目筛，再按配方的比例称量投料，以保证原辅料的加入量及粒度均匀，利于混合。

（2）混合　按配方比例称取过筛后的原辅料，放入多维混合机中共同混合30min，得混合粉。混合粉均可通过80目筛，水分<5.0%，混合机转速为8.0r/min。混合的目的是要保证原辅料分散均匀。混合后的混合粉需做均匀度检查。

（3）填充　填充过程中，控制装量为0.35g。在生产过程中，需定时检查装

量，随时调节，以保证胶囊装量准确。

5. 安全性及功能性评价

本品所用原料青稞为普通食品，对于其日食用量没有明确规定，本品银杏叶提取物的每日食用量为2g，折合青稞约25g（提取率8.0%），对人体是安全的。药典规定，银杏叶的日用量为9~12g，本品银杏叶提取物的每日服用量为0.48g，折合银杏叶3g（提取率16%），对人体是安全的。

通过产品用量的安全毒理学评价证明是安全的。再依据功能评价方法开展动物实验与人体试食试验证明该产品具有有助于维持血脂健康水平（胆固醇/甘油三酯）功能。

第二节 ▸▸ 有助于维持血糖健康水平功能性食品

「**保健功能释义**」空腹血糖的健康水平不宜高于6.1mmol/L，餐后血糖的健康水平不宜高于7.8mmol/L。空腹血糖在6.1~7.0mmol/L或餐后血糖在7.8~11.1mmol/L之间，表明血糖代谢存在异常，是2型糖尿病的主要风险因素。血糖代谢受体重、饮食、运动等多种因素影响。有科学研究表明，在健康饮食基础上，补充适宜的物质有助于血糖趋于健康水平。

一、糖尿病概述

（一）糖尿病的诊断

糖尿病是由于体内胰岛素不足而引起的以糖、脂肪、蛋白质代谢紊乱为特征的常见慢性病。依据静脉血浆葡萄糖而不是毛细血管血糖测定结果诊断糖尿病。若无特殊提示，本章所提到的血糖均为静脉血浆葡萄糖值。糖尿病诊断标准见表7-1。

表7-1 糖尿病的诊断标准

诊断标准	静脉血浆葡萄糖或 HbA_{1c} 水平
典型糖尿病症状	包括烦渴多饮、多尿、多食、不明原因体重下降
加上随机血糖	≥11.1mmol/L
或加上空腹血糖	≥7.0mmol/L
或加上OGTT 2 h血糖	≥11.1mmol/L
或加上 HbA_{1c}	≥6.5%
无糖尿病典型症状者，需改日复查确认	

注：OGTT为口服葡萄糖耐量试验；HbA_{1c} 为糖化血红蛋白；随机血糖指不考虑上次用餐时间，一天中任意时间的血糖，不能用来诊断空腹血糖受损或糖耐量异常；空腹状态指至少8h没有进食热量。

（二）糖尿病的分类

采用世界卫生组织（World Health Organization，WHO）（1999 年）的糖尿病病因学分型体系，根据病因学证据将糖尿病分 4 大类，即 1 型糖尿病、2 型糖尿病、特殊类型糖尿病和妊娠期糖尿病（gestational diabetes mellitus，GDM）。

（1）1 型糖尿病　1 型糖尿病病因和发病机制尚不清楚，其显著的病理学和病理生理学特征是胰岛 β 细胞数量显著减少和消失所导致的胰岛素分泌显著下降或缺失。

（2）2 型糖尿病　病因和发病机制目前亦不明确，其显著的病理生理学特征为胰岛素调控葡萄糖代谢能力的下降（胰岛素抵抗）伴随胰岛 β 细胞功能缺陷所导致的胰岛素分泌减少（或相对减少）。

（3）特殊类型糖尿病　病因学相对明确的糖尿病。随着对糖尿病发病机制研究的深入，特殊类型糖尿病的种类会逐渐增加。

（4）妊娠期糖尿病（GDM）诊断标准为孕期任何时间行 75g 口服葡萄糖耐量试验（OGTT），5.1mmol/L≤空腹血糖<7.0mmol/L，OGTT 1h 血糖≥10.0mmol/L，8.5mmol/L≤OGTT 2h 血糖<11.1mmol/L，任 1 个点血糖达到上述标准即诊断 GDM。

二、有助于维持血糖健康水平的原料

1. 糖醇类

糖醇类在人体中的代谢途径与胰岛素无关，摄入后不会引起血液葡萄糖与胰岛素水平大幅度的波动，可用于糖尿病人专用食品。

2. 蜂胶

工蜂采集的植物树脂与其上颚腺、蜡腺等分泌物混合形成的具有黏性的固体胶状物。蜂胶的主要功效成分有黄酮类化合物，除了能降低血脂，也起着拟胰岛素的作用，可以通过促进外围组织利用葡萄糖，使血糖得到降低，减少胰岛素的用量，能较快恢复血糖正常值；消除口渴、饥饿等症状；能防治由糖尿病所引起的并发症。

3. 铬、三氯化铬

三价铬与谷氨酸、甘氨酸和含硫氨基酸配位并与两分子烟酸结合形成葡萄糖耐量因子，它通过促进胰岛素与胰岛素受体的结合而增强胰岛素的活性。

4. 黄芪

黄芪及其提取物中黄酮类、皂苷、多糖类物质能够刺激胰岛素分泌，改善胰岛素抵抗、改善糖尿病血管病变等病理性损伤。

5. 桑叶

桑叶含有芸香苷、槲皮素、植物甾醇、有机酸、腺嘌呤、胆碱、葫芦巴碱等，除降血糖外，还有降血压、利尿、抗血栓形成等生理功能。

6. 苦瓜

苦瓜中含有蛋白质、多糖、黄酮类、三萜类、皂苷类、类固醇和生物碱类等多种营养成分，其中苦瓜皂苷具有降血糖作用，其降糖作用缓慢而持久，可能有类似胰岛素的作用，故被誉为“植物胰岛素”。

三、有助于维持血糖健康水平功能性食品开发思路

有助于维持血糖健康水平功能性食品的开发思路可以从以下几方面思考：①改善对胰岛素的敏感性。降低膳食的血糖生成指数（GI）可能改善受体对胰岛素的敏感性。②延缓肠道对糖和脂类的吸收。许多植物的果胶可延缓肠道对糖和脂类的吸收，从而调节血糖。另外，糖醇类在人体代谢不会引起血糖值和血中胰岛素水平的波动，可用作糖尿病和肥胖患者的特定食品。③参与葡萄糖耐量因子的组成铬、三氯化铬。④依据糖尿病人营养特点，在开发糖尿病专用功能性食品时，还应注意能量、碳水化合物、蛋白质、脂肪等营养素的搭配原则。

四、有助于维持血糖健康水平功能性食品应用实例——蜂胶胶囊

1. 原辅料

（1）原料　通过查阅文献，筛选出具备降血糖且可用于功能性食品的品种作为原料，采用蜂胶粉、苦瓜提取物、西洋参提取物、桑叶提取物、姜黄提取物、富铬酵母、富硒酵母为主要原料制成。

（2）辅料　产品剂型为胶囊剂，可由以下辅料制备，但不限于以下辅料种类：橄榄油、蜂蜡、明胶、甘油、纯化水、二氧化钛、可可壳色素。

2. 产品形态与剂型

产品为胶囊剂。胶囊剂可以掩盖原料的苦味，保护对光敏感、遇湿热不稳定的功效成分，提高其稳定性，在胃肠道中分散快、溶出快、吸收好、生物利用度高，易于服用，有定型的生产设备，适用于工业化生产。

3. 配方

蜂胶粉 40 份、苦瓜提取物 50 份、西洋参提取物 16 份、桑叶提取物 40 份、姜黄提取物 30 份、富铬酵母 18 份、富硒酵母 12 份、橄榄油 206 份、蜂蜡 8 份、明胶 180 份、甘油 84 份、纯化水 180 份、二氧化钛 0.9 份、可可壳色素 0.4 份。

4. 生产工艺

生产工艺主要为：经过配料、溶胶、压丸、定型、干燥、拣丸、包装等工艺制备而成。

（1）按相应重量份数比例称取过筛后的蜂胶粉、苦瓜提取物、西洋参提取

物、桑叶提取物、姜黄提取物、富铬酵母、富硒酵母，备用；按配方比例称取明胶、甘油、纯化水、二氧化钛、可可壳色素、橄榄油、蜂蜡，备用；

（2）取橄榄油、蜂蜡置真空匀质乳化机中、加热熔化，搅拌均匀，得混合油溶液，放至室温，备用。

（3）将蜂胶粉、苦瓜提取物、西洋参提取物、桑叶提取物、姜黄提取物、富铬酵母、富硒酵母加入到蜂蜡和橄榄油的混合油溶液中，搅拌混匀，过胶体磨研磨成质地均匀的浆状物，静置，抽真空至无气泡，加压出料，备用。

（4）取甘油、纯化水置于化胶罐内，混合均匀，加热至70~80℃，加入明胶搅拌使全部溶解，再加入二氧化钛、可可壳色素，混合均匀；减压抽真空将胶液内气泡抽出，得囊皮胶液，并于50~60℃保温，备用。

（5）囊芯料液与囊皮胶液备好后，调控好囊皮厚度，开始压制胶丸，调节装量为0.7g/粒。胶丸在滚轮中定型。

（6）将定型好的胶丸送入干燥室内干燥后，用95%食用酒精洗涤，洗过的胶丸送入干燥室内干燥。

（7）干燥好的胶丸，拣出变形、漏液、表面有油污或杂质等不合格品，进行装瓶。

5. 安全性及功能性评价

产品中各项指标符合国家相关规定要求。按照有关规定对本产品作毒理学试验及安全性评价，再依据功能评价方法开展动物实验与人体试食试验证明该产品具有有助于维持血糖健康水平的功能。

第三节 ▸▸ 有助于维持血压健康水平功能性食品

「**保健功能释义**」健康成人的收缩压（SBP）不高于120mmHg、舒张压（DBP）不高于80mmHg。SBP在120~139mmHg、DBP在80~89mmHg为血压正常高值，是一些疾病的潜在风险因素。血压受体重、饮食、运动、压力、年龄等多种因素影响。有科学研究表明，在健康饮食基础上，补充适宜的物质有助于血压趋于健康水平。

一、高血压概述

（一）高血压的定义

高血压是以体循环动脉压增高为主要表现的临床综合征，可伴有心脏、血管、脑和肾脏等器官功能性或器质性改变的全身性疾病，是最常见的心血管疾病。我国《中国高血压防治指南（2018年修订版）》中高血压定义为：在未使用降压药物的情况下，非同日3次测量诊室血压，SBP≥140mmHg和（或）

DBP≥90mmHg。

（二）高血压分类

1. 按血压水平分类

目前我国采用正常血压（SBP＜120mmHg 和 DBP＜80mmHg）、正常高值［SBP 120~139mmHg 和（或）DBP80~89mmHg］和高血压［SBP ≥ 140mmHg 和（或）DBP ≥ 90mmHg］进行血压水平分类。以上分类适用于 18 岁以上任何年龄的成年人。具体见表 7-2。

表 7-2　高血压按血压水平分类

分类	SBP/mmHg	DBP/mmHg
正常血压	<120 和	<80
正常高值	120~139 和（或）	80~89
高血压	≥140 和（或）	≥90
1 级高血压（轻度）	140~159 和（或）	90~99
2 级高血压（中度）	160~179 和（或）	100~109
3 级高血压（重度）	≥180 和（或）	≥110
单纯收缩期高血压	≥140 和	<90

注：当 SBP 和 DBP 分属于不同级别时，以较高的分级为准

2. 按病因分类

（1）原发性高血压　由遗传因素与环境因素共同作用所致的高血压。其病程长，可引起多种并发症，如冠心病、中风等。原发性高血压占人群高血压患者的 90%左右。

（2）继发性高血压　继发性高血压是由于其他疾病而引起的，只占人群高血压的 10%左右。继发性高血压患者若能及时去除病因或实行必要的外科手术，部分患者的高血压也会自然痊愈。

（3）妊娠高血压　妊娠高血压可以是一种继发性高血压，也可以是原有原发性高血压在妊娠期呈现和加重。妊娠期首次出现高血压，SBP>140mmHg 和（或）DBP>90mmHg，于产后 12 周内恢复正常。妊娠高血压是妊娠期最为严重的并发症。目前国内外对于妊娠期高血压疾病的分类及诊断已有明确的和被广泛接受的标准。

（4）老年高血压　近年来流行病学资料显示，老年高血压患者 SBP 越高，心血管系统并发症就越多，死亡率就越高，特别是脑卒中更为多见。对 65 岁以上（含 65 岁）老年人高血压分类见表 7-3。

表 7-3　老年人高血压分类

分类	SBP/mmHg	DBP/mmHg
老年高血压	>160	≥90
单纯临界高血压	140~160	<90

二、有助于维持血压健康水平的物质

1. 绿茶（茶叶）

现代科学研究发现，茶叶中含有多种有益人体健康的成分，诸如茶多酚（儿茶素）、茶多糖、茶氨酸、γ-氨基丁酸、皂苷、天然维生素、咖啡因、膳食纤维和微量元素等化学成分。茶叶具有调节人体生理功能、增强体质的效果，也有降血压、降血脂、降血糖、抗衰老、抗辐射和抗癌等功效。

2. 杜仲和杜仲叶

经广泛研究证明，杜仲提取物中具有降血压功能的活性成分为木脂素类化合物、芦丁和槲皮素等。此外，大量动物试验表明，杜仲的皮、叶提取物还具有降血脂、降血糖、抗肿瘤、抗衰老作用、利尿、增强免疫力等功效作用。

3. 罗布麻叶

罗布麻叶中总黄酮类化合物是其主要成分和保健功能成分，经研究证实，罗布麻提取物有降压作用、降血脂、增强免疫、抗氧化、抗衰老、清热利尿、平肝安神等功效。

4. 决明子

决明子的种子中均含有蒽醌类化合物、吡咯酮类化合物、脂肪酸类氨基酸和无机元素，具有降血压作用、降血脂作用、增强免疫等功能。

5. 天麻

天麻的主要功效成分是天麻素，具有镇静、镇痛的作用，可以增加脑血流量，降低脑血管的阻力，较轻微的收缩脑血管等功效，能降低血压，减缓心律，对心肌缺血起到保护的作用。

6. 山楂

山楂能防治心血管疾病，具有扩张血管、增加冠脉血流量、改善心脏活力、兴奋中枢神经系统、降低血压和胆固醇、软化血管及利尿和镇静等作用。

此外葛根、丹参、泽泻、芦丁（提取物）、三七、绞股蓝、菊花、大蒜油、银杏叶、红花、蒲公英、夏枯草、藜蒿、槐米、昆布、桑白皮、虎杖、钩藤、荷叶、野菊花、淫羊藿、灵芝、大豆低聚肽等也都具有维持血压健康水平功能。

三、有助于维持血压健康水平功能性食品开发

有助于维持血糖健康水平功能性食品的开发思路可以从以下几方面思考：

①促进血管内皮细胞一氧化氮的生成，引起血管舒张效应；降低毛细血管的通透性和脆性。一些黄酮类化合物如芦丁、葛根素、银杏黄酮和许多含有黄酮类化合物的药材都具有该类作用。②降低血脂，有利于防止高血压病的发展。③抑制体内引起血压上升的酶的活性，同时促进体内盐分的排泄。例如γ-氨基丁酸降血压的生理功能基于此机理。

四、有助于维持血压健康水平功能性食品应用实例——荷叶保健茶

1. 原辅料

（1）原料　通过查阅文献，筛选出具备降血压且可用于功能性食品的品种作为原料，从而达到有助于维持血压健康水平的保健功能。由荷叶、绞股蓝、五味子、决明子、大黄、山楂、陈皮，何首乌、甘草、亚麻仁、菊花、乌龙茶和辅料制成。

（2）辅料　本品为饮料，为改善产品适口性好，选用甜叶菊糖、低聚异麦芽糖、山梨糖醇替代了传统甜味剂，更利于人体健康。

2. 产品形态与剂型

根据原料的性质、食用对象、方便生产、运输、携带、保存等综合因素而确定选择饮料为该产品剂型。

3. 配方

通过筛选，组成配方：荷叶165g、绞股蓝122g、五味子52g、决明子113 g、大黄87 g、山楂113g、陈皮113g，何首乌35g、甘草35g、亚麻仁52g、菊花26g、乌龙茶43g、辅料43g（甜叶菊糖13%、低聚异麦芽糖12%、山梨糖醇6%、柠檬酸6%、乳酸钙14%、牛磺酸5%、蜂蜜44%），功效成分总黄酮。

4. 生产工艺

（1）备料　剔除中草药原料中的杂质，霉变和生虫原料后，按照上述比例备料。

（2）原料处理　将中草药原料清洗干净，在65℃下，鼓风烘干后，粉碎机粉碎，过80目筛，混匀，得复合中草药原料。

（3）酶解　将步骤（2）所得复合中草药原料加水至固液比1：5，按1.5g/L、3.0g/L、2.5g/L、1.5g/L比例分别添加非淀粉多糖酶、糖化酶、纤维素酶、木聚糖酶，在350W超声波辅助作用下，在42℃条件下协同酶解105 min。

（4）微生物发酵　向步骤（3）所得酶解浸提液中加入8%活化后的双歧杆菌（活菌数≥200亿/mL），厌氧条件下发酵9h，控制发酵温度34℃。

（5）超声波辅助水浸提　将配方中所述的乌龙茶加入到步骤（4）微生物发酵混合液，加温到90℃，在450W超声波辅助作用下，浸提115min，浸提结束后，过150目滤布得水浸提液。滤渣加4倍纯净水，按同样方法进行超声波辅助

浸提，过滤得滤液，合并两次提取液即为水浸提液。

（6）调配　将配方中所述的调配料用热水溶解后，与步骤（5）所得提取液合并搅拌混匀，然后用60℃ 纯净水定容，经200 目滤布过滤除去其中的杂质及不溶物。

（7）均质　将调配好的饮料放置在均质机中，在均质压力30MPa，温度60℃下均质，使各种营养成分均匀化，防止产品出现分层沉淀，使产品稳定性得到进一步的保障。

（8）精滤　将步骤（7）均质后的饮料先经250 目双联过滤器过滤，再经硅藻过滤机精滤以除去其中的杂质及不溶物。

（9）微孔膜过滤　用孔径为1.5μm 的微孔膜过滤精滤的浸提液即得荷叶保健茶。

（10）无菌灌装封口　在无菌灌装生产线中灌装封口。

5. 安全性及功能性评价

产品中各项指标符合国家相关规定要求。按照有关规定对本产品作毒理学试验及安全性评价，再依据功能评价方法开展动物实验与人体试食试验证明该产品具有有助于维持血压健康水平的功能。

第七章　配套教学课件

复习思考题 ▶▶

1. 高血脂、高血压、高血糖对人体有哪些危害？

2. 同时具有有助于维持血脂健康水平（胆固醇/甘油三酯）、维持血糖水平功能的原料有哪些？

3. 请总结有助于心血管健康水平功能性食品开发思路。

思政小课堂 ▶▶

朱燕红对普通食品的功能作引人误解的宣传案

2020 年12 月29 日，根据群众举报，浙江省舟山市市场监督管理局普陀分局执法人员依法到当事人朱燕红所经营的普陀区沈家门街道沿塘路的经营场所进行检查。现场发现若干“信邦迪福”食用菌系列产品待售及若干宣传资料，上面记载“各种食用菌分别具有调整机体生理功能，降血脂，降血压增加心肌收缩力，降血糖……”等语句。执法人员先行登记保存了两本“礼岸”宣传书、一册“礼岸”宣传册和两张发货单。

经查明，当事人朱燕红自2019 年底起在普陀区沈家门街道沿塘路的经营场所出售“信邦迪福”食用菌系列产品。该系列产品为普通食品，为推销信邦迪福食用菌系列产品，朱燕红向顾客宣传时用“服用这个食用菌后慢慢逐步替代高血压药品”等用语对产品的功能作治疗某种疾病的暗示与误导，用“提高免疫力”等用语把产品的功能当作保健食品宣传，误导、欺骗消费者。

当事人的行为，违反了《中华人民共和国反不正当竞争法》第八条第一款“经营者不得对其商品的性能、功能、质量、销售状况、用户评价、曾获荣誉等作虚假或者引人误解的商业宣传，欺骗、误导消费者。”的规定，属于违法行为。2021 年 4 月 15 日，舟山市市场监督管理局普陀分局依法责令当事人改正违法行为，并处罚款 50000 元。

保健食品行业存在的虚假宣传、夸大功效、误导消费者等问题，广受社会诟病。这起案件中，当事人在销售食用菌系列食品过程中，把普通食品的功效说得天花乱坠，包治百病，甚至可以“慢慢逐步替代高血压药品”，严重误导消费者，危害消费者身体健康，影响恶劣。作为保健食品行业从业者，要了解保健食品相关的法规，不能在流量带货带来巨大经济利益面前故意忽略相关法规。尊法、信法、守法、用法这不仅是合格公民的基本要求，也是从事保健食品行业相关工作的底线。其次，人生要有更高的信仰和精神追求，不能对物欲和财富无止境地追求，青年学生应该坚定共产主义理想信念，自觉践行社会主义核心价值观。

实训项目七

编写产品的生产工艺研究报告

一、实训目的

（1）采用提取精制工艺生产的产品以功效成分/标志性成分或工艺特征指数等作为提取精制考察指标，能够设计筛选工艺技术参数的试验，并通过研究数据进行工艺的优化。

（2）能够按照《保健食品注册申请服务指南（2016 年版）》的要求编写产品的生产工艺研究报告。

二、实训内容及操作步骤

1. 银耳多糖分离提取工艺的优化

2.0g 银耳粉末，超声波助溶 30min，通过单因素及正交试验优化料液比［1∶30、1∶40、1∶50、1∶60、1∶70（g/mL）］、浸提温度（40℃、60℃、80℃、100℃）、浸提时间（1、2、3、4、5h）和浸提液 pH（3、5、7、9、11），恒温浸提 1h，加入 10%（g/mL）三氯乙酸脱除蛋白 2h，4℃条件下 8000r/min 离心 10min，取 5mL 上清液透析 72h，采用苯酚-硫酸法测定透析袋中的多糖含量，得出银耳多糖的提取工艺条件。

2. 编写产品的生产工艺研究报告

随着近年来对银耳功效研究的不断深入，大量试验证据表明银耳的诸多生理活性均与子实体中的银耳多糖有关，具有免疫调节、抗氧化、降低血脂及血糖含量、抗血栓、改善记忆力等功效。请以银耳为主要原料设计有助于维持血脂（胆固醇/甘油三酯）健康水平功能性食品，并编写产品的生产工艺研究报告。

工艺研究主要包括以下内容：

（1）剂型选择和规格确定的依据；

（2）辅料及用量选择的依据；

（3）影响产品安全性、保健功能等的主要生产工艺和关键工艺参数的研究报告。

第八章

消化系统调节和保护功能性食品

【知识目标】

1. 掌握引起咽喉炎、肠道菌群失调、消化不良、便秘、胃黏膜损伤的因素或发生机制。

2. 熟悉调节和保护消化系统功能性食品的开发过程，包括原料配方的选择、工艺流程的确定，以及产品技术指标。

3. 了解对人体消化系统（包括口腔、咽喉、胃和胃黏膜、肠道等）具有保护和调节功能的常用物质或原料。

【能力目标】

1. 能够正确挑选具有清咽润喉功能、调节肠道菌群功能、有助于消化功能、有助于润肠通便功能、保护胃黏膜功能的原材料，并进行辅料的配伍。

2. 能够运用适合的有助于消化系统调节和保护功能的原料设计产品方案，确定工艺流程、确立产品生产技术指标、进行功能学基本评价，初步开发出相应的功能性食品。

【职业素养目标】

1. 了解健康的生活方式和规律的饮食习惯对消化系统的保护作用，学会调节和管理情绪，关注身心健康，提高抗压能力。

2. 理解消化系统功能性产品开发过程，培养严谨的科学研究精神，增强创新意识。通过自主产品的全流程设计，培养创意方案的转化能力与数字化生存能力。

3. 参与科学普及活动，进一步弘扬科学精神、普及科学知识、宣传科学思想，全面提升综合素质和科学实践能力。

案例导入

一天某医院急诊室里来了一位老太太，突发腹痛却不知原因，医生立即给她做了 CT 检查，检查结果发现老人肠子已被杨梅核完全堵住，形成机械性肠梗阻，若不及时进行干预，肠子容易长期受压因缺血引起坏死穿孔。经过询问，原来就在前几天，老太太的亲戚给她送来了几篮刚刚采摘的新鲜杨梅，因为牙齿稀疏，再加上听信“吞食杨梅核可以通肠、排毒”的说法，老太太吃了三斤杨梅，并且把核全部吞了进去，第二天就发生了腹痛。考虑到患者年龄较大，并且有糖尿病，做手术的危险性较高，医生采用了内科保守治疗。幸运的是，用食用植物油润肠通便和灌肠治疗以后，老太太将体内的大部分杨梅核排出，腹痛得到缓解。

讨论：

1. 如何正确进行通肠润便?
2. 如何让科普知识走近每一个人，避免听信不科学的听闻?

消化系统担负着为机体消化吸收营养物质、为人体生长发育提供必需的能量和营养素的重任。随着国民物质生活水平的提高，生活节奏的加快，膳食结构发生了巨大的变化，机体口腔咽喉、胃肠道接触的食物品种越来越多，冷、热、酸、甜、苦、辣、咸兼容并收，但消化器官和机体其他组织器官一样，其承载力和耐受力都有一定的限度，使得口腔咽喉、胃肠道健康问题变得非常突出。因此开发具有清咽润喉、有助于调节肠道菌群、有助于消化、有助于润肠通便、辅助保护胃黏膜等作用的功能性食品，具有十分深远的科学和社会意义。

消化系统及其生理功能

消化系统及其生理功能可扫二维码学习。

第一节 ▸▸ 清咽润喉功能性食品

「**保健功能释义**」饮水不足、用嗓过度、刺激性食物、吸烟等因素可以引起咽喉部不适感。有科学研究表明，补充适宜的物质有助于滋润咽喉或产生清爽的感觉。

一、咽炎概述

咽喉是进食吞咽、呼吸和发声的部位。咽喉极易受到外界环境和内部因素的影响使潜伏在咽喉部的条件致病菌大量繁殖导致咽喉炎（嗓子痛）和咽喉不适。呈现为咽喉黏膜、黏膜下组织及淋巴组织的弥漫性炎症，表现为红肿、充血、发炎和疼痛等症状。

由于空气质量下降、高温粉尘、有害气体等不良外环境的刺激，机体抵抗力下降，过度使用声带，吸烟，辛辣饮食，饮酒等不良生活习惯，加之对咽喉的认识误区，都容易导致急慢性咽喉炎和咽喉不适。经常食用一些具有清咽润喉功能的功能性食品，也可以起到缓解症状和辅助改善体征的保健作用。

咽喉炎经常被描述为一种职业病，教师、主持人、职业演员、推销员等经常用声的职业被公认为咽喉炎的高发人群。咽喉炎中，慢性咽炎因发病率高，易反复发作是清咽产品的主要作用对象。慢性咽炎（相当于中医的“虚火喉痹”）为咽部黏膜、黏膜下及淋巴组织的慢性炎症。其病理表现主要有以下三种：慢性单纯性咽炎、慢性肥厚性咽炎、干燥性及萎缩性咽炎。此病临床发病率较高，在临床上现代医学大多采用抗生素类药物治疗，但疗效不佳，且易反复发作。

现代医学认为引起慢性咽炎主要有以下几种病因：急性咽炎反复发作转为慢性；长期物理及化学因素刺激；上呼吸道慢性炎症刺激；由于职业原因造成用嗓过度。另外如慢性支气管炎，反流性食管炎等均可诱发本病。

中医认为引起慢性咽炎的主要病因：温热病后余邪未清、风热喉痹治疗不彻底、过食辛辣、咽部失所养。现代中医将其主要分为阴虚火旺、阴虚肺燥、脾虚土弱、气滞血瘀、肾阳亏损。中医认为清咽功能是具有清热解毒、祛痰利咽养阴生津等功效；而现代药理认为是具有抗炎、抑菌、抗病毒、解热镇痛等作用。

二、清咽润喉功能性食品的常用原料

基于中医学理论，清咽润喉功能性食品往往具有清热解毒、消炎杀菌、滋阴补虚、健脾益气等作用，目前多以中药作为其中的功效成分。主要有：胖大海、松果菊、石斛、板蓝根、金银花、黄芩、鱼腥草、桔梗、冬凌草、麦冬、菊花、甘草、青果、草珊瑚、山豆根、枇杷叶、杏仁、川贝母、冰片、梨、栀子等。

胖大海味甘，性凉，入肺、大肠经，具有清热、润肺、利咽、解毒的功能，主治干咳无痰、喉痛、音哑、目赤、牙痛、痔疮瘘管等。胖大海含丰富的多糖类功效成分；其种皮含有半乳糖戊糖，还有活性成分胖大海素（苹婆素）及钙、镁等微量元素；胚乳含西黄蓍胶黏素，种仁含脂肪类物质。

松果菊全草提取物含有多羟基酚类、菊苣酸和菊糖，松果菊的用途十分广泛，可以治疗各种炎症和感染，其疗效得到临床的肯定。

石斛，石斛碱及石斛胺是其主要的有效成分。它有生津益胃，清热养阴的功能，治疗热伤津、口干烦渴疗效显著。

板蓝根、金银花、黄芩具有抗菌及清热解毒的作用。板蓝根水提液对枯草杆菌、金黄色葡萄球菌、八联球菌、大肠埃希菌、伤寒杆菌、痢疾杆菌等都有抑制作用。金银花味甘性寒，含木犀草苷、异绿原酸、肌酸、挥发油等，其抑菌作用与板蓝根相似。黄芩也有较广的抗菌谱，在试管内对痢疾杆菌、白喉杆菌、铜绿假单胞菌、葡萄球菌、链球菌等均有抑制作用。

鱼腥草对金黄色葡萄球菌、变形杆菌、白喉杆菌有抑制作用。射干、牛蒡子、玄参、赤芍、蝉蜕等也均有明显的抗菌、抑制变态反应作用。地胆头味苦、辛，性微寒，有消炎利尿和抗细菌的作用。罗汉果水提物，其主要功效成分是罗汉果甜苷，有化痰、镇咳和平喘的作用。

桔梗可使呼吸道黏液分泌量增加，其祛痰作用主要由于其中所含皂苷引起，小剂量时能刺激胃黏膜，引起轻度恶心，因而反射性地增加支气管分泌黏液。

冬凌草具有清热解毒、消炎止痛、健胃活血之功效。抑菌实验证明，冬凌草对甲型、乙型溶血性链球菌和金黄色葡萄球菌均有抑制作用。

麦冬，为百合科麦冬属及沿阶草属植物，块根含有多种甾体皂苷，性微寒，味甘微苦。现代医学认为麦冬具有强心、利尿和抗菌的作用。主治热病伤津、心烦、口渴、咽干、肺热燥咳、肺结核咳血、咽喉痛等症。

菊花，清热解毒，主要功效成分包括挥发油、黄酮类、氨基酸、微量元素、绿原酸等。甘草，具有解毒化痰作用。青果，又名橄榄，涩酸性平，有清肺热、利咽喉的功效。从草珊瑚中提取的反丁烯二酸，对咽部干燥、发痒、疼痛以及咳嗽等症状有缓解作用，对咽部充血、滤泡增生及黏膜水肿等症有改善。

山豆根，味苦性寒，入肺经，除清热解毒，治咽喉肿痛外，还具有镇痛、镇咳、降压和抗癌等活性。枇杷叶可治肺热燥火所致咳痰黄黏、咯血咽干等。杏仁降气止咳平喘，润肠通便，用于咳嗽气喘，胸满痰多，血津枯，肠燥便秘等。

川贝母，味苦、甘，入肺、心经，有化痰止咳、清热散结的作用。冰片，辛、苦、微寒，归心经，清热止痛，善治目赤肿痛，咽喉肿痛等。梨，味甘，性寒，入肺经，有清热、化痰、止咳的作用。栀子，味甘，性寒，入肝肺、胃、三焦经，有清热解毒之功效。

三、清咽润喉功能性食品应用实例

1. 产品设计

本产品设计为一种清咽润喉含片，该含片可以有效缓解大气、粉尘污染以及人们不健康的生活习惯（烟酒过度、烧烤、职业原因等）导致的口干舌燥及咽喉肿痛等咽炎症状，从而有利于改善口腔健康。本含片以罗汉果、金银花、牛蒡子、乌梅、胖大海等五味中药材提取物为原料，辅以微晶纤维素、蔗糖、柠檬酸、薄荷脑、硬脂酸镁制成。

罗汉果归肺和大肠经，可以去燥润肺、清热止咳、提神生津、润肠通便、清音利咽，是一种治疗咽炎的良药。此外罗汉果的味道比较甜，同时还具有降血糖、降血脂、抗氧化、提高免疫力、抑菌消炎、抗癌等作用。

金银花又称“双花”、“忍冬”，性寒，味甘，归肺、心、胃经，可用于清热解毒、祛风散热、风热感冒、温病发热。金银花抗菌、抗炎、解热的效果较好，被人们称为“中药中的抗生素”。同时金银花还具有抗氧化、保肝、抗肿瘤、降低胆固醇等广泛的药理作用。

牛蒡子也叫“大力子”，性寒，归肺、胃经。具有疏散风热、宣肺、解毒、利咽的功效，是治疗喉咙肿痛的良药。临床上，牛蒡子主要用于治疗由于风热而引发的感冒、肺热、咳嗽、喉咙痛、鼻炎等疾病。

乌梅又称“梅实”“酸梅”。乌梅性温、味酸涩，具有敛肺痈肺痿、消喉痹乳蛾、咳嗽喘急的功效，临床主要用于治疗肺虚久咳、口干、烦渴、胆汁蛔虫病、慢性腹泻、痢疾、子宫出血等。此外，乌梅还具有镇静催眠、抗肿瘤、抗氧化作用。

微晶纤维素是一种重要的膳食纤维和理想的保健食品添加剂，在此处主要作稀释剂和黏合剂，具有一定的润滑和崩解作用。蔗糖、柠檬酸、薄荷脑作为含片的矫味剂。硬脂酸镁作润滑剂。

产品总配方：（罗汉果、金银花、牛蒡子、乌梅、胖大海）干膏粉末49.96%、微晶纤维素32.53%、蔗糖6.73%、柠檬酸9.29%、薄荷脑粉末1.49%、硬脂酸镁0.2%。

2. 生产工艺

（1）干膏粉末制备　五种药材等量粉碎后一起放入提取罐中，用相当于药材重量9倍的水回流提取2.5h，共提取2次，合并滤液并浓缩至与药材相同的体积，加入乙醇至乙醇浓度为45%，放置12h，滤过，蒸干滤液，得干膏。

（2）称量、软化　按配方比例称量干膏粉末、微晶纤维素、蔗糖、柠檬酸，混合均匀后用无水乙醇制软。

（3）过筛、制粒　上述混合物制软后用20目筛制粒，颗粒在30℃烘箱内干燥后，用20目筛整粒。

（4）压片　整粒后加入薄荷脑粉末和硬脂酸镁，混合均匀，压片。规格是0.75g/片。

（5）包装　按照相关标准进行包装。

第二节 ▸▸ 有助于调节肠道菌群功能性食品

「保健功能释义」 肠道菌群是肠道内的各种细菌群落，包括有益菌、有害菌和中性菌，它们之间的平衡与人体健康有关。肠道菌群受年龄、营养、卫生、成长环境等多种因素影响。有科学研究表明，补充适宜的物质有助于调节肠道菌群的平衡和有益菌群的生长。

肠道菌群——人类健康好伙伴

人类肠道是一个多元化和充满活力的微生态系统，它的结构和功能成为目前生命科学和医学的研究热点。人出生1~2h后就可以从其肠道中分离出细菌。健康人的体表和与外界相通的器官（除正常健康人的胃内）皆可检测到微生物的存在。人的肠道中寄生着500多种约10万亿个细菌。人体携带的微生物主要存在于肠道，约占人体微生物总量的78.68%。有文献称：一个健康成人机体携带的细菌相当于人体细胞的10倍以上。在人类长期的进化过程中这些微生物和人形成了共生关系。人体肠道中的微生物与人类的相互关系，对人类健康产生了巨大的影响，其中有积极作用，寄居在人体体内或体表的许多种微生物对人不仅无害反而有益；同时一些肠道微生物又伴随着潜在的威胁。

一、肠道菌群的分类及其作用

肠道中数目庞大的细菌大致可以分为三大类：有益菌、有害菌和中性菌。

有益菌也称之为益生菌，主要包括各种双歧杆菌、乳酸杆菌等，是人体健康不可缺少的要素，对人体的作用主要包括：合成人体生长发育必需的多种维生素，如 B 族维生素（维生素 B_1、维生素 B_2、维生素 B_6、维生素 B_{12}）、维生素 K、烟酸、泛酸等；利用人体代谢的蛋白质残渣合成必需氨基酸，如苏氨酸、缬氨酸、苯丙氨酸和天门冬氨酸等；参与糖类和蛋白质的代谢，降低胆固醇含量；促进铁、镁、锌等矿物元素的吸收；有助于消化与排便，有利于人体体重的控制；抑制有害细菌，提高人体的抵御感染和自体免疫疾病风险的能力；抗过敏、甚至能控制人体对癌症治疗药物的反应。

有害菌，以产气荚膜杆菌为代表的需氧菌数量一旦失控大量生长，产生有害物质，就会引发多种疾病，或者影响免疫系统的功能。中性菌，即具有双重作用的细菌，如大肠埃希菌、肠球菌等，在正常情况下对健康有益，一旦增殖失控，或从肠道转移到身体其他部位，就可能引发疾病。

正常情况下，肠道各菌种与宿主相互依存、相互制约，维持一种动态的生态平衡，一旦受到宿主及外环境变化的影响，平衡状态就会被打破，形成破坏生理性组合，生成病理性组合，从而造成肠道菌群失调。而凡是能促进益生菌生长，抑制有害菌繁殖的物质，则都可起到调节肠道菌群的作用。所以肠道菌群这一微生态系统是否处于平衡状态，对人体健康有着非常重要的作用。

二、肠道菌群失调的定义与原因

1. 肠道菌群失调

人体作为宿主与体内的正常菌群和外界环境构成一个庞大的微生态系统。细菌、宿主和环境三方面生态失调所引起的疾病称为菌群失调症。菌群失调分为质的失调、量的失调和定位转移。

（1）质的失调　正常情况下，消化道内厌氧菌应占优势，若厌氧菌与需氧菌的优势地位发生变化，则为发生了质的失调。消化道内应占优势的原籍菌被过路的外籍菌取代也是质的失调。使用抗生素治疗后，体内对药物敏感菌被耐药菌取代同样可称为质的失调。

（2）量的失调　量的失调可分为三度，一度失调可以自愈。如在口服四环素等抗生素后，肠道内革兰阳性杆菌数量减少，肠球菌数量增多，会引起便秘，停止服药后会自愈。二度失调不能自愈。如慢性腹泻、便秘、肠功能紊乱等。三度失调更为严重。如急性肠炎，原籍菌被外籍菌代替。

（3）定位转移　定位转移是菌群寄生部位的失调。不同的菌群在肠道内的寄生地是固定的。肠道内局部的物理、化学、生理条件决定了寄生于肠道内的菌群的生态平衡。当局部生态环境发生改变，如在使用抗生素时，原籍菌在抗生素的作用下从肠黏膜上脱落下来，外籍菌取而代之，即发生定位转移，定位转移常常可引起疾病。

2. 肠道菌群失调的原因

肠道菌群的稳定性与菌群、宿主和环境三方面因素有关。

（1）菌群　在菌群方面，细菌间存在相互作用。需氧菌和兼性厌氧菌消耗掉了氧气，有利于肠黏膜表面专性厌氧菌的定植。原籍菌能够定居于上皮细胞表面或黏蛋白层，是由于它们能够适应寄居区域的营养条件和环境条件，能够抵抗宿主在该区域的防御系统，并能抵御外籍菌的入侵。为维持菌群的种类及数量的平衡，肠道内细菌间的相互作用机制通常有以下几方面：营养竞争、竞争性空间占位、代谢产物形成低 pH 及低氧化还原电位。肠道内的细菌利用这些机制，甚至产生抗生素以及挥发性脂肪酸来抑制其他细菌生长。

（2）宿主　在宿主方面，酸能选择性地抑制或杀灭外来菌，以维持胃及小肠上端的菌群平衡。正常人在饥饿时胃内细菌极少。当胃功能障碍，胃酸分泌减少时，尤其是在患胃癌的情况下，胃内细菌增多，甚至出现八叠球菌等腐生菌。小肠的运动是防止小肠内细菌过度生长的重要机制。胆汁对肠道菌群的影响报告不一。有学者认为，结合的胆汁酸在小肠有抑制外籍菌生长的作用。肠道上皮细胞的表面结构对菌群分布的稳定性起了一定作用。细胞表面受体的多样性和特异性形成了肠道内不同的生态点，适于不同的菌群定植，研究表明，宿主的免疫功能，无论是特异性免疫还是非特异性免疫都表现为保护原籍菌，抑制外籍菌。通过黏膜上皮细胞随黏液大量分泌的分泌型 IgA，可有效地抑制浸没于其中的细菌对上皮细胞的黏附作用。

（3）环境　环境因素对胃肠道菌群也有一定影响，尤其是饮食与用药。使用抗生素或放疗均对胃肠道菌群有较大影响。长期偏食对肠道菌群也有影响。以食用糖类食品为主者，总菌数增加，肠杆菌和拟杆菌减少；脂肪摄入量高者，链球菌和双歧杆菌减少，拟杆菌明显增加；食用高蛋白饮食多者，乳杆菌减少，肠杆菌和肠球菌增加，无论是发生了优势菌与非优势菌构成的变化还是原籍菌与过路菌的定位转移都改变了体内微生态环境的平衡。肠道菌群失调尤其是对人体有害的菌群取代了有益菌的优势地位，将产生大量的有毒物质，破坏人体胃肠道功能而引起消化系统疾病、造成免疫功能低下引起的各种病症、导致三高、损害肝脏甚至引起癌变，如图 8-1 所示。

调节胃肠道菌群的功能性食品也正是通过改变菌群的营养及环境条件来调节肠道菌群，使有益菌增殖，抑制有害菌的生长。

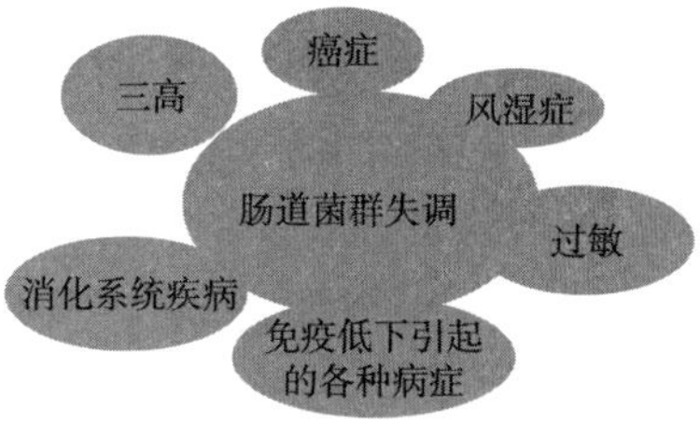

图 8-1　肠道菌群失调可引起的疾病

三、有助于调节肠道菌群的物质

肠道菌群的平衡及益生菌的存在对人的身体有如此多的功能，所以人们开始探索能否通过摄入某些能够刺激身体内有益菌群的营养物达到该目的，答案自然是肯定的。人体通过摄入某些营养物，可以选择性地刺激一些益生菌的生长，从而改善寄主健康。

1. 益生菌

人体肠道中的菌群是一个庞大的微生态系统，不但层次复杂，微生物群生物量也相当庞大，组成和数量随年龄，食物，宿主对细菌、细菌与细菌之间相互作用而发生变化，这种变化存在于整个生命过程中，处于动态平衡状态。人体携带的微生物主要在肠道，占人体微生物总量的 78.68%，粪便干重量的 1/3~2/5 是微生物。小肠中十二指肠、空肠和回肠分别具有不同的微生物群落，其中十二指肠主要包含乳杆菌、酵母菌，空肠、回肠中含有乳杆菌、链球菌、大肠埃希菌等，盲肠、结肠中的主要细菌种类为双歧杆菌、类杆菌、棒状杆菌、大肠埃希菌等。

从十二指肠到回肠末端，总菌数和活菌数是逐渐增加的，且 95%以上是厌氧菌。大肠中盲肠和结肠的微生态系统的微生物群落较相近。粪便有肠道大生态系统中最大的微生物群落。粪便干重量的 40%是微生物，而且 90%以上是活的。

肠道主要有益菌的代表是双歧杆菌与乳杆菌，它们可以降低肠道 pH，抑制韦荣氏球菌、梭菌等腐败菌的增殖，减少腐败物质产生，同时也因 pH 下降而抑制了病原菌的生长与增殖。

（1）乳杆菌　目前已知的乳杆菌对人体健康的有益作用主要有以下四点。

①调整正常肠道菌群　嗜酸乳杆菌对肠道某些致病菌具有明显的抑制作用，因为嗜酸乳杆菌的代谢产物中含有的短链脂肪酸，具有抗菌作用。另一方面，嗜酸乳杆菌还能与外籍菌（过路菌）或致病菌竞争性地占据肠上皮细胞受体而达到抗菌作用。

②抗癌与提高免疫能力　迄今已有的研究和报告，可将这种作用列出如下几点：激活胃肠免疫系统，提高自然杀伤（NK）细胞活性；同化食物与内源性和肠道菌群所产生的致癌物；减少 β-葡萄糖苷酶、β-葡萄糖醛酸酶、硝基还原酶、偶氮基还原酶等被认为与致癌有关的酶的活性；分解胆汁酸。

③调节血脂　该菌能抑制胆固醇的吸收、减低高脂人群的血清胆固醇水平，而对正常人群则无降脂作用。

④促进乳糖代谢　乳杆菌可分解乳糖，加速其代谢。因而对不习惯食用鲜奶与奶制品的人，可以饮用乳杆菌发酵的酸奶，这对克服我国膳食结构中缺奶（相当多的人是由于对奶不适应）有重要应用价值。当然对为数不多的真正乳糖不耐症的人也是有益的。

（2）双歧杆菌　双歧杆菌对人体健康十分有益，其作用如下。

①抑制肠道致病菌　1994 年 G. R. Gibson 曾以双歧杆菌属的五种菌种对八种病原菌作平板扩散法抗菌敏感性试验，结果所有双歧杆菌菌种均显示出较显著的抑菌作用。

②抗腹泻与防便秘　双歧杆菌的重要生理作用之一是通过阻止外籍菌或病原菌的定植以维持良好的肠道菌群状态，从而呈现出既纠正腹泻又防止便秘的双向调节功能。

③免疫调节与抗肿瘤　双歧杆菌的免疫调节主要表现为增加肠道 IgA 的水平。另一方面，双歧杆菌的全细胞或细胞壁成分能作为免疫调节剂，强化或促进对恶性肿瘤细胞的免疫性攻击作用。双歧杆菌还有对轮状病毒的抗性，与其他肠道菌的协同性屏障作用以及对单核吞噬细胞系统的激活作用。

④调节血脂　双歧杆菌能阻止多余胆固醇吸收，双歧杆菌的调节血脂作用已有不少文献报道。

⑤合成维生素和分解腐败物　除青春双歧杆菌外，其他各种杆菌均能合成大部分 B 族维生素，双歧杆菌分泌的许多生理活性酶是分解腐败产物和致癌物的基础。

2. 益生元

益生元是指一些不被宿主消化吸收却能够选择性地促进体内有益菌的代谢和增殖，从而改善宿主健康的有机物质。成功的益生元应是在通过上消化道时，大部分不被消化而能被肠道菌群所发酵的。最重要的是它只能刺激有益菌群的生长，而不刺激有潜在致病性或腐败活性的有害细菌。最基本的益生元为碳水化合物，但从定义上来讲并不排除被用作益生元的非碳水化合物物质。理论上，任何可以减少有害菌种，而有益于促进健康的菌种或物质都可以称作益生元。

常见的益生元主要指的是功能性低聚糖，某些多糖、多元醇、微藻类以及天然植物中的蔬菜、中草药、野生植物等。目前在我国应用最为广泛的益生元为低聚果糖和低聚半乳糖。

四、有助于调节肠道菌群功能性食品应用实例

1. 产品设计

肠道是人体最大的微生态系统，它的正常和失调对人体的健康和寿命有着

举足轻重的影响。人进入老年后，身体代谢功能降低，消化、内分泌、免疫等生理功能都有所下降，从而导致肠道内原来占优势的正常有益菌数量大大减少，而有害菌数量则逐渐增加甚至反占优势。益生菌能够调节人类肠道菌群平衡，促进人体健康。但在设计开发益生菌产品时尤其需要关注其生物安全性。故应选择经过严格的食品安全风险评估后的益生菌菌株，再根据特定研发目的从中选择适宜的菌株。

双歧杆菌和乳杆菌可阻止致癌物质——亚硝胺的合成，起到预防消化道癌症的作用；而乳杆菌分泌的大量乳酸等有机酸，可加快肠道蠕动，促使粪便尽快排出体外，减少有害毒素对肠壁的刺激，也有利于防止大肠癌的发生。同时这些有益菌还能提高人体对放射线的耐受性，减轻因放射治疗引起的不良反应。

2. 产品开发

主要原料：嗜酸乳杆菌、乳双歧杆菌、副干酪乳杆菌、复合果汁粉、低聚果糖、葡萄糖粉、麦芽糊精、二氧化硅。

生产工艺：将主要原料经称量、配料、混合、包装等主要工艺加工制成。

适宜人群：需要改善肠道菌群的成人。

不适宜人群：少年儿童、孕妇、乳母。

食用方法及食用量：每日 1 次，每次 1 袋，倒入温水（40℃以下）中冲饮或直接食用。

产品规格：3g/袋。

贮藏方法：温度低于 25℃，阴凉干燥处，冷藏更佳。

保质期：18 个月。

注意事项：本品不能代替药物。

第三节 ▸▸ 有助于消化功能性食品

「保健功能释义」 消化是指人体将摄入的食物转变为可以被吸收利用的小分子物质的过程。消化功能受饮食、气候、情绪和运动等多种因素影响。有科学研究表明，补充适宜的物质有助于改善消化功能。

一、消化功能概述

消化是机体通过消化管的运动和消化腺分泌物的酶解作用，使大块的、分子结构复杂的食物，分解为能被吸收的、分子结构简单的小分子化学物质的过程。消化有利于营养物质通过消化管黏膜上皮细胞进入血液和淋巴——吸收，从而为机体的生命活动提供能量。消化过程包括机械性消化和化学性消化，前者指通过消化管壁肌肉的收缩和舒张（如口腔的咀嚼，胃、肠的蠕动等）把大块食物磨碎；后者指各种消化酶将分子结构复杂的食物，水解为分子结构简单的营养素，如将蛋白质水解为氨基酸，脂肪水解为脂肪酸和甘油，多糖水解为葡萄糖等。胃肠道是营养物质的摄取、消化与吸收的器官，对食物的消化作用主要是依靠其运动、消化酶的分泌来完成的。如果某些保健食品能对胃肠道的蠕动或某些消化液的分泌及其生理活性具有一定的调节作用，那它就有助于消化功能的作用。

食物在消化道内的运行有赖于胃肠道的动力。消化道平滑肌的收缩和舒张与食物的消化和吸收密切相关。胃平滑肌舒张使胃张力减弱，贲门括约肌开放，食物进入胃内。胃窦平滑肌的收缩和舒张使食物颗粒变成食糜。消化道平滑肌收缩，使食物在消化道内不断移动，并与消化酶充分混合，有利于消化和吸收。结肠平滑肌的运动还可促进水分的吸收，并将食物残渣推进至直肠。消化道平滑肌具有一般肌组织的特性如自主节律性、兴奋性和收缩性，但其兴奋性低、收缩较慢和伸展性大。

胃肠道具有内分泌功能。胃肠道黏膜内分布着40多种内分泌细胞，因而消化道是人体内最大、最复杂的内分泌器官。消化道内分泌细胞合成和释放的具有生物活性的化学物质统称为胃肠激素。胃肠激素具有调节消化器官等功能。

消化道的两端与外界相通，许多病原微生物和有害物质常随食物进入体内，经过胃肠道黏膜侵入机体。正常情况下，胃肠道具有免疫功能。胃肠道黏膜和分布在黏膜内的免疫细胞构成黏膜屏障，可抵御病原微生物的入侵。胃肠道黏膜上皮细胞具有很强的再生能力，损伤后能很快修复。细菌、病毒和寄生虫卵等病原体进入消化道后多被胃酸和消化酶破坏，并可引起黏膜内淋巴组织的免疫应答。

二、引起功能性消化不良的原因与消化不良的临床症状

1. 引起消化不良的原因

引起消化不良的原因很多，胃和十二指肠部位的慢性炎症，食管、胃、十二指肠的正常蠕动功能失调，精神不愉快，长期闷闷不乐或突然受到猛烈的刺激等均可引起消化不良症状。老年人消化功能减退、受情绪影响、食物稍粗糙或生冷及食物过多、过油腻时也可诱发消化不良。与消化不良有紧密联系的因素如下。

（1）消化器官的血流量受机体全身血液循环功能状态、血压和血量的影响，与机体在不同状态下血液在各器官间重新分配有关。进食活动通过神经和体液机制调节，流经消化器官的血量也相应地增多，消化管运动和消化腺分泌也增加。一般认为，流经消化器官的血量对于消化管和消化腺的功能具有允许作用和保证作用。如果血管强烈收缩，血流量减少，消化液分泌随之大为减少，消化管运动也随之大为减弱。

（2）在消化期内，消化与中间代谢也有紧密的联系，进食动作可反射地兴奋迷走神经-胰岛素系统，促使胰岛素的早期释放；在消化过程中，由食物和消化产物刺激所释放的某些胃肠激素，也能引起胰岛素分泌。胰岛素是促进体内能源贮存的重要激素，胰岛素的早期释放有利于及时地促进营养物质的中间代

谢，有利于有效地贮存能源。精神焦虑、紧张或自主性神经系统功能紊乱，都会引起消化管运动和消化腺分泌的失调，进而产生胃肠组织的损伤。

2. 功能性消化不良的临床症状

消化不良是一种临床综合征，一般是由胃动力障碍所引起的疾病，也包括胃蠕动不好的胃轻瘫和食管反流病。消化不良主要分为功能性消化不良和器质性消化不良。

功能性消化吸收不良早期的表现首先表现为胃肠道症状，后期可并发肠外表现。

（1）吸收不良的肠道表现　大便次数及数量增多、色淡是较为严重吸收不良的典型临床特征，但有时在脂肪含量增加时，大便外观也可正常，不一定能看到油腻的、恶臭的大便。由于大便内含气量较多，大便漂浮于水上，这种大便可黏附于便池壁上而难以用水冲洗掉。在糖吸收不良时常有水样泻、食欲不振、排气过多、体重下降等；相反，在胰酶缺乏、黏膜疾病和肠切除术后，有时还可引起食欲亢进。在儿童和青少年时期，可有生长发育迟缓，牙齿发育不良，尤其是对麸质过敏的患者。

（2）吸收不良的肠外表现　除了肠道表现，患者还常感到疲劳、乏力，提示营养素的慢性缺乏；在缺乏钙镁时，常有肌肉痉挛或手足抽搐；缺乏维生素 D 时，可有肌无力，步态不稳或骨痛症状。不少患者同时伴有失眠、焦虑、抑郁、头痛、注意力不集中等精神症状。

三、有助于消化的物质

1. 益生菌及益生菌增殖剂

如嗜酸乳杆菌、短双歧杆菌、长双歧杆菌、两歧双歧杆菌、低聚异麦芽糖等。富含益生菌的食物有酸乳、乳酪、泡菜、味噌等。

2. 膳食纤维

膳食纤维在蔬菜水果、粗粮杂粮、豆类及菌藻类食物中含量丰富。

3. 维生素

维生素 A 能有助于消化，还参与胃黏膜上皮组织的正常代谢，可保护胃黏膜，对胃溃疡有预防和辅助治疗作用。β -胡萝卜素进入人体后可转化成维生素 A。维生素 B_1 是重要的辅酶，主要参与糖类及脂肪的代谢，可以帮助葡萄糖转变成热量，从而有利于肠胃对食物的吸收；维生素 B_1 还能抑制胆碱酯酶的活性，有利于胃肠的正常蠕动和消化腺的分泌，增加食欲。维生素 C 可加速胃肠蠕动，有助于消化；保护胃部和增强胃抗病能力；预防胃癌、结肠癌等多种消化系统癌症。维生素 E 可防止脂质氧化，提高溃疡者的胃黏膜抵抗力，促进溃疡面的愈合；还能抑制幽门螺杆菌的生长，使溃疡病愈合后的复发率降低。

4. 矿物质

镁具有维护胃肠道功能的作用，可以帮助肠胃消化，提高肠胃对营养物质的吸收。钾能够促进肠胃蠕动，防止肠麻痹，治疗厌食症及多种消化系统疾病。锌有助于改善胃肠的消化功能，提高味觉敏感度，促进食欲；对胃液分泌有抑制作用，有抗溃疡作用。硒能有效抑制活性氧生成，清除体内自由基，阻止胃黏膜坏死，促进黏膜的修复和溃疡面的愈合，预防胃炎、胃溃疡等消化系统病变。

5. 中草药类

如山楂、麦芽（炒）、白术（炒）、鸡内金（炒）、陈皮、砂仁、枸杞、太子参、茯苓、白扁豆、莱菔子、党参、山药、广藿香、紫苏梗等。

四、有助于消化功能性食品应用实例

1. 有助于消化功能性食品的开发思路

改善功能性消化不良是有助于消化功能性食品的主要方向。有助于消化的功能性食品，一般应具有抑制或促进胃酸分泌、增加胃肠动力、抑制幽门螺杆菌的作用；对伴随精神症状明显者可配伍有抗抑郁作用的物质；对有黏膜损伤者，可配伍胃黏膜保护剂；对消化不良的儿童可适当添加营养素。以中医药理论改善消化功能，应以中医药理论为指导，辨证施治。

2. 产品设计

本产品设计为以山楂为主料，配以茯苓、炒麦芽、鸡内金、山药，甜菊糖苷在本品中作甜味剂。

山楂具有降血脂、降血压、强心、抗心律不齐等作用，同时也是健脾开胃、消食化滞、活血化痰的良药。茯苓主要成分为β-茯苓聚糖，具有渗湿利水，健脾和胃，宁心安神的功效。麦芽具有行气消食，健脾开胃，退乳消胀的功效；用于食积不消、脘腹胀痛，麦芽含有的淀粉酶、蛋白酶等酶类有助于消化作用，鸡内金主治食积不消、呕吐泻痢等，山药具有补脾健胃的功效。

以上述五种具有有助于消化功能的物质为原料，应用传统配伍用量，设计配方：山楂 15g、茯苓 18g、炒麦芽 18g、鸡内金 6g、山药 18g，甜菊糖苷适量（符合食品添加剂使用标准的用量要求），生产 100mL 的浓缩口服液（产品）。

3. 生产工艺

（1）粉碎、过筛　将配方中山楂、茯苓、炒麦芽、鸡内金、山药等原料分别进行粉碎，过 80 目筛。

（2）热水浸提　将原料粉分别按配方所需量进行称取，加入总质量的 10 体积水，煎煮 3 次，每次 2h。

（3）离心、浓缩　将提取液合并后，于 4000r/min 离心 15min，然后进行减压浓缩（-0.05MPa，70℃）。

（4）调配、过滤　将适量的甜菊糖苷用水溶解后进行过滤，然后加入到原料提取浓缩液中进行搅拌混匀。用不锈钢过滤网进行过滤，制成半成品，备用。

（5）分装　将半成品加入玻璃瓶中进行密封，每支 20mL。

（6）灭菌、贴标　将玻璃瓶置于高压灭菌锅中110℃灭菌15min，贴标后，获得口服液成品。

第四节 ▸▸ 有助于润肠通便功能性食品

「**保健功能释义**」排便功能受饮食、运动和饮水等多种因素影响。有科学研究表明，补充适宜的物质有助于改善肠道的排便功能。

一、便秘的含义

便秘在医学上不是一个独立的疾病或综合征，而是由多种病因所致的常见的症状，是指肠内容物在肠内运行迟缓，排便次数减少，黄便干结、坚硬、量少，排便困难。

1. 引起便秘的原因

（1）不良生活习惯导致便秘　不良生活习惯是导致长期便秘的主要因素，改善长期便秘状态，一方面要改善生活习惯，另一方面也有必要借助功能性食品的作用，这也是当前许多人所追求的。不良生活习惯导致长期便秘的情况可以归纳为以下几个方面：①没有养成定时排便的习惯，忽视正常的便意，排便反射受到抑制，日久引起便秘；②饮食过于精细，缺乏食物纤维，造成粪便体积减小，黏滞度增加，在肠内运动缓慢，水分过量被吸收而导致便秘；③液体量摄入不足可导致便秘；④不活动、不运动，特别是肥胖、因病卧床或乘坐轮椅者，缺乏运动性刺激以推动粪便的运动，摄食本身不能使粪便向前推进而引起便秘；⑤睡眠不足、持续高度的精神紧张状态等，也可造成结肠的蠕动失常和痉挛性收缩而引起便秘。

（2）某些疾病导致便秘　如肛门疾患（痔疮、肛裂等）、神经性疾患（截瘫、偏瘫）、精神性疾患（焦虑或抑郁症、痴呆）、内分泌疾病（甲状腺功能低下）、代谢紊乱（高钙血症、低钾血症）等均可以引起便秘。

（3）利尿剂所引起的脱水导致便秘　如呋塞米、甘露醇、心钠素药物的使用引起的便秘等。由某些疾病的影响引起的便秘和使用利尿剂所引起的便秘，当疾病治愈或停止使用利尿剂，其便秘情况一般均能改善。

（4）年龄增长发生便秘　随着年龄的增长，唾液腺、胃肠和胰腺的消化酶分泌减少；腹部和骨盆肌肉无力，敏感性降低；结肠肌层变薄，肠平滑肌张力减弱，肠反射降低，蠕动减慢，这些均是导致老年人发生单纯性便秘的主要因素。原因是肠管的张力和蠕动减弱，胃结肠反射减弱，食物在肠内停留过久，水分过度被吸收，胃结肠反射减弱，直肠黏膜敏感性下降，参与排便的肌肉张力低下。

老年人的单纯性便秘一般长期存在，其改善方法一般以功能性食品为主，严重的应以药物治疗。

2. 便秘的分类

临床上，便秘有多种分类方式。根据其病理学改变可分为结肠慢传输型便秘、出口梗阻型便秘和混合型便秘三种。

（1）结肠慢传输型便秘　是最常见的类型，指由于结肠动力障碍，使内容物滞留于结肠或结肠通过缓慢的便秘，结肠测压显示结肠动力降低，导致结肠内容物推进速度慢，排空迟缓。同时可能伴有其他自主神经功能异常所致的胃肠功能紊乱，如胃排空迟缓或小肠运动障碍。患者表现为排便次数少、粪便质地坚硬、无便意。用闪烁照相术或不透 X 线标记物法检查，提示结肠通过时间延缓可确立诊断。因此有人称之为结肠无力，它是功能性便秘最常见的类型。

（2）出口梗阻型便秘　该类患者具有正常的结肠传输功能，由于肛、直肠的功能异常（非器质性病变），如排便反射缺乏，盆底肌痉挛综合征或排便时肛门括约肌不协调所致。包括横纹肌功能不良，直肠平滑肌动力异常，直肠感觉功能损害，肛门括约肌失协调症以及盆底痉挛综合征等。患者表现为排便困难，肛门直肠阻塞感，排便时需要用手协助。多发生于儿童、妇女和老年人。

（3）混合型便秘　具有结肠慢传输的特点，也存在肛、直肠功能异常，或二者均不典型。该类型便秘可能是由于慢传输型便秘发展而来，也有人认为长期的出口梗阻影响了结肠排空，继发结肠无力。

二、便秘的发生与防治

1. 便秘的发生

便秘是一种症状，有很多原因可引起便秘。因此，对于便秘患者应查找原因，然后对症下药，便秘即可好转。便秘常见原因如表 8-1 所示。

表 8-1　便秘的常见原因

<table>
<tr><td rowspan="4">肠道疾病</td><td>结肠梗阻</td><td>腔外：肿瘤、扭转、疝、直肠脱落
腔外：肿瘤、狭窄（炎症、术后）</td></tr>
<tr><td>结肠肌肉功能障碍</td><td>肠易激综合征、憩室病</td></tr>
<tr><td colspan="2">肛门狭窄或功能障碍</td></tr>
<tr><td rowspan="4">全身性疾病</td><td>代谢病</td><td>糖尿病、卟啉病、淀粉样变性、尿毒症、低血钾症</td></tr>
<tr><td>内分泌性</td><td>脑垂体功能减退症、甲状腺功能减退症、甲状旁腺功能亢进伴高钙血症等</td></tr>
<tr><td>肌肉病：进行性</td><td>系统性硬化病、皮肌炎、肌强直性营养不良</td></tr>
<tr><td>药物性</td><td>止痛剂、麻醉剂、抗胆碱能药等</td></tr>
<tr><td>神经病变</td><td colspan="2">脑血管意外、脑肿瘤、帕金森病、脊髓创伤、多发性硬化等</td></tr>
</table>

2. 便秘的危害与并发症

便秘是一种常见症状，有人常认为无关紧要，随着人们对生活质量要求的提高及健康知识的普及，便秘对人体的危害性也越来越受到重视。便秘常引起人们情绪的改变，心烦意乱，注意力涣散，影响日常生活与工作，并与下述很多疾病的发生发展有关。

便秘常可导致肛结直肠并发症。长期的便秘可使肠道细菌发酵而产生的致癌物质刺激肠黏膜上皮细胞，导致异形增生，易诱发癌变。便秘引起肛周疾病如直肠炎、肛裂、痔等，因便秘，排便困难、粪便干燥，可直接引起或加重肛门直肠疾患。较硬的粪块阻塞肠腔使肠腔狭窄并压迫盆腔周围结构，阻碍了结肠蠕动，使直肠或结肠受压而造成血液循环障碍，还可形成粪性溃疡，严重者可引起肠穿孔。也可发生结肠憩室、肠梗阻、胃肠神经功能紊乱（如食欲不振、腹部胀满、嗳气、口苦、肛门排气多等）。

便秘也可诱发肠道外的并发症，如脑卒中、影响大脑功能（如记忆力下降、注意力分散、思维迟钝）、性生活障碍等。在肝性脑病、乳腺疾病、阿尔茨海默病等疾病的发生中也有重要的作用。临床上关于因便秘而用力增加腹压，屏气使劲排便造成的心血管疾病发作有逐年增多趋势，如诱发心绞痛、心肌梗死发作。

3. 便秘的防治

便秘令人烦恼，影响生活质量，严重时还会危及生命，故应该加以预防。预防便秘的措施如下。

（1）调整膳食结构　在营养均衡的基础上适当增加膳食纤维的摄入量，如少吃精加工的米谷，多食薯类、瓜果蔬菜，饮足量的水。

（2）锻炼身体　增强腹肌、盆底肌的力量，有助于排便通畅。

（3）每天定时排便　利用人体的生物钟、生物反馈，培养良好排便行为。

（4）避免服用可以导致便秘的药物　当发生便秘时，回忆自己现在和既往使用过哪些药物，尤其是影响肠道平滑肌张力的或抑制神经反射的药物，尽量避免使用。

（5）不“滥用”泻剂　如有便秘，不急于“滥用”泻剂，尤其是刺激性泻剂。如有便秘，及时就医，积极查找引发便秘的真正原因，有针对性地治疗引起便秘的原发病。

三、有助于润肠通便的物质

1. 膳食纤维

膳食纤维不能被人体吸收，能部分被肠道菌群分解和发酵，产生有机酸，降低肠道 pH，刺激肠黏膜蠕动。未被消化的膳食纤维形成的食物残渣能吸收水分，增加粪便的体积，改变粪便性状，刺激结肠运动，促进排便。水溶性膳食纤维能被细菌利用并能保持粪便中的水分。

2. 水分

摄入充足的水分可以使肠腔内保持足够软化大便的水分，这对保持肠道通畅和正常排便是很有好处的，而且水量过少，对肠道的刺激也会减弱。便秘患者为了避免肠道中食物残渣被过分脱水，每天要注意补充足够的水分。此外如果没有水分，膳食纤维也起不到应有的作用。

3. 益生菌

益生菌中的双歧杆菌、乳杆菌、丁酸梭菌等均有调节肠道的功能。双歧杆菌及其增殖因子对严重的老年便秘患者有良好作用。一些研究结果已表明，适当地刺激肠道发生有规律的蠕动，对每一个人来说都是十分重要的，尤其对老年人。而含有乳酸菌，特别是嗜酸乳杆菌和双歧杆菌的发酵乳，与乳酸以及抗菌物质一起刺激肠道蠕动，调整排便频率，所以对于治疗便秘和腹泻均有良好作用。

4. 维生素

复合 B 族维生素特别是维生素 B_1 与泛酸，对于食品的消化吸收与排泄有促进作用。如果体内 B 族维生素不足，可影响神经传导，减缓胃肠动，不利于食物的消化吸收和排泄，使大便粗大，造成痉挛性便秘。

5. 植物活性成分

许多天然植物活性成分都具有刺激肠动，润肠通便的功效，如山扁豆属（番泻叶及果实）、鼠李属（鼠李树皮）、大黄属（大黄根）等植物提取物中的蒽酮类化合物。但是这些提取物只能短期使便秘得以改善。

四、有助于润肠通便功能性食品应用实例

1. 有助于润肠通便功能性食品的开发思路

长期便秘称为习惯性便秘，改善便秘是功能性食品调整的主攻方向。长期便秘多见于中老年人和经产妇女，发生的原因虽然复杂，但与饮食过于精细、缺乏食物纤维、肥胖、缺乏活动、睡眠不足、精神紧张、年老体衰、内分泌失调等关系密切。

有助于润肠通便功能性食品开发一般针对发生的因素进行调整，如增加食物中纤维素的总量、改善睡眠和体重、缓解精神紧张状态、增加肠液分泌和改善内分泌等以促进定期排便，从而改善便秘情况。

2. 产品设计

本配方主要成分为水溶性膳食纤维，该原料本身不被机体消化吸收，由于其含有很多亲水基因，具有很强的持水性，使粪便保持一定的水分和体积，并能刺激肠道黏膜，加快粪便排泄，改善便秘。

同时以芦荟排毒祛火、补虚养颜，其所含芦荟蒽醌可促进肠道蠕动，具有

润肠通便作用；甲壳素内的几丁聚糖是一种动物性纤维素，除具有纤维素的特性如持水性、吸附性和难消化性外，几丁聚糖对铜、镉、锌、铅等金属离子及染料等有很强的吸附力，可吸附肠道内的内源性和外源性毒素，有助于排除人体新陈代谢所产生的废物和阻止脂肪、胆固醇的吸收，确保人体生理机能的正常运作；西洋参具有多种营养成分，补而不滋腻，是强身健体的佳品，本配方中祛邪时加以西洋参扶正，更可调和人体各机能。

以上组方经配伍后，通过润肠通便，扶正祛邪可达到祛毒而正安，正安而体健的保健作用。

3. 生产工艺

（1）原辅料预处理　水溶性膳食纤维、芦荟粉、甲壳素、西洋参、二氧化硅等原辅料经粉碎后过 80 目筛备用。

（2）混合　将芦荟粉、水溶性膳食纤维、甲壳素、西洋参、二氧化硅置于混合机内进行混合，充分混合 40min。

（3）填充　检验合格后的中间产品可进行填充，按半自动胶囊填充机标准操作程序（SOP）操作，每粒装量为 0.45g。

（4）抛光　把填充好的胶囊置于抛光机内，将吸附在胶囊外壁的细粉磨光吸尘，至胶囊外壁无粉尘。

（5）内包装　对半成品有助于润肠通便胶囊检验合格后可进行水泡眼铝塑包装。

第五节 ▸▸ 辅助保护胃黏膜功能性食品

「保健功能释义」 胃黏膜是胃内壁的表层结构，影响胃的正常功能。胃黏膜健康受饮食（如进食量、饮酒、刺激性食物）和生活方式（如胃部受凉、气候、心理压力）等多种因素影响。有科学研究表明，补充适宜的物质有助于保护胃黏膜。

一、胃的生理功能及胃病发生原因

胃位于腹腔正中稍偏左上方，是人体消化管的主要部分之一，由食管送来的食物暂时贮存胃内，进行部分消化，此后进入十二指肠。胃可分为贲门、胃底、胃体、胃窦和幽门几个部分。胃的主要生理功能就是对进入胃部的食物进行物理消化和化学消化。所谓物理消化，就是将大块食物研磨成小块。而化学消化就是将食物中的大分子降解成较小的分子，以便于进一步被吸收。胃还吸收少量的水、乙醇以及很少的无机盐。

由于遗传、环境、饮食、药物、细菌感染、吸烟、过度酗酒等都能引发胃病，因此胃病的发病率很高，而胃病中绝大部分是胃炎。胃炎就是指由于各种原因引起的胃黏膜的炎症，胃炎是危害人民群众健康的常见疾病之一。由于胃在消化道中占有比较重要的位置，因而一旦胃黏膜发生炎症性病变，就必然出现消化功能障碍等一系列表现。所以要想保护好胃不发生病变，就得从保护好胃黏膜开始。

二、胃黏膜的结构与生理功能

胃壁由黏膜层、黏膜下层、肌层、浆膜层四层构成。胃黏膜上皮向内凹陷，形成胃腺。幽门腺分布于胃窦及幽门部，呈分支较多而弯曲的管状黏液腺，内有较多内分泌细胞，是分泌黏液及促胃液素的主要腺体。胃底腺分布于胃底和胃体部，分支少，由主细胞、壁细胞、颈黏液细胞及内分泌细胞组成，是分泌胃酸、胃蛋白酶及内因子的主要腺体，也称泌酸腺。贲门腺分布于胃贲门附近，主要分泌黏液。

空腹状态下，正常胃液 pH 为 0.9~1.5，正常人分泌量为 1.5~5L/d，在酸性环境下胃蛋白酶原被激活。此外，胃黏膜经常与各种病原微生物有刺激性及损伤性的物质接触，但胃黏膜却能保持本身完整无损，使胃腔与胃黏膜内的 H^+ 浓度维持在 1000 倍之差的高梯度状态，这与胃黏膜屏障所涉及的三个层面有关。

（1）上皮前　由覆盖于胃黏膜上皮细胞表面的一层约 0.5mm 厚的黏液凝胶层及碳酸氢盐层构成，能防止胃内高浓度的盐酸、胃蛋白酶、病原微生物及其他有刺激性的甚至是损伤性的物质对胃上皮细胞的伤害，保持酸性胃液与中性黏膜间高 pH 梯度。

（2）上皮细胞　上皮细胞顶面膜及细胞间的紧密连接对酸反弥散及胃腔内的有害因素具有屏障作用。它们再生速度很快，每隔 2~3d 更换 1 次，在其受到损伤后，可很快修复。上皮细胞可以产生炎症介质，其间有上皮间淋巴细胞，是黏膜免疫的重要组成部分。

（3）上皮后　胃黏膜细胞内的糖原储备量较少，在缺氧状态下产生能量的能力也较低。因此要保持胃黏膜的完整无损，必须供给它足够的氧和营养物质。胃黏膜丰富的毛细血管网为上皮细胞旺盛的分泌功能及自身不断更新提供足够的营养，也将局部代谢产物及反渗回黏膜的盐酸及时运走，胃黏膜的健康血液循环对保持黏膜完整甚为重要。此外，间质中的炎症细胞在损伤愈合中亦具有积极意义。

前列腺素、一氧化氮、表皮生长因子、降钙素基因相关肽蛋白酶活化受体过氧化物酶增殖活化受体及辣椒素通路等分子群参与了复杂的胃黏膜屏障功能调节。前列腺素 E 对胃黏细胞具有保护作用，能促进黏膜的血液循环及黏液、碳酸氢盐的分泌，是目前认识较为充分的一类黏膜保护性分子。

三、胃黏膜损伤的原因及临床表现

一般认为，胃黏膜损伤与周围环境的有害因素以及易感体质有关。物理、化学以及生物的有害因素长期反复作用于易感人体都可引起胃黏膜的损伤。病因的持续存在或反复发生，即可形成慢性病变。

1. 物理因素

长期喝浓茶、烈酒、咖啡，或过热、过冷、过于粗糙的食物，都可导致胃黏膜损伤。

2. 化学因素

长期大量服用非甾体类消炎药，如阿司匹林、吲哚美辛等可抑制胃黏膜前列腺素的合成，破坏黏膜屏障；吸烟时，烟草中的尼古丁不仅影响胃黏膜的血液循环，还可导致幽门括约肌功能的紊乱，造成胆汁反流，各种原因的胆汁反流均可破坏胃黏膜屏障。

3. 生物因素

细菌尤其是幽门螺杆菌感染，与慢性胃炎密切相关，其机制如下：①幽门螺杆菌呈螺旋形，具有鞭毛结构，可在黏液层中自由活动，并与黏膜细胞紧密接触，直接侵袭胃黏膜；②产生多种酶及代谢产物，如尿素酶及其代谢产物氨、过氧化物歧化酶、蛋白溶解酶、磷脂酶 A 等，这些都可能破坏胃黏膜；③细胞毒素可导致细胞空泡变性；④幽门螺杆菌抗体可造成自身免疫损伤。

4. 免疫因素

慢性萎缩性胃炎患者的血清中能检出壁细胞抗体，伴有恶性贫血者还能检出内因子抗体。壁细胞抗原和壁细胞抗体形成的免疫复合体在补体参与下，破坏壁细胞。内因子抗体与内因子结合后阻滞维生素 B_{12} 与内因子结合，导致恶性贫血。

5. 其他因素

心力衰竭、肝硬化合并门脉高压、营养不良等都可导致胃黏膜损伤，从而引起慢性胃炎。糖尿病、甲状腺疾病、慢性肾上腺皮质功能减退以及干燥综合征患者常常同时伴有胃萎缩性胃炎。胃部其他疾病，如胃息肉、胃溃疡等也常并发慢性萎缩性胃炎。遗传因素也越来越受到人们的重视。

慢性萎缩性胃炎的病理改变，除慢性浅表性胃炎的病变外，还累及腺体，导致腺体萎缩，数目减少，黏膜肌层常见增厚。由于腺体萎缩或消失，胃黏膜有不同程度的变薄。在慢性萎缩性胃炎的胃黏膜中，常见有幽门腺化生（假幽门腺）和肠腺化生。

表现上，胃黏膜损伤缺乏特异性症状，症状的轻重与胃黏膜的病变程度有关。大多数患者常无症状或有程度不同的消化不良症状，如上腹隐痛、食欲减退、餐后饱胀、泛酸等。萎缩性胃炎患者可有贫血、消瘦、舌炎、腹泻等，个别胃黏膜糜烂者上腹痛较明显，并可有出血症状。

四、辅助保护胃黏膜的物质

1. 蛋白质

蛋白质的摄入可以提供用于组织蛋白合成所需的必需氨基酸，促进胃黏膜损伤的愈合。蛋白质是两性电解质，对于胃液具有很好的缓冲作用。

2. 脂肪

脂肪可以延缓食物在胃内的排空速度，但过多的脂肪可能引起血脂和血压的升高，或者诱发其他病症。因此，在补充脂肪的同时要注意适量，而且最好使用不饱和脂肪酸。

3. 碳水化合物

对于胃黏膜有损伤的患者，碳水化合物的摄入主要是为机体提供能量。要避免粗糙、难消化的粗粮和膳食纤维，以免刺激胃黏膜。

4. 维生素

维生素 C 能促进胃黏膜损伤的愈合，并有助于铁的吸收。维生素 C 在果蔬中含量丰富，但因为果蔬中的纤维和有机酸较多，对胃黏膜有刺激，因此，这类食物对于胃黏膜有损伤的患者是需要限制的，从而就更需要额外补充维生素 C。

维生素 A 能维持上皮组织的健康，缺乏时会造成黏膜上皮细胞萎缩而使胃黏膜受损。

5. 植物活性成分

（1）丹参提取物　丹参具有活血祛瘀，排脓止痛，安心宁神的功效。它能通过改善胃黏膜血氧供给，促进胃黏膜损伤修复。

（2）猴头菇提取物　猴头菇是中国传统珍贵食用菌，性平味甘，具有助消化、滋补身体的功效。临床证明，猴头菇可治疗消化不良、胃溃疡、胃疼、胃胀等疾病。它能通过增强胃黏膜屏障功能，促进胃黏膜损伤愈合、炎症消退等，达到保护胃黏膜的作用。

（3）甘草提取物　甘草为多年生草本，具有补脾益气、清热解毒、缓解疼痛等功效。它能促进胃黏膜细胞分泌、再生，增强胃黏膜防御功能。

（4）β-谷固醇-β-D-葡萄糖苷　β-谷固醇-β-D-葡萄糖苷在多种植物中均有存在，如蒲公英、麦冬等。它能通过抑制胃酸的分泌，促进胃黏膜损伤愈合，从而达到保护胃黏膜的功效。

此外，黄芪、白芍、当归、川芎等中草药提取物也能通过健脾益气，促进胃黏膜微循环等，从而对胃黏膜起到一定的保护作用。

五、辅助保护胃黏膜功能性食品应用实例

1. 产品设计

胃黏膜对胃具有特殊的保护作用，但很脆弱，环境因素、饮食、药物、吸

烟、酗酒、细菌感染、情绪变化等，都可对其造成伤害。胃黏膜的损伤与自我修复始终处于动态平衡，如此胃才能正常运作。一旦外界给予胃的负担过重或刺激过强，动态平衡就会被打破，胃黏膜受损，很难再恢复如初，产生一系列胃部不适的症状，常见的有上腹部不适或疼痛、恶心、呕吐、腹泻、食欲不振等。

本产品设计为一种保护胃黏膜的功能性食品，产品总配方：鸡内金 25 份、葛根 20 份、香薷 14 份、肉桂 18 份、郁李仁 10 份、砂仁 10 份、余甘子 7 份。制备成固体饮料，有保护胃黏膜和改善肠道菌群失调的功效。

鸡内金健胃消食；葛根生津止渴，升阳止泻；香薷温胃调中为君药；肉桂、郁李仁、砂仁润肠通便健胃为臣药；余甘子生津止渴为佐使药，产品全配方能保护胃黏膜，并发现其能改善肠道菌群失调。

2. 生产工艺

（1）热水浸提　取上述中药加入 5～15 倍药材质量的水，煎煮 3 次，每次 1～3h。

（2）浓缩　合并提取液，静置 12～24h 除去沉淀，取上清液，过滤，滤液浓缩成相对密度为 60℃条件下 1.08～1.12 的清膏，放冷，备用。

（3）醇析　加入 95%乙醇，使含醇量达到 50%，搅拌，静置 12～24h，取上清液，过滤，滤液中继续搅拌加入 95%乙醇使含醇量达到 70%，静置 12～24h，取上清液，过滤，滤液回收乙醇。

（4）浓缩、干燥　浓缩至稠浸膏，真空干燥，添加蔗糖，制备成固体饮料。

知识拓展 ▶

“粪便移植”

16 世纪，明代李时珍在《本草纲目》中也记载了口服粪水治疗严重腹泻、发热、呕吐和便秘。1958 年，美国科罗拉多大学医学院的外科医生用粪便保留灌肠成功治愈了 4 例伪膜性肠炎的患者，这种疾病的死亡率在当时高达 75%。这也被认为是西方关于粪菌移植的最早报道。经过几十年的临床实践，2013 年，粪菌移植被美国正式写入艰难梭菌感染的治疗指南。在目前已公开发表的科学研究中，除了艰难梭菌感染，粪菌移植还可以用来治疗溃疡性结肠炎、克罗恩病、功能性胃肠病、肥胖等。

从粪便到治疗用的粪菌需要经过十分仔细的处理，以最大限度地纯化和浓缩菌群，去除多余和有害物质；最后利用结肠镜、小肠管或灌肠的方式完成粪便移植。

第八章　配套教学课件

复习思考题 ▶▶

1. 肠道菌群失调有哪些？如何利用功能性食品给予改善？

2. 你如何认识引起功能性消化不良的原因的？有助于消化功能性食品开发的一般要求有哪些？

3. 清咽润喉功能、有助于润肠通便功能的物质通常分别有哪些？

4. 胃黏膜损伤的因素有哪些？辅助保护胃黏膜功能有哪些产品？

实训项目八

编写产品的保健功能论证报告

一、实训目的

（1）熟悉《保健食品注册申请服务指南（2016年版）》有关保健功能论证内容，掌握功能性食品产品保健功能论证报告的基本要求。

（2）熟悉编写保健功能论证要求的流程，了解产品保健功能试验评价材料、人群食用评价材料等的分析评价、产品配方配伍及用量具有保健功能的科学依据。

（3）能够根据提供的产品配方确定产品的原料、辅料及各自的功能或作用。

（4）会收集和整理报告需要的各种技术资料，能够编写功能性食品“保健功能论证报告”。

二、实训内容及操作步骤

1. 明确产品基本信息

（1）产品名称　猴头菇佛手砂仁胶囊

（2）产品配方　青稞提取物168g、佛手提取物100g、砂仁提取物80g、甘草提取物60g、淀粉40g、硬脂酸镁2g，制成1000粒，0.45 g/粒，功效成分为粗多糖、总黄酮。

（3）生产工艺　本品为普通硬胶囊剂，填充原、辅料均为粉末，经过筛、混合、填充、抛光、包装等主要工艺加工而成的，具体工艺流程：过筛→混合→填充→抛光→包装→检验→入库。

（4）保健功能　辅助保护胃黏膜功能。

（5）食用方法及使用量　每日2次，每次3粒，口服。

2. 区分原料与辅料

功能性食品原料与功能性食品功能相关的初始物料；功能性食品辅料是指生产功能性食品时所用的赋形剂及其他附加物料。请根据提供的“猴头菇佛手砂仁胶囊”产品配方，分析哪些为功能性原料，哪些是辅料。

3. 编写该产品的保健功能论证报告（不含保健功能试验分析评价部分）。

（1）配方主要原料具有功能作用的科学依据，其余原料的配伍必要性。产品配方原料应具有明确的使用目的。配方主要原料具有功能作用的科学依据应充足，其余原料的配伍必要性应明确。

（2）产品配方配伍及用量具有保健功能的科学依据。产品组方原理应明确清晰，产品配伍及用量具有声称功能的理论依据及文献依据应充足，配伍使用应有助于协同发挥保健功能。

（3）产品配方以及适宜人群、不适宜人群、食用方法和食用量等的综述。根据产品配方配伍及用量具有申报功能的科学依据、确定产品配方中的原料、辅料、适宜人群、不适宜人群、保健功能、食用方法和食用量等的合理性。

第九章

改善特定营养与健康状况功能性食品

【知识目标】

1. 掌握缺铁性贫血的原因与表现；体脂蓄积的原因与危害；记忆的概念和分类。

2. 熟悉具有改善缺铁性贫血、有助于控制体内脂肪、有助于改善骨密度、有助于改善睡眠、辅助改善记忆的功能性物质及功能性食品开发的一般要求。

3. 了解改善缺铁性贫血、控制体内脂肪、改善骨密度对特定人群维持健康的意义；改善睡眠、改善记忆对人体健康状况的重要性。

【能力目标】

1. 学会查找具有某种特定功能的功能性食品的注册信息，并能对查找信息进行分析，编写功能性食品发展现状分析报告，对功能性食品的开发提出建议。

2. 学会为不同功能需求人群选择合适的功能性食品，能指导相关人群正确使用对应功能的食品。

【职业素养目标】

1. 培养均衡的膳食习惯与健康的生活方式，提高专业素养；激发热爱生活、自主发展的思想感情。

2. 培养敏锐的观察力、缜密的分析力，以及良好的职业道德和工匠精神，正确看待功能性食品市场环境，具有拓展创新的职业素养。

3. 养成关心关爱青少年、老年人等特殊人群的美好品德，弘扬中华民族优良传统。感悟“实施积极应对人口老龄化国家战略，发展养老事业和养老产业”的意义。

案例导入▶

90 后吴小姐是一位上班族，睡眠质量自几年前起就不算太好。晚上入睡困难，翻来覆去怎么也睡不着。为了改善睡眠，她试着用过网络上流行的“褪黑素”，买过香薰蜡烛，换过乳胶枕，还为“助眠喷雾”狠狠心动过。像吴小姐一样的睡眠困难者似乎并不是个例，中国睡眠研究会调查显示，中国成年人失眠发生率高达

38.2%。这意味着，有几亿中国人正在饱受失眠困扰。此前，“超 3 亿人存在睡眠障碍”相关话题曾两度登上微博热搜。

讨论：

1. 引发失眠的因素有哪些?
2. 可以尝试从哪些角度去改善睡眠?

第一节 ▸▸ 改善缺铁性贫血功能性食品

「**保健功能释义**」缺铁性贫血是人体对铁元素的需求与供给失衡的一种表现，膳食摄入的铁不足是发生缺铁性贫血的风险因素之一。改善缺铁性贫血需注意保持均衡合理的饮食。有科学研究表明，补充适宜的物质有助于改善缺铁性贫血。

铁是人体必需的微量元素之一。据估计世界有近 1/2 的贫血人口是由于铁缺乏。缺铁性贫血（iron deficiency anemia，IDA）是全球尤其是发展中国家最常见的营养素缺乏病之一，其好发于儿童、育龄妇女和老年人，严重影响人类的健康。世界卫生组织统计显示，目前全世界大约有 20%~50%的人有不同程度的铁缺乏。因此，改善铁营养状况，是世界也是我国迫切需要解决的公共卫生问题。随着科技的发展，许多国家已利用越来越多的铁营养强化剂改善缺铁性贫血。开发具有改善缺铁性贫血功能的功能性食品具有非常重要的意义，也是健康行业的责任担当，科学普及健康知识，降低贫血发生率，助力健康中国行动。

一、缺铁性贫血的概念

缺铁性贫血是体内铁的贮存不能满足正常红细胞生成的需要而发生的贫血，是由铁摄入量不足、吸收量减少、需要量增加、铁利用障碍或丢失过多和缺乏叶酸与维生素 B_{12} 等个别 B 族维生素所引起的贫血。缺铁性贫血不是一种疾病，而是疾病的症状，症状与贫血程度和起病的缓急相关。缺铁性贫血的发生是一个较长时间内逐渐形成的。铁耗竭期，贮存铁临近耗尽，血清铁蛋白减低，此时并无贫血，若缺铁进一步加重，血清铁蛋白和血清铁下降，总铁结合力增高，则出现缺铁性贫血。

二、缺铁性贫血的常见原因

1. 铁的需要量增加而摄入不足

在快速生长期的婴幼儿、儿童，月经过多、妊娠期或哺乳期的妇女，铁的需要量增多，如果饮食中缺少铁的摄入则易导致缺铁性贫血。6 个月至 1 岁的婴儿生长发育快，体内铁存储不足、需铁量很多。而人乳和牛乳含铁量都很低，不能满足婴儿的生长需要，此时若未及时添加肉类、蛋类等含铁高的辅食，就会发生缺铁性贫血。青少年易因偏食引起缺铁性贫血。而女性月经增多、妊娠或哺乳，需铁量增加，未及时补充高铁食物，很容易导致缺铁性贫血。

2. 铁的吸收不良

因铁的吸收障碍而发生的缺铁性贫血占缺铁性贫血的比率较小。常见于胃大部切除术后，胃酸分泌不足且食物快速进入空肠，绕过铁的主要吸收部位（十二指肠），使铁吸收减少。此外，多种原因造成的胃肠道功能紊乱，如长期不明原因腹泻、慢性肠炎等均可因铁吸收障碍而导致缺铁性贫血。

3. 失血

失血尤其是慢性失血，是缺铁性贫血最多见、最重要的原因。临床上常可见到：一个是消化道出血，如溃疡病、癌、钩虫病、食管静脉曲张出血、痔出血、服用水杨酸盐后发生胃窦炎以及其他可引起慢性出血的疾病；另一个是妇女月经过多，或溶血性贫血伴含铁血黄素尿或血红蛋白尿等，因此女性比较容易患上缺铁性贫血，大约有20%的女性、50%的孕妇会有贫血的情形。

三、缺铁性贫血的表现与危害

缺铁性贫血的表现比较鲜明，危害较为严重，但仍需仔细判断。其表现与危害可归纳为以下几个方面：

（1）上皮组织损害症状　因细胞内含铁酶减少，引起上皮组织变化，可见口角炎与舌炎（10%~70%的患者有口角炎、舌面光滑与舌乳头萎缩，老年人尤其明显），食管蹼，萎缩性胃炎与胃酸缺乏，皮肤与指甲变化（如皮肤干燥、角化和萎缩，毛发易折、易脱落，指甲不光整，扁平甲、反甲和灰甲等）。

（2）神经系统方面症状　15%~30%的缺铁性贫血人群表现为神经痛（以头痛为主），感觉异常，严重者可有颅内压增高和视乳头水肿；少数有精神、行为的异常，例如注意力不集中、易激动、精神迟滞和异食癖。原因是缺铁不仅影响脑组织的氧化代谢与神经传导，也能导致与行为有关的线粒体单胺氧化酶的活性降低。

（3）脾肿大　其原因与红细胞寿命缩短有关。

（4）可出现头晕、头痛、面色苍白、乏力、易倦、心悸、活动后气短、眼花及耳鸣等。症状与贫血的严重程度有关。

（5）儿童、青少年可出现发育迟缓、体力下降、智商低、容易兴奋、注意力不集中、烦躁、易怒和淡漠、异食癖和吞咽困难等。

四、具有改善缺铁性贫血功能的物质

1. 血红素铁

血红素铁又称卟啉铁，由卟啉和一分子亚铁离子结合形成构成铁卟啉化合物，是一种生物态铁。血红素铁能直接被肠黏膜细胞吸收，迅速提升血红蛋白含量、红细胞计数、红细胞比容、平均红细胞血红蛋白浓度，而不产生任何消化道刺激症状，是一种较理想的补铁剂。

2. 乳铁蛋白

1960 年，Groves 从牛乳中分离得到一种蛋白质和铁结合形成的复合物，由于其晶体呈红色，故称之为“红蛋白”。乳铁蛋白的立体结构主要是“二枚银杏叶形”，分别在分子的 N 端和 C 端形成 2 个环状结构，每叶在内部缝隙处都有 1 个铁结合位点。乳铁蛋白具有多种生物活性，乳铁蛋白在促进铁吸收的同时，避免了铁离子对肠道的直接刺激，也减少了无机铁离子的摄入量。因此，可制成天然生物药品或高效补铁剂，用于改善婴幼儿缺铁症状。

3. 富铁酵母

微量元素铁一般以不利于人及动物吸收利用的无机形态存在，利用生物转化法，如利用酵母将无机形态的铁转化成有机形态的铁，可以提高生物体对铁的利用效率，是新开发的铁源。在酵母细胞中，铁主要定位于细胞壁，细胞壁中的铁含量约为细胞质中的 3 倍。富铁酵母具有稳定性好、吸收率高、与食品中其他成分协同配合性好的特点。

4. 其他营养素平衡

当铁被用于合成血红蛋白时，需要铜为触媒剂，因此铜可以促进铁质在体内的利用。此外，铁的有效性与钙、磷的比例及维生素也有关系，磷太高或钙过低与缺乏维生素 A、维生素 C、维生素 D 均可妨碍铁的吸收和利用。所以在补铁时要注意平衡膳食以利于铁的吸收。

五、改善缺铁性贫血功能性食品应用实例

1. 改善缺铁性贫血功能性食品开发思路

缺铁性贫血需要补充铁剂，而铁剂仅用于缺铁性贫血，不能用于非缺铁性贫血，因为铁负荷过重将影响重要器官（如心、肝、胰等）的功能。补铁剂量应从每日膳食摄入的铁量和功能性食品中铁的供给量两个方面考虑。补铁过量会对机体产生危害，出现恶心、上腹部疼痛、呕吐、腹泻、便秘等症状。孕产妇、婴幼儿、儿童及其他一些缺铁性贫血的人，是补铁功能性食品的主要消费者，因此改善缺铁性贫血功能的功能性食品在满足安全、稳定、有效的前提下，还应考虑色泽、气味等因素。

2. 产品配方

富马酸亚铁 8g，乳铁蛋白 1g、叶酸 0.08g，白砂糖 1000g，葡萄糖 80g，乳粉 80g，柠檬酸 18g，硬脂酸镁 6g，草莓香精 6g。产品通过富马酸亚铁、乳铁蛋白两种铁源达到很好地补充铁的效果，同时叶酸的添加具有很好的协同作用，让铁的吸收与利用效果更好。

3. 生产工艺

（1）称量　按配方比例分别称量好原辅料。

（2）配料混合　白砂糖（粉）（80 目）、葡萄糖（粉）（80 目）、乳粉、柠檬酸倒入搅拌机中干混 20min，得混合物。

（3）制软材　纯化水慢慢喷入到搅拌机中，搅摔 20~30min，制成“握之成团，触之即散”的软材。

（4）制粒　上摇摆制粒机，过 12 目筛，制粒出来上拖盘进烘箱。

（5）干燥　温度 55~65℃，时间 3~4h，中间需上下翻动 1~2 次，干燥至颗粒水分降至 4%以下。也可用沸腾制粒干燥床，开启蒸汽网门加热，温度控制在 55~65℃，边下料边烘干边出料，干燥约至颗粒水分降至 4%以下。

（6）整粒　干燥后的颗粒用快速整粒机过 12 目筛。

（7）混合　富马酸亚铁、乳铁蛋白、草莓香精混合 10min，叶酸、硬脂酸镁按等量递增法混合，每次 10min。将所制颗粒倒入三维混合机，再加入上述混合物和草莓香精充分混合 20min 以上，收料。

（8）压片　预先需对压片机所有接触产品部位用乙醇擦拭干净，装好冲头冲模开启压片机使其运转正常。将混匀后的颗粒置旋转式压片机的料斗中，调节好填充量、压力。压片过程每 15min 测片重一次。硬度适中，以手感为度：片面光滑、不黏冲。结束后，称量片子总量。片重差异控制在 1.2±0.06g/片。

（9）分装　按包装规格装配好包装模板和装好塑料瓶，将片子加入料斗中按包装机的操作规程进行数片，塑料瓶包装（80 片/瓶），在包装过程中及时挑出外观不合格的片子，之后及时旋紧瓶盖上感应封口机封口密封，包装时的产品计数通过缓冲设施传递出外包装。包装规格：1.2g/片×80 片/瓶。

（10）成品检验与入库　按企业标准规定的出厂必检项目和定期抽检项目进行检验。经检验合格后入库。即得改善缺铁性贫血咀嚼片功能性食品。

第二节 ▸▸ 有助于控制体内脂肪功能性食品

「保健功能释义」 脂肪是身体组成的必要成分，但在体内过量蓄积不利于健康。控制饮食和增加运动是控制体内脂肪必不可少的措施。有科学研究表明，补充适宜的物质有助于控制体内脂肪或改善控制饮食期间的营养供给。

人体脂肪，也就是通俗意义上讲的肥肉。人体脂肪并不仅仅指外在我们看得到的肥肉，还有很多是我们看不到的体内脂肪。人体脂肪又称三脂酰甘油或甘油三酯，由一分子甘油和三个脂肪酸缩合而成。体内脂肪酸来源有二：一是机体自身合成，二是食物供给。某些不饱和脂肪酸，机体不能合成，要靠食物供给，称必需脂肪酸。必需脂肪酸主要有两种，一种是 ω -3 系列的 α -亚麻酸，在含有油脂类的植物食物中含量高，如亚麻籽、白苏籽、紫苏籽、火麻仁、核桃等，还有深绿色的植物如螺旋藻及深海微藻中，动物食品中只有蚕蛹、深海鱼等极少数的食物中含有；另一种是 ω -6 系列的亚油酸，主要存在于豆油、玉米油和葵花油中。

人体摄入的大部分脂肪经胆汁乳化成小颗粒，胰腺和小肠内分泌的脂肪酶将脂肪里的脂肪酸水解成游离脂肪酸和甘油单酯（偶尔也有完全水解成甘油和脂肪酸）。水解后的小分子，如甘油、短链和中链脂肪酸，被小肠吸收进入血液。甘油单脂和长链脂肪酸被吸收后，先在小肠细胞中重新合成甘油三酯，并和磷脂、胆固醇和蛋白质形成乳糜微粒，由淋巴系统进入血液循环。肝、脂肪组织、小肠是合成脂肪的重要场所，以肝的合成能力最强（肝细胞能合成脂肪，但不能贮存脂肪）。脂肪合成后要与载体蛋白、胆固醇等结合成极低密度脂蛋白，入血运输到肝外组织贮存或加以利用。若肝合成的甘油三酯不能及时转运，便会形成脂肪肝。脂肪细胞是机体合成及贮存脂肪的仓库。

一、肥胖与体内脂肪的关系

肥胖是指人体脂肪的过量蓄积，表现为脂肪细胞增多和（或）细胞体积增大，即全身脂肪组织块增大，与其他组织失去正常比例的一种状态。常表现为体重超过了相应身高所确定的标准值 20%以上。

虽然肥胖常表现为体重超过标准体重，但超重不一定全都是肥胖。机体肌肉组织和骨骼如果特别发达、重量增加也可使体重超过标准体重，但这种情况并不多见。肥胖却必须是机体的脂肪组织增加，导致脂肪组织所占机体重量比例的增加。

腹部脂肪堆积是中国人肥胖的特点，中国人体质指数超过 25 的比例明显低于欧美人，但腹型肥胖的比例却比欧美人高。研究发现，体质指数正常或接近正常的人，若腰围男性大于 101cm，女性大于 89cm，或腰围与臀围的比值男性大于 0.9，女性大于 0.85，其危害与体质指数高者一样大。这就提醒人们在判断胖与不胖及其危害大小的时候，不仅要重视体质指数的高低，还要测量腰围的大小。

二、肥胖（即体内脂肪过量蓄积）的分类

1. 单纯性肥胖

单纯性肥胖为各类肥胖症中最常见的一种，这种肥胖者全身脂肪分布比较均匀，没有内分泌紊乱现象，也无代谢障碍性疾病，其家族往往有肥胖病史。

2. 继发性肥胖

继发性肥胖是由于内分泌紊乱或代谢障碍引起的一类疾病；而肥胖只是这类

疾病的重要症状之一，同时还会有各种各样的临床表现。

(1) 库欣氏综合征　肾上腺肿瘤或脑垂体肿瘤使肾上腺皮质功能亢进，产生大量的肾上腺皮质激素，造成体内脂肪合成上升，并重新分布，形成向心性肥胖。

(2) 下丘脑性肥胖　人的下丘脑的“饱觉中枢”受损坏，丧失饱腹感，导致人进食过快，能量入超而肥胖。

(3) 脑垂体性肥胖　脑垂体肿瘤或妇女产后的大出血引起的席汉综合征，患者肥胖、并且皮肤干燥、粗糙、少汗，出现黏液性水肿即非凹陷性水肿。

(4) 高胰岛素血症　高胰岛素血症则是因肥胖引起胰岛素阻抗，而形成的代偿性胰岛素增加，为冠心病、高血压、高血脂、2 型糖尿病、肥胖、脑卒中等共同的发病基础。

(5) 甲状腺功能减退症　患者多呈面貌呆滞状肥胖（黏液性水肿）。

3. 药物引起的肥胖

有些药物在治疗某种疾病的同时，还有使患者身体肥胖的副作用。如用肾上腺皮质激素药物治疗风湿病，病人往往会发生向心性肥胖。

三、体内脂肪过量蓄积产生的原因与危害

(一) 体内脂肪过量蓄积产生的原因

1. 遗传因素

体内脂肪过量蓄积在某些家族中特别容易出现，流行病学调查显示，肥胖的父母常有肥胖的儿女；父母体重正常，其子女肥胖的概率约为 10%，而父母中一人或两人均肥胖者，其子女肥胖的概率分别可增至 50% 和 80%。所以说，遗传物质对肥胖的发生、发展有一定的影响。

2. 神经系统

下丘脑有两种调节摄食活动的神经核，腹内侧核为饱觉中枢，受控于交感神经中枢，兴奋时发生饱感而拒食，所以交感兴奋时食欲受抑制而消瘦；腹外侧核为饥饿中枢，受控于副交感神经中枢，当兴奋时食欲亢进，迷走神经兴奋时摄食增加，导致肥胖。

3. 饮食生活习惯

(1) 饮食进食　饮食进食营养过多，可导致肥胖，饮食习惯对体脂的消长也有影响。晚餐过于丰富易发胖，餐次多比餐次少能减少脂肪的积聚。缺乏体力活动易使能量消耗少而能量相对过多导致肥胖。

(2) 体力活动　体力活动是决定热能消耗多少最重要的因素，同时也是抑制机体脂肪积聚的一种最有效办法。体力活动消耗热能的多少与活动强度、活动时间以及对活动的熟练程度密切相关。

4. 内分泌代谢紊乱

内分泌腺分泌的激素参与调节机体的生理机能和物质代谢，例如甲状腺、肾上腺、性腺、垂体等分泌的激素直接或间接地调节物质代谢。如果内分泌腺机能失调，或滥用激素药物，将引起脂肪异常而使脂肪堆积，出现肥胖。

（二）体内脂肪过量蓄积的危害

体内脂肪含量过高是脂肪肝、动脉硬化、高血压、冠心病、脑血管病的基础。肥胖者比正常者冠心病的发病率高 2~5 倍，高血压的发病率高 3~6 倍，糖尿病的发病率高 6~9 倍，脑血管病的发病率高 2~3 倍。同时体内脂肪含量过高也会影响儿童正常的生长发育，对其心理行为、智力行为也有不良影响。

1. 心脑血管疾病

肥胖者的脂肪代谢特点主要表现为血浆游离脂肪酸、总胆固醇、甘油三酯和低密度脂蛋白含量增多，高密度脂蛋白含量降低。大量的脂肪组织沉积于人体的脏器、血管等部位，影响心脑血管、肝胆消化系统和呼吸系统等的功能活动，进而引发高脂血症、高血压、动脉粥样硬化、心肌梗死等疾病。随着肥胖程度的加重，体循环和肺循环的血流量增加，心肌需氧量也增加，心肌负荷大幅度增加，导致心力衰竭。

2. 糖尿病

据流行病统计表明，肥胖者患糖尿病的概率要比正常人高 3 倍以上，这与其胰岛素分泌异常有关。胰岛素是由胰岛 β 细胞分泌的，对血糖水平有重要的调节作用。胰岛素分泌增多，脂肪合成加强，导致肥胖，而肥胖又会加重胰岛 β 细胞的负担，久而久之，致使胰岛功能障碍，胰岛素分泌相对不足，使得血糖水平异常升高而形成糖尿病。

3. 肿瘤

肥胖者体内的微量元素，如血清铁、锌的水平都较正常人低，而这些微量元素又与免疫活性物质有着密切的关系，因此，肥胖者的免疫功能下降，肿瘤发病率上升。有人曾对中度肥胖者进行调查分析，结果显示中度肥胖者中男性患癌症的概率比正常人高 33%，主要为结肠癌、直肠癌和前列腺癌；女性患癌症的概率比正常人高 55%。

4. 脂肪肝

肥胖症患者由于脂代谢异常活跃，导致体内产生大量的游离脂肪酸，进入肝脏后，即可合成脂肪，造成脂肪肝，出现肝功能异常。

四、控制体内脂肪的膳食基本原则

1. 合理控制总热能

人体在正常情况下，热能的摄入与消耗保持平衡。脂肪是人体热能的贮存形式，过多的营养物质转变为脂肪堆积在体内，控制体内脂肪必须控制热能的摄入，减少脂肪的摄入量。

2. 适量摄入糖

富含糖类的食品比富含脂肪的食品能更迅速地给人以饱胀的感觉。同时也指出，糖虽是必需的，但摄入要适度，尤其肥胖病人更应适当加以限制，如蔗糖、果糖、麦芽糖等容易在体内转变成脂肪。水果糖、巧克力、甜点心就属于这一类，肥胖的人要少吃或不吃这类甜食。对于多糖类的淀粉，如米、面、薯类的摄入也应适量，食入过多也可使热能超出，引起脂肪蓄积。

3. 多吃蔬菜

多吃蔬菜可以补充维生素和无机盐，如维生素 A、维生素 B_6、维生素 B_{12}、烟酸和铁、锌、钙等，这对脂肪的分解代谢起着重要作用。此外，蔬菜中含有膳食纤维和一些活性物质，能促进脂肪、糖类的代谢，起到控制体内脂肪的作用。

4. 饮水要充足

人体如果水分摄入不足，肾脏的正常生理机能就不能维持，加重了肝脏的负担，会影响肝脏对脂肪转化功能的发挥，使脂肪代谢减慢，造成脂肪堆积，体重增加。在控制体内脂肪过程中，因脂肪代谢活动加强，产生的各种废物增多，需要更多的水分来排除废物。在正常情况下，每人每天需要饮水 2000mL 左右，而肥胖者每超过理想体重 13.5kg，则需增加饮水 500mL。充分喝水可使代谢运转正常，体重更易得到控制，所以，控制体内脂肪时应适当增加饮水量，每天至少要饮 8 杯水。

5. 适度节食

节食是控制体内脂肪的措施之一，节食量不可过大，不可急于求成，绝对不可能将超出正常人 20%以上的体重在几天之内降下来。节食是一种缓慢渐进而较长期的饮食行为，关键在于坚持。一般以每周减轻体重 0.5~1 kg 为好。如果吃得过少，反而会引起饥饿，既对身体不利，又难持久。

6. 形成合理的饮食结构

控制体内脂肪，摄入合理膳食对健康有重要的作用，应合理安排一日三餐，每餐定时定量，吃好早餐，午餐适当增加，晚餐少吃，不得在睡前进食，要控制零食；要纠正挑食、偏食、暴饮暴食的不良习惯；要粗细、干稀、荤素搭配，适量吃点鱼、肉、蛋，不拒绝面食和谷类食品，要多吃杂粮、粗粮；食物多样化，不局限于某一种食品，防止食物单调。

五、有助于控制体内脂肪的物质

（一）脂肪代谢调节肽

1. 主要成分

由乳、鱼肉、大豆、明胶等蛋白质混合物酶解而得，肽长 3~8 个氨基酸，主要由“缬-缬-酪-脯”“缬-酪-脯”“缬-酪-亮”等氨基酸组成。

2. 生理功能

调节甘油三酯作用。经多种动物试验及人体试验，当有脂肪同时进食时，有抑制血清甘油三酯上升的作用。

（1）抑制脂肪的吸收　当同时食用油脂时，可抑制脂肪的吸收和血清三甘油酯上升。其作用机理与阻碍体内脂肪分解酶的作用有关，因此对其他营养成分和脂溶性维生素的吸收没有影响。

（2）阻碍脂质合成　当同时摄入高糖食物后，由于脂肪合成受阻，抑制了脂肪组织和体重的增加。

（3）促进脂肪代谢　当与高脂肪食物同时摄入时，能抑制血液、脂肪组织和肝组织中脂肪含量的增加，同时也抑制了体重的增加，有效防止了肥胖。

（二）魔芋精粉和葡甘露聚糖

1. 主要成分

魔芋精粉主要是由甘露糖和葡萄糖以β-1，4 键结合的高相对分子质量非离子型多糖类线形结构。魔芋精粉的酶解精制品称葡甘露聚糖。

2. 生理功能

主要具有减肥作用，能明显降低体重、减小脂肪细胞大小。魔芋精粉能减少脂肪堆积的作用，但达到一定量后，加大剂量的效果不大。

（三）茶叶提取物

茶叶提取物能抑制高脂饮食诱导的体重增加、附睾脂肪组织和肾周脂肪组织的增加。普洱茶提取物减轻体重、体脂的作用强于绿茶提取物；普洱茶提取物与绿茶提取物抑制高脂饮食导致的血脂升高侧重点不同，绿茶提取物降低血甘油三酯（TG）、血清总胆固醇（TC）和低密度脂蛋白胆固醇（LDL-C）的作用强于普洱茶提取物，而普洱茶提取物升高高密度脂蛋白胆固醇（HDL-C）的作用强于绿茶提取物。茶叶提取物中的茶多酚、茶黄素、儿茶素、维生素 C、黄酮、单宁等成分具有减肥功能。其中单宁类成分可在儿茶酚氧化酶的催化下形成邻醌类的聚合物，此聚合物能够结合甘油三酯与胆固醇，以粪便的形式将其排出。黄酮类成分具有类雌性性激素的作用，可调节人体的内分泌系统，达到减肥的目的。

（四）L-肉碱

肉碱有 L 型、D 型和 DL 型，只有 L-肉碱才具有生理价值，D-肉碱和 DL-肉碱完全无活性，且能抑制 L-肉碱的利用，美国 FDA 于 1993 年禁用。由于 L-肉碱具有多种营养和生理功能，已被视作为人体的必需营养素。L-肉碱具有减肥作用，为动物体内有关能量代谢的重要物质，在细胞线粒体内使脂肪进行氧化并转变为能量，以达到减少体内脂肪积累，并使之转变成能量的目的。

（五）α-亚麻酸

α-亚麻酸为不饱和脂肪酸，通过几个方面起到减少体内脂肪的作用：减少脂蛋白酶而减少脂肪在体内的贮存；加快脂肪降解速度和脂肪在线粒体中的燃烧速度；减少脂肪细胞的分裂增殖；延缓前脂肪细胞成长为脂肪细胞的速度。同时α-亚麻酸可以减少肌肉蛋白的降解，增加肌肉细胞的能量供给，维持甚至增加肌肉组织。

（六）膳食纤维

膳食纤维是一种不能被人体消化的碳水化合物，以是否溶解于水中可分为水溶性纤维与非水溶性纤维。常见富含水溶性纤维的有大麦、豆类、胡萝卜、柑橘、亚麻、燕麦和燕麦糠等食物。小麦糠、玉米糠、芹菜、果皮和根茎蔬菜中含有较多的非水溶性纤维。提高膳食中膳食纤维含量，可使摄入的热能减少，肠道内营养的消化吸收也下降，最终使体内脂肪消耗而起减肥作用。膳食纤维遇水可膨胀200~250倍，使人产生轻微的饱腹感，减少过多热量的吸收。又可以包覆多余糖分和油脂随同肠道内的沉积废物一同排出体外。

（七）可用于控制体内脂肪功能性食品的中药材中的功能性成分

姜黄素、荷叶提取物（荷叶碱）、枳实提取物、泽泻提取物、白茅根提取物、白术提取物、辣椒素等均具有一定的促进脂肪代谢、控制体内脂肪的功能。

六、有助于控制体内脂肪功能性食品应用实例

本产品为应用绿茶与一些可用于功能性食品的中药材组方形成一款具有有助于控制体内脂肪的袋泡茶，主要包括绿茶、决明子、荷叶、绞股蓝、山楂、枸杞和槐米。

1. 产品配方

绿茶30~40份、决明子7~10份、荷叶7~10份、绞股蓝5~8份、山楂5~8份、枸杞3~5份、槐米3~5份。

绿茶中的茶多酚具有提高新陈代谢、抗氧化、清除自由基等作用，可以激活三酰甘油酯肪酶作用及活化蛋白质激酶，减少脂肪细胞堆积，达到减肥的效果；茶碱、咖啡因可兴奋中枢，有利于促进脂肪代谢。决明子富含大黄酚、大黄素、决明素等成分，具有润肠通便、减肥、降压和降低胆固醇的作用。荷叶中的化学成分有黄酮和生物碱，这两种物质对减肥和降血脂都具有一定的作用，对脂肪的消耗有显著的效果。绞股蓝中含有皂苷，具有润肠通便，降低胆固醇，

促消化，去油脂的作用；绞股蓝还含有丰富的膳食纤维，可增加饱腹感，抑制脂肪堆积，从而达到减肥效果。山楂所含的解脂酶能促进脂肪类食物的消化，起到清除体内多余脂肪的功效和作用。枸杞中含有 18 种蛋白质，富含 β -胡萝卜素，热量很低，同时可抑制苦味。槐米润肠通便，含有的芦丁具有维持血管抵抗力，降低其通透性，减少脆性等作用，对脂肪肝有祛脂作用。

2. 生产工艺

（1）干燥　将绿茶、决明子、荷叶、绞股蓝、山楂、枸杞和槐米按配方量称取后进行干燥箱低温（60℃）烘干，得各组分干燥物。

（2）混匀　先将绿茶、决明子、枸杞和槐米破碎成 0.2~0.5cm 大小的颗粒，绿茶、荷叶、绞股蓝、山楂碎成 1cm 长度的碎片。再将破碎后的所有原料于二维混合机中混合均匀（约 30min）。

（3）杀菌　采用微波杀菌法对混合组分进行杀菌，杀菌条件为：微波辐射处理时间设定为 90s，微波辐射功率设定为 10w/g。

（4）包装　将杀菌后的混合物包装成袋泡茶，每袋 3~5g，后进行装箱等外包装，即得具有控制体内脂肪功能性食品的成品。

第三节 ▸▸ 有助于改善骨密度功能性食品

「保健功能释义」 骨密度是反映骨健康的常用指标之一，内分泌、年龄、运动、饮食、体重等是影响该指标的重要因素。中年以后，随着年龄增长，骨密度逐渐降低。有科学研究表明，补充适宜的物质有助于减缓骨密度的降低速度。

中国人因饮食习惯而引起部分人钙摄取量不足，尤其是青少年、孕产妇和中老年人，更可能由于内分泌调节问题引发钙吸收代谢不良，造成骨量的丢失，骨钙流失，骨密度降低，进而引发发育不良、骨质疏松等各种疾病。此外，我国是世界上老年人口最多的国家，随着我国人均寿命的延长及人口老龄化加快，骨质疏松症的发病率也在逐渐上升，已经成为影响人类健康的重要问题。预计到 2050 年，我国的骨质疏松症患者将增至 2 亿以上。因此，我国也将骨质疏松症作为国家重点攻关的三大老年疾病之一。研究开发安全有效的具有“有助于改善骨密度功能”的功能性食品，已成为国家关注的重要研究领域。

一、骨质疏松症的概念及分类

骨质疏松症是以骨量减少、骨组织微结构破坏为特征，导致骨质脆性增加、易于骨折的一种全身性骨骼疾病。2001 年美国国立卫生研究院将其定义为以骨强度下降和骨折风险增加为特征的骨骼疾病，提示骨量降低是骨质疏松性骨折的主要危险因素，但还存在其他危险因素，其常见的致病因素有衰老、雌激素下降、营养失调、生活习惯不良和长期服用类固醇、抗癌药、利尿药等。不同性别和任何年龄都有可能发生骨质疏松症，但多见于老人和绝经后妇女。骨质疏松症一般分为原发性骨质疏松症、继发性骨质疏松症和原因不明特发性骨质疏松症。

二、骨质疏松产生的原因

1. 原发性骨质疏松症

老年性骨质疏松症、绝经后骨质疏松症等均属于原发性骨质疏松症，其发生原因一般与内分泌紊乱有关。男性 55 岁后，女性绝经期后，性激素水平低下，蛋白质合成能力减弱，成骨细胞功能减退，骨质形成减少。雌激素有抑制破骨细胞活性、减少骨吸收和促进成骨细胞活性及骨质形成作用，并有拮抗皮质醇和甲状腺激素的作用。绝经期后雌激素减低，故骨吸收加速而逐渐发生骨质疏松。

2. 继发性骨质疏松症

（1）营养性骨质疏松症　缺乏蛋白质、维生素 C、维生素 D 或低钙饮食、酒精中毒等引起。在骨形成和骨吸收动态平衡的过程中，钙、磷、蛋白质、维生素及微量元素等多重物质的异常与骨质疏松症的发生紧密相关。蛋白质缺乏可导致骨有机基质生成不良，维生素 C 缺乏会影响基质形成，并使胶原组织的成熟发生障碍；饮食中长期缺钙者可发生继发性甲状旁腺功能亢进症促进骨质吸收，也可导致骨质疏松。成年人体内钙的含量约占人体体重的 1.5%，研究表明钙的摄取量在最高值以上时，骨质疏松症及其导致的骨折发生率显著性降低。

（2）内分泌性骨质疏松症　主要由皮质醇增多症和甲状腺功能亢进症引起。由于糖皮质激素抑制成骨细胞活动影响骨基质的形成，抑制肠钙吸收，增加尿钙排出量，同时蛋白质合成抑制、分解增加导致负钙及负氮平衡使骨质生成障碍，但主要是骨质吸收增加。甲状腺功能亢进使大量甲状腺激素对骨骼有直接作用，使骨吸收和骨形成同时加强，但以骨的吸收更为突出，致骨量减少。

（3）废用性骨质疏松症　由于老年人因某些疾病导致行动不便，长期卧床等废用因素会造成运动减少，肌肉强度减弱、对骨骼产生的机械刺激减少进而会导致骨量减少，骨量丢失而引发骨质疏松症。老年人由于行动不便等因素还会导致户外活动和日照的减少，使机体维生素 D 的合成水平降低，降低了机体对钙与磷的吸收，导致骨形成及骨矿化降低，诱发骨质疏松症。

此外，糖尿病、遗传性风湿性关节炎、消化系统疾病、服用某些药物（如长期服用皮质类固醇激素）等均可导致骨质疏松。

3. 青少年特发性骨质疏松症

青少年骨质疏松症的发生率远低于老年人，造成青少年骨质疏松有许多的特殊原因：如佝偻病即骨骺闭合以前的骨缺钙疾病，是由于母体在怀孕期间摄取钙质过少及维生素D缺乏引起。值得注意的是哺乳期喂养方法不当，或由其他原因导致钙、磷比例失调而继发的骨质疏松是青少年特发性骨质疏松症的主要因素。

由此可见，原发性骨质疏松症和继发性骨质疏松症是功能性食品应予改善的主要目标。

三、有助于改善骨密度的物质

1. 可促进骨钙沉着，增加骨量的物质

如碳酸钙、磷酸钙、乳酸钙、葡萄糖酸钙、酪蛋白钙等各种钙剂。同时补充维生素D可提高机体对钙、磷的吸收，从而促进生长和骨骼钙化。

2. 可增加骨量的物质

（1）淫羊藿　淫羊藿首见于《神农本草经》，其性温，味辛、甘，归肝、肾经。主要功效为益肾壮阳、强筋健骨。淫羊藿提取物可增强成骨细胞活性，促进骨形成。

（2）大豆黄酮　属异黄酮植物雌激素，具有雌激素样作用防止骨质疏松症。

（3）葛根　葛根中所含的异黄酮类物质能够调节骨代谢、促进骨形成，提高骨组织的内硬度，改善骨密度。

（4）酪蛋白磷酸肽　是以牛乳酪蛋白为原料，通过生物技术制得的具有生物活性的多肽，可促进骨骼及牙齿对钙的利用，促进小肠对钙的吸收。

（5）氨基葡萄糖　是一类广泛存在于人和动物软骨、肌腱和韧带中的天然氨基葡聚糖，同时也是构成关节软骨的主要成分，D-氨基葡萄糖盐酸盐通过刺激黏多糖的生化合成及增加钙质的摄取，提高骨与软骨组织的代谢功能与营养，亦能改善及增强滑膜液的黏稠度，增加滑膜液合成，提供关节润滑功能。

3. 可减少骨量进一步丢失的物质

主要为雌激素及具有雌激素样作用的物质，如大豆异黄酮等。

此外，硫酸软骨素、海洋鱼骨胶原低聚肽、鱼骨粉、鲨鱼软骨粉、黄瓜籽粉、黄芪、杜仲等亦是改善骨密度功能性食品的常见原料。

四、有助于改善骨密度功能性食品应用实例

1. 有助于改善骨密度功能性食品开发的开发思路

骨质疏松是以骨量减少为主要特征的，即骨质疏松时，骨量减少是骨矿物质（钙、磷等）和骨基质（骨胶原、蛋白质、无机盐等）比例的降低，表现为骨密度降低。以补钙为主的改善骨密度的功能性食品，必须具有促进机体及骨骼生长发育、增加骨矿物质含量和改善骨密度的功能。对不含钙或不以补钙为主的改善骨密度的功能性食品，应具有对骨密度降低模型发挥抑制破骨或促进成骨细胞活性等骨代谢调节作用，而具有改善骨密度及补钙含量的功能。

2. 产品设计

以葛根提取物、D-氨基葡萄糖盐酸盐作为主要原料，辅以硫酸软骨素，开发一种具有有助于改善骨密度功能的胶囊型功能性食品。

适宜人群为中老年人。

产品功效成分/标志性成分含量：每 100g 含功效成分：葛根素 18.6g，D-氨基葡萄糖盐酸盐 42.2g。推荐服用量为 0.45g/粒×4 粒/（人·d）。

3. 生产工艺

工艺流程：

氨糖、硫酸软骨素→称重→混合→装填→抛光→包装→检验→产品

↑

葛根提取物→制粒

操作规程：

（1）原辅料　由合格供方处采购，经检验合格后使用。

（2）制粒　将原辅料混合均匀，根据需要加入适宜的黏合剂。

（3）称重　按配方设计要求称量原辅料，所使用的计量器具应定期经计量部门校验并贴有有效的计量合格证。

（4）混合　将制粒的葛根提取物与硫酸软骨素、D-氨基葡萄糖盐酸盐进行混合。

（5）装填　混合物料采用 $0^{\#}$ 胶囊装填。

（6）抛光　用胶囊抛光机对填充好的胶囊抛光。

（7）包装　采用塑料瓶包装后，封口、贴标。

（8）检验　产品经检验合格后方可入库销售。

第四节 ▸▸ 有助于改善睡眠功能性食品

「保健功能释义」 睡眠状况不佳不利健康。睡眠是人体恢复体力和脑力的必要过程。时差、倒班、睡眠不规律、精神压力、劳累、用脑过度、情绪变化等因素可以引起睡眠状况不佳。有科学研究表明，补充适宜的物质有助于改善睡眠。

国际精神卫生组织于 2001 年将每年的 3 月 21 日定为“世界睡眠日”。但是随着科技的发展，电子产品的不断问世，生活节奏的不断加快，大多数人没有充足的睡眠时间，并处于高压力的生活方式，缺乏锻炼、咖啡的摄入量大大增加、噪声和光照时间延长等均可影响人群的睡眠质量，人类的睡眠正在受到严重的威胁。2020 年中国睡眠报告显示，中国人 2020 年的平均睡眠时长为 6.28h，相比 2013 年的 8.83h，减少了 2h。其中 23 点之后入睡者占 75%，熬夜至凌晨 1

点的超过30%。而睡眠是人类维持生命活动所必需的生理现象，与机体健康及生长发育密切相关。通过睡眠可以维持内环境稳态、消除疲劳，从而保证高效的工作及良好的生活质量。虽然短暂的失眠是大多数人都会经历的一种亚健康状态，但是长期的失眠不仅会严重地影响机体健康，还会降低生产力，增加事故的发生率。因此，良好的睡眠不论对个人还是社会的良性发展都是至关重要的，开发具有改善睡眠功能的功能性食品也成为功能性食品行业的市场热点。

一、睡眠的概念和机制

1. 睡眠的概念

睡眠是由于身体内部的需要，使感觉活动和运动性活动暂时停止，给予适当刺激就能使其立即觉醒的状态。现代研究认为：睡眠是一种主动过程，并有专门的中枢管理睡眠与觉醒，睡眠时人脑只是换了一种工作方式，使能量得到贮存，有利于精神和体力的恢复；而适当的睡眠是最好的休息，既是维护健康和体力的基础，也是取得高效生产能力的保证。

2. 睡眠的机制

一般认为睡眠是中枢神经系统产生的一种主动过程，与中枢神经系统内某些特定结构有关，也与某些递质的作用有关。中枢递质的研究表明，调节睡眠与觉醒的神经活动与中枢递质的动态变化有关，其中5-羟色胺与诱导并维持睡眠有关，而去甲肾上腺素则与觉醒维持有关。在睡眠时，机体基本上阻断了与周围环境的联系，身体许多系统的活动在睡眠时都会减缓，心率缓慢而血压下降，新陈代谢降低，全身肌肉渐渐松弛，但此时机体内清除受阻细胞、制造新细胞、修复自身的活动并不减弱。研究发现，睡眠时，人体血液中的免疫细胞显著增加，尤其是淋巴细胞，由此可以看出，睡眠具有保持能量、修复自身的作用；通过睡眠可以使精力和体力得到恢复，以便睡眠后保持良好的觉醒状态。

二、失眠的概念与类型

（一）失眠的概念

失眠是指无法入睡或无法保持睡眠状态，导致睡眠不足，又称入睡和维持睡眠障碍。世界上有将近50%的人患不同程度的失眠，其中将近20%的人成为慢性失眠者或严重失眠者。我国有近1/3的人存在着不同程度的失眠现象。失眠的临床表现为入睡困难、睡眠不深、易惊醒、早醒、多梦、醒后疲乏，或缺乏清醒感，警觉性、精力、认知功能、行为和情绪的变化等。

（二）失眠的类型

失眠的分类较多，按发生的时间特点可分为暂时性失眠和慢性失眠两类。

1. 暂时性失眠

暂时性失眠指突然发生的短暂失眠，失眠的时间通常不超过 3 周。暂时性失眠通常是由时差、暂时的压力、兴奋，疾病或睡眠时间表的变化所引起的。

2. 慢性失眠

慢性失眠即长期失眠，持续 3 周以上，在每晚或大多数晚上或每月的若干个晚上发生。临床将慢性失眠分为原发性失眠和继发性失眠。

（1）原发性失眠是一种无法解释的、长期或终生存在的频繁的睡眠中断、短睡，伴日间疲劳、紧张、压抑和困倦。除内在原因和环境干扰的因素之外，部分失眠人群可能有失眠的家族史，或原因不详但渐渐产生慢性精神性心理失眠。

（2）继发性失眠是由疼痛、咳嗽、呼吸困难、夜尿多、心绞痛、躯体疲劳等引起的失眠。许多新陈代谢疾病可以引起睡眠结构的改变，干扰正常的睡眠。

慢性失眠根据失眠发生的时间先后可区分为 3 种失眠症。一是发生在睡眠初期，表现为很难入睡，也是最常见的失眠症。二是表现为全夜时醒时睡。三是发生在睡眠终期，患者过早苏醒，不能再入睡。改善慢性失眠状态是功能性食品应用的重点。

三、失眠的原因及其危害

（一）失眠的原因

失眠的原因与引发失眠的因素不同，一般分为以下几个方面。

1. 因精神、心理因素导致的失眠

精神紧张、焦虑、烦躁不安、惊恐、兴奋、情绪低落或心情不愉快等，可引起短暂失眠，主要为入眠困难及易惊醒，精神因素接触后，失眠即可改善。另外，生活的打击、工作与学习的压力、未遂的意愿及社会环境的变化等，会使人产生心理和生理反应，导致神经系统的功能异常，造成大脑的功能障碍，从而引起失眠。

2. 因生理反应造成的失眠

环境的改变会使人产生生理上的反应，如乘坐车、船、飞机时睡眠环境的变化；卧室内强光、噪声、过冷或过热都可能使人失眠。有的人对环境的适应性强，有的人则非常敏感、适应性差，环境一改变就睡不好。由于生活工作环境的改变，短期适应后失眠即可改善。

3. 因身体疾病造成的失眠

如心脏病、肾病、哮喘、溃疡病、关节炎、骨关节病、肠胃病、高血压、睡眠呼吸暂停综合征、甲状腺功能亢进、夜间肌阵挛综合征、脑疾病等均可造成身体不适而导致失眠。

4. 饮用兴奋性饮品引起的失眠

如食用茶、咖啡、可乐类饮料等含有中枢神经兴奋剂的物质可导致失眠，停止食用后失眠即可消失。

5. 因年龄因素引起的失眠

大脑的发育情况与失眠有关，儿童多表现为夜惊、梦魇、遗尿，老年人则以失眠为主。

6. 对失眠的恐惧引起的失眠

过度恐惧失眠，是许多人心理上存在的问题。有的人对睡眠期望过高，认为睡得好身体就百病不侵，睡得不好身体上易出各种毛病，这样便增加了睡眠的压力，容易引起失眠。

7. 因睡眠节律紊乱引起的失眠

睡眠节律紊乱的原因有很多。电脑、手机的普及导致人们生活自律性下降，生活节奏加快，很多城市都有 24h 营业的店铺，这也将导致从业者生理节律性的紊乱，打乱人体生物钟，从而引起失眠。

（二）失眠的危害

长期缺乏睡眠极易引起疲劳、注意力不集中以及视、触觉的错乱等。少数人还会产生短暂幻觉和荒诞行为。失眠的危害主要体现在以下几个方面：

1. 影响大脑的创造性思维

科研人员研究认为，人的大脑要思维清晰、反应灵敏，必须要有充足的睡眠，如果长期失眠，大脑得不到充分的休息，就会影响大脑的创造性思维和处理事务的能力。

2. 影响青少年的生长发育

青少年的生长发育除了遗传、营养、锻炼等因素外，还与生长激素的分泌有一定关系。由于生长激素的分泌与睡眠密切相关，即在人熟睡后有一个大的分泌高峰，随后又有几个小的分泌高峰，而在非睡眠状态生长激素分泌减少，所以，青少年要发育好、长得高，睡眠必须充足。

3. 导致疾病发生

经常失眠，会使人心情忧虑，免疫力降低，由此会导致种种疾病发生，如神经衰弱、感冒、胃肠疾病等。睡眠不足还会引起血中胆固醇含量增高，使得发生心脏病的概率增加。

4. 影响皮肤的健康

睡眠不足会引起皮肤毛细血管瘀滞，循环受阻，使得皮肤的细胞得不到充足的营养，因而影响皮肤的新陈代谢，加速皮肤的老化，使皮肤颜色显得晦暗而苍白，尤其眼圈发黑，且易生皱纹。

5. 引起肥胖

有关研究表明，睡眠不足可以导致人体内消脂蛋白浓度的下降。消脂蛋白是在血液系统中活动的一种物质，具有抑制食欲的功能，能够影响大脑做出是否需要进食的决定。睡眠不足同时能引起人体内食欲激素浓度的上升而引起人的进食欲望，最终导致肥胖。

四、有助于改善睡眠的功能性物质

1. 褪黑素

褪黑素即松果体素，主要由松果体产生，对神经中枢有抑制作用，它的产生表现出明显的昼夜节律波动，其在夜间产生的数量是白天的50~100倍。随着年龄的增长，松果体萎缩直至钙化，特别是35岁以后，体内自身分泌的褪黑素明显下降，平均每10年降低10%~15%，导致睡眠紊乱以及一系列功能失调。褪黑素水平降低、睡眠减少是人类脑衰老的重要标志之一。从体外补充褪黑素，可使体内的褪黑素水平维持在年轻状态，调整和恢复昼夜节律，提高睡眠质量，延缓衰老的进程。

2. 色氨酸

5-羟色胺是神经递质，主要分布于松果体和下丘脑，可能参与痛觉、睡眠和体温等生理功能的调节。色氨酸是5-羟色胺的前体，体内5-羟色胺的合成需要食物提供色氨酸作为原料。筛选富含色氨酸的食物用于功能性食品是当前的一个方向。已知富含色氨酸的食物有海蟹、豆腐皮、生西瓜子、黄豆、黑芝麻、生葵花子等，这些物质可考虑应用于改善睡眠的功能性食品中。

3. γ-氨基丁酸

γ-氨基丁酸是一种广泛分布于动、植物体内的小分子量非蛋白质氨基酸。食用含有一定量γ-氨基丁酸的茶叶、发酵乳、巧克力、小麦、发酵肉制品等食品，具备改善睡眠、改善抑郁、促进放松等多种生理功能。当前，γ-氨基丁酸的食用安全性已获得美国、日本等国家的广泛认可，我国也于2009年，将其认定为一种新食品原料，并可用于饮料、糖果、巧克力等食品的生产。相关研究证实，外源摄入一定量的γ-氨基丁酸具备改善睡眠的生理功效。

4. 酸枣仁

酸枣仁为鼠李科植物酸枣的干燥成熟种子，其味酸性平，归肝、胆、心经，主要用于治疗虚烦不眠、惊悸多梦、体虚多汗、津伤口渴等症，目前已经有大量研究表明酸枣仁具有改善睡眠的功能。

5. 茯苓

茯苓为多孔菌科真菌茯苓的干燥菌核，味甘、淡，性平，归心、肺、脾、肾经，具有利水渗湿、健脾、宁心的功效，用于治疗水肿尿少，脾虚食少，心神不安，惊悸失眠等。茯苓的主要有效成分为茯苓多糖和三萜类物质，茯苓酸是茯苓特有的一种四环三萜化合物。文献报道，茯苓水煎液、茯苓中羧甲基茯苓多糖、茯苓总三萜及茯苓酸均有镇静催眠作用。

6. 灵芝

灵芝为多孔菌科真菌赤芝或紫芝的干燥子实体。味甘，性平，归心、肺、肝、肾经，具有补气安神，止咳平喘的功效，用于心神不宁，失眠心悸，肺虚咳喘，虚劳短气，不思饮食等。灵芝作为镇静安神中药，用于治疗躁动、失眠、心悸等症状已有数百年历史。现代医学证明，灵芝含有的多种生理活性物质，对失眠等神经系统疾病也有很好的治疗效果。

五、有助于改善睡眠功能性食品应用实例

1. 有助于改善睡眠功能性食品开发的开发思路

根据睡眠的机制和导致失眠发生的影响因素，改善睡眠的功能性食品应具有调节睡眠与觉醒的神经活动作用，或改善中枢递质的动态变化；也可以对心理、情绪等精神因素加以调节。大多失眠者是多方面因素造成的，其中由于年龄和营养缺乏因素引起的失眠，可以通过食用有助于改善睡眠功能的功能性食品进行调节。

2. 产品设计

设计一款酸枣仁胶原蛋白肽果汁饮品，原料主要有胶原蛋白肽、蓝莓浓缩汁、苹果浓缩汁、酸枣仁粉、γ-氨基丁酸、茶氨酸等。

3. 生产工艺

将原料投入配料桶后经过热调和、混匀保温、冷却调香、超高温瞬时处理（UHT）灭菌、罐装、二次灭菌等步骤后即可得到酸枣仁胶原蛋白肽果汁饮品。

第五节 ▸▸ 辅助改善记忆功能性食品

「保健功能释义」 非病理性记忆减退是健康状态下，大脑对过往经验和事物的识记、保持和再现能力变弱的感觉。人的记忆主要决定于先天禀赋和后天教育训练，并受年龄、精神、营养、社会环境等因素影响。补充有关的物质，不能使人“过目不忘”，也不能改善病理性的记忆减退。有科学研究表明，改善睡眠、压力和不良生活习惯基础上，补充适宜的物质有助于改善非病理性记忆减退。

高速发展的现代社会，带来了经济腾飞和生活便利，同时，也产生了许多新的问题，例如，压力、亚健康状态等。而由压力引起的焦虑、抑郁、失眠、工作学习效率低下等状态，均会对人们的大脑造成一定的损伤，最直接的结果便是头痛、记忆力下降等症状的产生。记忆是人脑对经历过事物的反映，记忆

力下降可分为两种：器质性与功能性的改变。器质性的记忆力下降是由于身体某一部位器质性病变或外伤引起的；功能性的主要表现在膳食状况、营养条件、不良嗜好和压力等引起的记忆力下降。而大部分人群是处于亚健康状态。亚健康是介于健康与疾病之间的一种状态。现代人生活节奏变快，亚健康的人群越来越多，这就进一步激发了功能性食品的快速发展。因此，研究开发具有辅助改善记忆功能相关的功能性食品成为热点，将对提高人民的生活质量有着重要的意义。

一、记忆的概念及分类

（一）记忆的概念

学习和记忆是大脑的主要功能，而学习与记忆又是智能的首要构成要素。学习是获得新知识的过程，记忆则是知识保留的过程，是两个不同而又紧密结合的神经活动。记忆是指习得的行为（经验）的保持和再现，或习得的行为（经验或信息）并不随时间的流逝而消失，却保留在人的头脑中，且在一定条件下能重现出来。如我们见过的人或物、听过的声音、嗅过的气味、品尝过的味道、触摸过的东西、思考过的问题、体验过的情绪和情感等。记忆是大脑对信息的接收、加工、贮存、巩固和提取的过程，首先对遇到的新信息进行加工处理，然后保存至特定部分，在有限的时间内，新信息存在于不稳定状态下，然而，随着时间的流逝，这种信息变得稳定，对破坏不敏感，需要时对存储的信息再利用。因此，记忆可分为识记或获得、贮存和巩固及再现或再认三个阶段。也有学者把记忆过程分为四个阶段，即感觉的登记或获得、贮存或巩固、维持或保持、提取或再现。

（二）记忆的分类

1. 根据记忆的内容分类

（1）形象记忆（表象记忆）。

（2）逻辑记忆（思想记忆、语义记忆）。

（3）情绪记忆（情感记忆）。

（4）运动记忆（动作记忆）。

2. 根据记忆中信息贮存持续时间的长短分类

（1）感觉记忆。

（2）短时记忆（又称第一级记忆）。

（3）长时记忆（又分为第二级记忆和第三级记忆）。

人类的记忆是一个相当复杂的过程，完成这一过程既离不开知觉、情绪、注意、意图等心理功能，也离不开早已贮存的知识和经验。

二、引发记忆力衰退的因素

（一）引发记忆力衰退的因素

引发记忆力衰退的因素较多且复杂，其变化的理化指标主要有以下几方面：

（1）中枢胆碱能神经系统，胆碱乙酰转移酶、乙酰胆碱酯酶为重要指标；

（2）主要包括去肾上腺素、多巴胺和5-羟色胺的神经递质；

（3）谷氨酸、γ-氨基丁酸等氨基酸类神经递质；

（4）神经生长因子对中枢胆碱能神经细胞具选择性营养作用；

（5）突触数量、突触面结构、突触体膜流动性、突触可塑性的变化均可观察到记忆的变化；

（6）Ca^{2+}是控制神经可塑性的重要因素。

（二）引发记忆力衰退的因素

（1）年龄增大，整体素质下降；

（2）痴呆病的早期症状；

（3）脑力劳动过度；

（4）贫血；

（5）先天发育不良；

（6）脑外伤后遗症等。

三、营养素与学习和记忆功能

（一）营养素与神经递质

食品营养素的组成直接影响到神经递质的合成。大脑的正常功能依赖于足够数量的脑细胞及其合成和分泌足量的神经递质。营养素对学习记忆的影响，在于许多营养素是某些神经递质的前体，或是神经系统发育的必需成分，或直接参与生物活性分子的组成。这些营养素缺乏时，人的精神状态、记忆力、思维、判断、感觉、语言和行为表现等都会受到影响，垂体-肾上腺激素的生成和释放也有所改变。

（二）维生素与学习和记忆功能

神经递质的合成与代谢必须有各种维生素的参与。维生素缺乏可引起可逆性痴呆症。维生素A直接参与视神经元的代谢，可增强大脑判断能力，其缺乏可影响包括脑在内的许多器官的发育和蛋白质含量，在胚胎期和哺乳期，脑的生长发育和蛋白质代谢与维生素A获得量呈正相关。维生素D可能是通过钙、磷代谢的调节作用而影响大脑功能的。维生素 E 在代谢过程中是重要的自由基清除剂，可有效抑制脑中必需脂肪酸的氧化，维护大脑健康旺盛的工作能力。维生素 B_1、维生素 B_2、维生素 B_6、烟酸、泛酸等在体内是以辅酶形式参与糖、脂肪和氨基酸的代谢，可促进糖代谢以保证大脑能量供给，有利于克服倦怠疲劳，使人思维敏捷。维生素 B_{12}与叶酸参与甲基转移和 DNA 合成。维生素 C 在羟化反应中发挥着重要的作用。这些维生素的缺乏或不足，都能影响脑细胞的功能和代谢。在应激或精神高度紧张的情况下机体对多种维生素的需要量增加，往往导致维生素的缺乏现象。

（三）碳水化合物与学习和记忆功能

脑细胞的代谢活动很活跃，但脑组织中几乎没有能源物质储备，每克脑组织中糖原的含量仅 0.7~1.5μg，所以需要不断地从血液中得到氧与葡萄糖的供应。脑功能活动所需的能量供应主要靠葡萄糖氧化来提供。由于血脑屏障的存在，血液中有多种营养成分是不容易进入脑组织的。成年人的脑组织很少利用脂肪酸作为能量来源，由氨基酸提供的能量不超过 10%。脑组织中大部分氨基酸用来合成蛋白质及神经递质。尽管脑仅占全身质量的 2%左右，但其所消耗的葡萄糖量却占全身耗能总量的 20%以上。尽管如此，通常食品所含的碳水化合物已足够全身（包括脑）活动的需要，不必再额外摄入，也可以说碳水化合物是不必特意追求的益智健脑成分。但是，蔗糖特别是精制糖的过量摄入易使脑功能出现神经过敏或神经衰弱等障碍，这已被大量的研究所证实。

（四）脂质与学习和记忆功能

组成大脑的成分中有 60%以上是脂质，脂质是大脑的物质基础，磷脂合成的中枢神经传递物质乙酰胆碱（ACh），是大脑思维、记忆及其他智能活动所必需的物质。人到中年后，脑内与记忆有关的物质 ACh 的合成能力比正常脑组织下降 50%。摄入富含卵磷脂的食物可延缓 ACh 消失速度。脑组织中含有 17%~20%的卵磷脂。磷脂是构成神经组织和脑脊髓的主要成分之一，摄取磷脂可使脑细胞活化，利于消除疲劳、增强记忆、提高学习和工作注意力，摄入时应保证充分的数量与质量。DHA 是大脑及视网膜中脂肪酸的主要成分，在大脑中主要存在于脑细胞膜及突起和连接脑细胞之间网膜的轴突和树突等重要部位，担负信息接收处理、传递及反应的重任，对脑神经功能的发育有促进作用。在所构成的脂质中，不可缺少的是亚油酸、亚麻酸之类的必需脂肪酸。我国传统认为，核桃仁的健脑效果很好，原因之一就是富含必需脂肪酸。红花油和月见草油、胚芽油和鱼油等的必需脂肪酸含量很高，都是很好的增智食品配料用油。

（五）蛋白质与学习和记忆功能

蛋白质是重要的营养素，是脑细胞的另一主要组成成分，占脑干重的 30%~

35%，就质量而言仅次于脂质。蛋白质是复杂脑智力活动的基本物质，在脑神经细胞的兴奋与抑制方面发挥着极其重要的作用，大脑的兴奋和抑制以及记忆、思考、语言表达等都靠蛋白质来完成。蛋白质缺乏时对机体各系统均产生不良影响。脑中的氨基酸平衡有助于脑神经外细胞和大脑细胞的新陈代谢，向大脑提供氨基酸比例平衡的优质蛋白质可使大脑智能活动活跃，因此它对生长发育期的人群及老年人特别重要。氨基酸作为神经递质或其前体物质而直接参与神经活动，从而影响学习记忆功能。已被认为是神经递质的氨基酸有谷氨酸、甘氨酸和 γ-氨基丁酸。一般认为学习的开端是细胞内谷氨酸的释放，随后经一系列神经活动导致突触直径增加，加速神经传递，有利于行为的获得，因而谷氨酸直接参与了学习记忆过程。

（六）微量元素与学习和记忆功能

微量元素参与生物活性分子的组成，许多生命必需酶的活性与微量元素密切相关，缺乏某些微量元素可妨碍学习记忆功能。充足的钙对保证大脑顽强而紧张地工作功效很大，其中最重要的一点就是抑制脑神经的异常兴奋，使大脑思维敏捷注意力持久，这样脑神经能自然地接受外界环境的各种刺激。碘缺乏可导致胎儿和婴幼儿中枢神经系统分化和发育障碍、感知障碍、运动障碍等。严重碘缺乏所导致的地方性甲状腺肿大常伴有智力发育迟缓，轻中度碘缺乏所导致甲状腺肿大儿童的智商亦明显降低。缺铁除可引起贫血外，还可使婴儿脑神经发育迟缓，降低凝视时间，注意广度和完成任务的能力。锌是 DNA 复制修复和转录有关酶所必需的元素，是大脑的记忆元素，缺锌可损害神经元的 DNA 处理系统，导致儿童生长发育障碍、智力发育不良等。

四、辅助改善记忆的物质

1. 银杏叶

银杏叶为银杏科植物银杏的干燥叶，性甘、苦、涩、平。具有敛肺，平喘，活血化瘀，止痛的功效。欧洲早在 20 世纪就对银杏叶提取物进行了深入的研究，其功能性成分主要包括黄酮类、萜内酯类。现研究出的功效机理主要包括抗氧化效应、抑制血小板激活因子、抑制神经兴奋毒性、抑制糖皮质激素合成等方面，而作为研究最广泛的植物药用原料之一。银杏叶提取物能够改善轻度认知障碍患者的认知功能，降低痴呆转化率。还可显著增加海马区乙酰胆碱的含量，进而改善学习记忆功能障碍。

2. 人参

人参，多年生草本植物，名贵中药材之一，多年来一直位列上品。传统中医学中人参的可利用部位为其肉质根，《神农本草经》描述人参有“补五脏，安精神，定魂魄，止惊悸，除邪气，明目开心益智”的功效，“久服轻身延年”。

现代科学研究表明，在中枢神经方面，人参能对其进行兴奋、抑制过程的调节，并可对记忆进行改善及修复。

3. 葡萄籽、越橘

葡萄籽和越橘提取物的功能性成分为原花青素，有着优异的抗氧化能力。其抗氧化效应会降低衰老过程中自由基引起的蛋白病变速率，进而保护神经中枢氧化损伤，可以改善视网膜，减缓衰老，改善记忆等。

4. 牛磺酸

牛磺酸，又称β-氨基乙磺酸，选择性地分布于大脑、小脑及海马体中，是脑内仅次于谷氨酸的重要兴奋性神经递质。在新生儿大脑中含量较高，约为成年水平的3~4倍，随着年龄的增长，含量呈降低趋势，成年后趋于稳定。牛磺酸在促进神经系统的发育及细胞的增殖分化过程中发挥重要作用，对婴幼儿智力发育尤为重要。

5. 锌

越来越多的研究表明锌离子在学习记忆功能、神经的形成、衰老及神经病变等疾病具有积极作用。脑中的锌主要依靠膳食补充。而海马区对锌摄入不足最敏感，可能引发一系列学习记忆相关的功能缺失。

6. DHA

鱼油、藻油中均含有丰富的DHA，即二十二碳六烯酸，是大脑的重要组成部分，也是正常神经功能的必须物质。DHA主要存在于磷脂酰乙醇胺（PE）和磷脂酰丝氨酸（PS）的组分中，而PE又是神经细胞膜的主要磷脂组成。现在研究广泛认可神经元的发育和突触的可塑性需要DHA，这点可以从阿尔茨海默病发生后大脑磷脂中DHA含量降低得到验证。

五、辅助改善记忆功能性食品应用实例

1. 辅助改善记忆功能性食品开发的开发思路

大脑是思维和意识的中枢，也是人体新陈代谢的重要体现。决定大脑记忆功能优劣的因素很多，而营养物质的滋养和补给是大脑保持正常功能的重要保障。多种营养物质或食物成分在中枢神经系统的结构和功能中发挥着极其重要的作用，有的参与神经细胞或髓鞘的构成，有的直接作为神经递质及其合成的前体物质，还有的与氧气的供应有关，如果供氧不足，就会影响大脑的思维活动。提高人体记忆力主要有以下途径：补充大脑必需营养物质、补充促进新陈代谢的物质、增加氧气利用率。

2. 配方

黄精80g，天麻40g，红景天40g，益智仁20g，牛磺酸1g，白砂糖20g，蜂蜜100g，柠檬酸钠适量，制备成1000mL口服液。

黄精补精气，益肾，益精髓，壮筋骨；天麻通络开窍，改善血液循环，改善记

忆能力；红景天益气活血通脉，益智仁暖肾固精为辅，牛磺酸能促进神经系统的发育及细胞的增殖。配伍后的产品能达到补养与清疏目的，实现改善记忆的功能。

3. 生产工艺

（1）一次提取　黄精、天麻、红景天、益智仁第一次加入12倍量水煎煮2.0h（第一次煎煮前浸泡0.5h），过滤，得料液1与料渣。

（2）二次提取　加入10倍量水煎煮料渣1.0h后过滤，得料液2与料渣。

（3）过滤与浓缩　合并料液1、料液2，板框式过滤机过滤。浓缩至原药材1.8~2.2倍（v/w）。

（4）醇沉　待药液冷却至40~50℃时，加入95%的乙醇使含醇量达45%，充分搅拌。常温下静置20h以上。

（5）过滤　板框式过滤机过滤。

（6）配制　采用纯净水进行溶糖与溶解牛磺酸，柠檬酸钠调节pH至约为4.50，定容，板框式过滤机过滤。

（7）装瓶与灭菌　10mL安培瓶装瓶，121℃、30min高压灭菌。

（8）内、外包装　即得具有有助于改善记忆功能的口服液功能性食品。

知识拓展 ▶

骨质疏松症风险评估工具

骨质疏松症是受多因素影响的复杂疾病，对个体进行骨质疏松风险评估，能为疾病早期防治提供有益帮助。临床上评估骨质疏松风险的方法较多，这里推荐国际骨质疏松基金会（IOF）骨质疏松风险一分钟测试题（表9-1），作为疾病风险的初筛工具。

IOF骨质疏松风险一分钟测试题是根据患者简单病史，从中选择与骨质疏松相关的问题，由患者判断是与否，从而初步筛选出可能具有骨质疏松风险的患者。该测试题简单快速，易于操作，但仅能作为初步筛查疾病风险，不能用于骨质疏松症的诊断。

表9-1　国际骨质疏松基金会（IOF）骨质疏松风险一分钟测试题

	编号	问题	回答
不可控因素	1	父母曾被诊断有骨质疏松或曾在轻摔后骨折?	是□否□
	2	父母中一人有驼背?	是□否□
	3	实际年龄超过40岁?	是□否□
	4	是否成年后因为轻摔后发生骨折?	是□否□
	5	是否经常摔倒（去年超过一次），或因为身体较虚弱而担心摔倒?	是□否□

续表

	编号	问题	回答
不可控因素	6	40 岁后的身高是否减少超过 3cm 以上？	是□否□
	7	是否体质量过轻？（BMI 值少于 19kg/m^2）	是□否□
	8	是否曾服用类固醇激素（例如可的松，泼尼松）连续超过 3 个月？（可的松通常用于治疗哮喘、类风湿关节炎和某些炎性疾病）	是□否□
	9	是否患有类风湿关节炎？	是□否□
	10	是否被诊断出有甲状腺功能亢进或是甲状旁腺功能亢进、1 型糖尿病、克罗恩病或乳糜泻等胃肠疾病或营养不良？	是□否□
	11	女士回答：是否在 45 岁或以前就停经？	是□否□
	12	女士回答：除了怀孕、绝经或子宫切除外，是否曾停经超过 12 个月？	是□否□
	13	女士回答：是否在 50 岁前切除卵巢又没有服用雌/孕激素补充剂？	是□否□
	14	男性回答：是否出现过阳痿、性欲减退或其他雄激素过低的相关症状？	是□否□
生活方式（可控因素）	15	是否经常大量饮酒（每天饮用超过两单位的乙醇，相当于啤酒 1 斤、葡萄酒 3 两或烈性酒 1 两）？	是□否□
	16	目前习惯吸烟，或曾经吸烟？	是□否□
	17	每天运动量少于 30min？（包括做家务、走路和跑步等）	是□否□
	18	是否不能食用乳制品，又没有服用钙片？	是□否□
	19	每天从事户外活动时间是否少于 10min，又没有服用维生素 D？	是□否□
结果判断		上述问题，只要其中有一题回答结果为“是”，即为阳性，提示存在骨质疏松症的风险，并建议进行骨密度检查或 FRAX® 风险评估	

BMI：体质指数；FRAX：骨折风险评估工具。

复习思考题▶▶

1. 什么是缺铁性贫血？缺铁性贫血的常见原因有哪些？
2. 肥胖的分类有哪些？具有调节体内脂肪功能的物质有哪些？
3. 什么是骨质疏松症？骨质疏松产生的原因有哪些？
4. 人体睡眠的机制是怎样的？引发失眠的原因有哪些？
5. 引发记忆力衰退的因素有哪些？开发改善记忆功能功能性食品的一般要求有哪些？

第九章　配套教学课件

实训项目九

具有某种特定功能的功能性食品的注册信息查询与分析

一、实训目的

（1）掌握某种特定功能的功能性食品的注册信息查询方法。

（2）熟悉某种特定功能的功能性食品注册信息的分析方法。

（3）通过对查询到的信息进行分析，了解某种特定功能的功能性食品的发展现状。

二、实训内容及操作步骤

1. 查询功能性食品注册信息

通过国家市场监督管理总局特殊食品信息查询平台，在“保健食品注册”项下，输入需要查询的保健功能，经过检索，查询到该功能的注册产品信息列表及每个功能性食品的相关注册信息。

2. 分析功能性食品注册信息

对查询到的产品注册信息进行统计，分别从批准年份、产品数量、产品剂型、适宜人群、保健功能、功效成分、主要原料等几方面对具有该功能的功能性食品的现状进行分析，为今后相关产品的开发提供依据。

3. 编写功能性食品发展现状分析报告

将查询到的功能性食品注册信息及分析情况，结合相关文献资料，编写一份具有该功能的功能性食品的发展现状分析报告。

报告内容包括：

（1）该功能的简要介绍。

（2）功能性食品查询的数据来源与分析方法。

（3）从多个方面对功能性食品信息进行统计分析的结果与讨论。

总结功能性食品的发展现状，并对未来功能性食品的开发提出建议。

第十章

改善皮肤健康状况功能性食品

【知识目标】

1. 掌握常见的有助于改善黄褐斑、痤疮、皮肤水分状况的功能性食品及其作用特点。

2. 熟悉黄褐斑、痤疮的起因和对健康的影响；皮肤水分对健康的影响。

3. 了解皮肤的基本构成、作用以及影响皮肤健康的因素。

【能力目标】

1. 学会查找有助于改善黄褐斑、改善痤疮、改善皮肤水分状况等功能的功能因子和物质的文献、资料的方法，基本掌握相关功能性食品的研发思路。

2. 学会选择合适的改善黄褐斑、痤疮、皮肤水分状况的物质或原料，指导相关人群推荐正确的功能性食品。

3. 能进行改善皮肤水分状况功能性食品的研制，会进行质量评价和功效评价。

【职业素养目标】

1. 通过对有助于改善皮肤健康状况功能性食品的开发应用，树立正确的人生观和价值观，培养“外表美和心灵美并行共生，心灵美才最美”的人文素养。

2. 通过实践研制改善皮肤健康状况功能性食品及其人体试食，培养职业道德操守，以及尊重生命、维护生命安全、自觉遵守职业规范的意识。

3. 激发追求科学的梦想，树立远大的科学志向，形成学科学、爱科学、用科学的良好氛围。

案例导入▶

大家对痤疮都不陌生，痘痘通常都长在脸部、胸前、后背，有没有长在手背、大腿上的呢？为什么痘痘通常长在看得到的部位呢？什么诱发因素下痘痘长得更猛烈呢？有同学说“吃了一顿火锅它就冒出来了”，有女同学说“好像生理期的时候痘痘也长得挺多”，有同学说“我和朋友喝点小酒它就长了”。那么为什么喝酒、吃辣、生理期、熬夜的时候会痤疮加剧呢？

平时大家是怎么“战痘”的？对着镜子用手挤、涂牙膏、经常洗脸、经常抚摸，用手抠它？

讨论：

1. 哪些因素可影响痤疮的发生发展？以上这些“战痘”方法到底对不对？
2. 怎样补充适宜的活性物质改善和促进皮肤健康，达到美容目的？

随着年龄的增长，皮肤中胶原蛋白、弹性蛋白、黏多糖等含量均有不同程度的降低，供应皮肤营养的血管萎缩，血流量减少，血管壁弹性降低，皮肤表皮逐渐变薄、隆起、皮下脂肪减少，导致皱纹、黄褐斑及老年斑等现象发生。

人体美由容貌美和形体美等组成，其中皮肤美占有重要地位。皮肤状态是衡量一个人美不美的重要标志之一。特别是面部皮肤，在显示人们的美貌和健康状况方面起到十分重要的作用。具有祛斑、改善痤疮、调节皮肤水油平衡等的功能性食品，是通过提供皮肤足够的营养成分和活性物质，延缓皮肤衰老，改善和促进皮肤健康，达到皮肤健康美容的目的。

皮肤健康基础知识

皮肤健康基础知识可扫二维码学习。

第一节 ▸▸ 有助于改善黄褐斑功能性食品

「保健功能释义」 黄褐斑为面部的黄褐色色素沉着，其发生和发展与妊娠、口服避孕药、内分泌失调、月经紊乱等因素有关。改善黄褐斑，应注意紫外线防护、内分泌异常及饮食失衡等。有科学研究表明，补充适宜的物质有助于改善黄褐斑状况。

黄褐斑是发生在面部的常见色素增生性皮肤病，又称肝斑和蝴蝶斑，多见于中青年女性。临床表现为皮损为淡褐色或黄褐色斑，边界较清、大小不等、形状不规则的，一般对称分布于眼眶附近、额部、眉弓、鼻部、两颊、唇及口周围等处。此种色斑表面光滑、不高出表皮，表面没有炎症，也无脱屑现象。

临床上将黄褐斑分为三种类型，即面部中央型、面颊型、下颌型。面部中央型最常见，皮损分布于前额、颊、上唇、鼻和下颌部。面颊型皮损主要位于双侧颊部和鼻部。下颌型皮损主要位于下颌及颈部 V 形区。

一、黄褐斑起因和祛黄褐斑的作用机理

现代医学上认为黄褐斑的发病机制极其复杂，一般认为黄褐斑的发生是身体内部疾病的面部表现。一些生殖器官疾病、内分泌腺病变或其他慢性疾病，如慢性肝肾疾病等都会导致肾上腺皮质功能或垂体分泌亢进，从而生成较多的黑色素，导致黄褐斑的形成。

黑色素会在酪氨酸酶的作用下由无色的酪氨酸生成多巴，多巴又在酪氨酸酶的作用下变成多巴醌，再经一系列氧化过程最后形成黑色素。正常情况下，黑色素形成以后，一部分会被分解，通过肾脏排出体外，另一部分会随着表皮的脱落而脱落。当机体内氧化与抗氧化之间的平衡发生紊乱，特别是过氧化氢酶活性显著降低，导致酪氨酸酶活性升高时，黑色素就会增多，激增的黑色素又因代谢的迟缓而无法排出体外，皮肤抗氧化能力较弱时，就会使色素淤积在脸上形成斑点。因此，抑制酪氨酸酶的活力，以干扰和减少黑色素的产生，是达到预防黄褐斑生成的有效措施。

内分泌失调会造成色素代谢功能紊乱，导致大量黑色素沉着于皮肤表皮细胞而引起黄褐斑。处于经期、孕产期、哺乳期的妇女以及某些消耗性疾病患者，会出现体内色素沉着和血管淤塞等现象，导致血液内循环不畅和新陈代谢功能减弱，使得体内毒素和废物不能及时排出，在体表形成色斑。因此，调节内分泌平衡、促进新陈代谢、清除自由基、活血化瘀和清肠排毒，也能一定程度上达到以内养外、祛斑美白的效果。

此外，营养不良或不合理，如缺乏维生素 A、维生素 C、维生素 E、烟酸及某些微量元素等，或者紫外线过多照射都会引起黄褐斑。某些化妆品的刺激、阳光暴晒等也是黄褐斑的常见诱因，精神神经因素也是引起黄褐斑的一个原因，如生活无规律、睡眠缺乏等。

另外，皮肤暴晒过多也可以引起色斑。阳光中的紫外线虽然可以杀死皮肤表面的细菌，使皮肤保持健康，但同时也会对皮肤产生一定的伤害。这是因为紫外线波长短，可以穿透角质层、颗粒层直到生发层的基底细胞上，使其中的成黑色素细胞产生黑色素的作用加快。所以，皮肤暴晒过多，不仅会患日光性皮炎，使皮肤出现发红、脱皮、疼痛等现象，还能使色素沉着，形成黄褐斑，甚至引起局部免疫能力的下降，严重时还会有皮肤的病变。长期受紫外线照射的登山队员和日光浴者，皮肤恶性肿瘤的发生率超过正常人的几倍到几十倍，是由于过量的紫外线使细胞内的遗传物质 DNA 发生突变，从而导致细胞的形态、结构和功能发生改变。因此日晒应适度。

二、有助于改善黄褐斑的功能性原料

（一）食物的营养成分与改善黄褐斑

食物的营养成分是人类赖以生存的基础，皮肤虽不能直接吸收食物，但是

它可以从人体内摄取所需的养分。因此，提供足够的营养是皮肤健美的基础。皮肤细胞的营养要素主要来源于蛋白质、脂肪、碳水化合物、微量元素和维生素。

1. 水分和膳食纤维

水是生命之源，是身体健康和皮肤健美的保证。水还是体内的清洗剂，它将体内的有毒物质通过胃肠道随粪便及通过肾脏排尿排出体外。皮肤蒸发和排汗也排出一部分水分。汗腺分泌的汗液是一种低渗溶液，所以在排汗的同时，也排出无机盐，可减少盐分过高给身体带来的危害。水还是价格低廉的特效美容洗涤剂，能洗去皮肤上的污物，使皮肤正常呼吸。

对于祛斑而言，水分和膳食纤维的作用有点类似。足够的水分有助于血液循环，将营养物质输向皮肤，同时运走代谢废物，减少黑色素的沉着，防止面部色斑生成。而膳食纤维能促进肠道蠕动、增强机体新陈代谢能力、加快代谢废物和毒素排出体内的速度，从而防止色斑的生成。

2. 脂肪

不饱和脂肪酸，如亚麻酸，能增进血液循环、减少脂肪在血管内壁的滞留，消散粥样硬化斑，防止血管内膜损伤；能调节皮脂腺的代谢，改善皮肤代谢失调现象，增进皮肤健康，缓解由内分泌失调引起的色斑。

3. 维生素 E

维生素 E 能调理内分泌，清除自由基，抑制体内脂质的过氧化反应，防止细胞组织老化，减少过氧化反应所导致的生物大分子交联和脂褐质堆积现象，延缓机体衰老、减少或阻止色斑的形成和出现。

4. 维生素 C

维生素 C 参与体内的氧化还原反应过程、具有很好的抗氧化、清除自由基和提高免疫力的作用。它能抑制中间体多巴醌转化成黑色素，并将深色氧化型黑色素还原为浅色的还原型黑色素。维生素 C 还可以增强皮肤紧张能力和抵抗能力，防止色素沉积。

5. B 族维生素

B 族维生素包括纸生素 B_1、维生素 B_2、维生素 B_6、维生素 B_{12}等，对于皮肤保健较重要的是维生素 B_2和维生素 B_6，它们又被称为“美容维生素”。维生素 B_2具有强化皮肤新陈代谢、改善毛细血管微循环的作用。它能使色素减退、色斑减少，使眼、唇变得光润、亮丽。维生素 B_2缺乏时皮肤会产生小皱纹，发生口角溃疡、唇炎、舌炎，甚至会对阳光过敏，出现皮肤瘙痒、发红，以至有红鼻子等皮肤疾病。体内缺乏维生素 B_6会引起蛋白质代谢异常，从而使皮肤出现湿疹、脂溢性皮炎等，但与黄褐斑的出现无关。而机体缺乏烟酸（维生素 B_3）易引起癞皮病，最终还会因色素沉着而使皮肤出现斑块。维生素 B_1能促进胃肠蠕动，增强机体新陈代谢功能，进而预防黄褐斑的出现。

6. 硒

硒是强抗氧化剂，能将过氧化物还原或分解，达到清除自由基、保护细胞膜结构和功能、修复分子损伤，从而延缓衰老，防止色斑生成。含硒酶——谷胱甘肽过氧化酶具有清除脂质过氧化物的作用。此外，硒还具有促进体内新陈代谢、增强机体免疫力等功能。

7. 蛋白质

有人提出美容食谱应以蛋白质为中心，且含有多种人体必需的成分，特别是具有较高营养价值的略偏碱性的食品。

（二）有助于改善黄褐斑的功能因子及功能性食品

人体内在不断地产生和消除氧自由基。当体内抗氧化能力下降时，就会有过多的自由基形成。健康年轻的皮肤可以调节皮肤自由基的产生，消除多余的氧自由基，使皮肤中的自由基达到平衡，随着年龄的增加或体质的改变，皮肤内清除氧自由基的酶活性下降，抗氧化剂含量降低，氧自由基增加，这样皮肤内自由基失去平衡，出现多余的有害自由基，导致自由基对皮肤细胞的损伤。正是因为自由基使支撑真皮层的胶原蛋白和弹性蛋白发生分解，造成两种蛋白的退化，使皮肤失去张力和弹性，从而产生皱纹；自由基氧化皮肤内的不饱和脂肪酸，形成类脂褐色素积聚在皮肤下，在皮肤外表产生晒斑、黄褐斑、老年斑等；自由基还使皮下血液微循环不畅，皮肤细胞营养供给受阻，面部肌肤干涩黯淡。因此，对于消除色斑，向机体不断提供能消除自由基的抗氧化剂，使体内有足够的抗氧化能力，以促使形成褐斑的脂褐质氧化分解，提高溶酶体酶的活力，加速黑色素的降解等，方能达到以内养外、改善色斑的目的。

具有美容功能的食品很多，由于个人的年龄、性别、肤质、生理因素、身体状况和个体特殊需要的不同，所以适合于个人的美容食品也不同，在选用和设计美容食品时必须因人而异。

1. 阿魏酸

阿魏酸有吸收紫外线（290~330nm）的作用，而波长 305~310nm 的紫外线极易诱发皮肤红斑。阿魏酸有抑制黑色细胞形成的作用，0.2%阿魏酸可使黑色细胞由（117±23）个/mm^2降为（39±7）个/mm^2。阿魏酸有很强的抗氧化能力，可降低色素沉着；阿魏酸还可通过抑制酪氨酸酶的活性，抑制黄褐斑的生成。此外，阿魏酸能促使血液微循环，使皮肤得到充足的养分，达到防止皮肤老化、提高白度的效果。

阿魏酸与维生素 E 及大豆磷脂配合使用（如维生素 E 阿魏酸酯），对抑制黑色素的形成和酪氨酸酶的活性具有更好的作用。

2. 苹果多酚

苹果多酚是生苹果的提取物，棕红色粉末，有苦涩味和苹果香气，易溶于水和乙醇。其主要成分有以绿原酸为主的酚羧酸类（约占 25%），儿茶素、表儿茶酸、没食子酸等单体（约占 15%），根皮苷、根皮素、对香豆酸、二氢查耳酮、槲皮苷等（约占 10%），原花色素类（平均相对分子质量在 2000 左右，约占 50%）。由于苹果多酚中所含的低聚（二聚和三聚）花色苷含量较高，因此具有较强的抗氧化能力。苹果多酚可通过强抗氧化作用抑制酪氨酸酶的活性来降低黑色素的形成，通过抑制过氧化脂质的形成以消除黄褐斑，达到增白美容的效果。

3. 红花

菊科植物红花的干燥花朵，呈红色（未成熟时呈黄色）。主要成分为红花黄素（SY）、红花醌苷（红花红素）、红花苷、新红花苷、15α，20β −二羟基−$\triangle^4$−娠烯−3−酮、β −谷甾醇等。SY 占色素量的 20%~30%，包括红花黄素 SY−1（占 75%）、SY−2（占 15%）、SY−3 和 SY−4 等。红花还含有油酸、亚油酸、亚麻酸等脂肪酸以及多种黄酮类化合物及多糖。

红花可活血化瘀，加速血液循环，促进新陈代谢，有助于排除黑色素细胞所产生的黑色素，促进滞留于体内的黑色素分解，使之不能沉淀形成色斑，或使已沉淀的色素分解后排出体外。

4. 番红花

番红花又名西红花（*Crocus sativus L.*）。鸢尾科番红花属多年生宿根草本植物番红花的干燥花柱头。主要成分为苦藏花素（picrocrocin）、藏花素（crocin）、维生素 B_1、维生素 B_2、2，2，1−三甲基−4，6−环已二烯醛、油脂、精油。番红花具有通经活血作用，因而具有改善黄褐斑功效。

5. 珍珠粉

珍珠自古以来是名贵中药材，美容佳品。珍珠粉由珍珠贝所产珍珠为原料制备而成，具有美容增白、祛斑生理功能。

珍珠含碳酸钙约 92%，有机物约 5%，包括 18 种氨基酸（以牛磺酸、乌氨酸和甘氨酸居多）、类胡萝卜素（指黄色珍珠）、毛莨黄素、葡萄糖胺、半乳糖胺、卟啉类铁胺、角蛋白、锂、锶、钛等。

第二节 ▸▸ 有助于改善痤疮功能性食品

「保健功能释义」 痤疮是一种毛囊皮脂腺异常的表现，多见于青年人面部，俗称“青春痘”。遗传、皮肤油脂多、毛囊角质化、细菌繁殖、精神压力、免疫、刺激性食物等因素都影响痤疮的发生发展。有科学研究表明，补充适宜的物质有助于改善痤疮状况。

痤疮（Acne）是一种毛囊皮脂腺的慢性炎症性疾病，好发于 15~30 岁青年人，俗称“粉刺”“青春痘”。痤疮主要发生在颜面部、肩周、胸和背等皮脂腺丰富部位，尤其是前额、双颊和颌部，表现为黑头粉刺、炎性丘疹、激发脓包或结节、囊肿等。痤疮发病率较高，我国男性发病率约45.6%，女性约38.5%。

一、痤疮产生的原因及其对健康的影响

（一）痤疮产生的原因

痤疮是一种多因素引起的慢性疾病，发病机理尚未完全清楚。皮脂分泌、毛囊过度角质化、微生物繁殖是痤疮发病的主要因素。此外，遗传因素、饮食、情绪紧张或某些化学因子也可能引起痤疮的产生和恶化。

1. 精神因素

精神因素不是引发痤疮的主要原因，但为首要因素。精神虽然看似抽象，但却严重影响皮肤的健康。心理压力太大，长时间精神抑郁，经常情绪不稳定，精神紧张，会通过中枢神经系统影响内分泌，造成油脂分泌失调，产生痤疮。

2. 性激素平衡失调

目前多数学者认为痤疮的发生是性激素平衡失调引发的。青春期雄激素增多，特别是皮肤中双氢睾酮的增加，使皮脂腺肥大，皮脂腺分泌亢进，同时使毛囊及皮脂腺导管角化，导致皮脂排泄障碍，皮脂潴留，聚积在毛囊口，毛囊壁上脱落的上皮细胞与浓稠皮脂混合成为干酪状物质，堵塞毛囊口，经空气氧化和尘埃污染形成粉刺。粉刺挤压邻近细胞，使其抗菌力降低，易被细菌感染，致使毛囊及粉刺内的厌氧痤疮棒状杆菌大量繁殖，形成炎性丘疹或脓疱。

由于男性皮脂分泌量较多，所以男性痤疮较女性顽固。青春期女性随着身体发育，肾上腺分泌机能趋向活跃，如果卵巢成熟滞后，或者更年期卵巢萎缩、功能衰退，雌激素分泌水平大大降低，都会诱发女性痤疮。

3. 毛囊角质细胞的异常角化

异常角化是毛囊皮脂阻塞的重要原因。毛囊是管道系统，毛囊口或管道本身出现问题都会引发炎症。正常情况下，表皮的角质细胞会一直延伸至毛囊的顶端，毛囊细胞会顺利新陈代谢，让皮脂分泌至皮肤表面，但有些毛囊口的细胞附着过于紧实时就会角化异常。角化细胞不正常的附着且不脱落，会造成下方分泌代谢物无法排出，而角化异常其实又受到细菌和油脂大量分泌的间接影响，两种相互关联而促使痤疮生成。

雄性激素也会影响毛囊皮脂腺角质化，当过度角质化以后，在脱落的时候会堵塞毛囊，使毛囊口变小，管腔狭窄、闭塞，毛囊开口处过度的角质堆积，使皮脂堵塞在毛孔中，从而形成粉刺。

4. 遗传

皮脂腺的大小、密度或活性及毛囊结构和内分泌等方面的差异，都受到基

因遗传的影响，说明痤疮很大程度上与遗传有关。资料显示，几乎60%的痤疮患者跟家族史有关。父母是油性肤质且易患痤疮的，其子女也容易患痤疮。

5. 微生物繁殖

毛囊中常见的微生物主要有痤疮丙酸杆菌、表皮葡萄球菌和亲脂性酵母菌。它们本身并不致病，但在特定环境下会发生问题。

毛囊内细菌的增生，特别是痤疮丙酸杆菌的增生，能将原本较无刺激的皮脂，分解成高刺激性的游离脂肪酸，引起毛囊发炎。痤疮丙酸杆菌是一种厌氧型革兰阳性杆菌，阻塞的毛囊非常适合它的生长，当繁殖到一定阶段，还会向皮肤毛囊渗透，引发丘疹、脓疱、结节和囊肿。长此以往会引起毛囊扩张，导致毛孔变粗。当它的入侵超过真皮以后，就会留下疤痕，有增生性的疤痕和凹陷性的疤痕两种。

6. 膳食营养

食物对痤疮的影响因人而异。食用过多的脂类、糖类、辛辣食物会刺激皮脂腺分泌活跃而引发痤疮。膳食中缺乏维生素 B_2、维生素 B_6 和维生素 A，皮肤易受细菌感染，可诱发痤疮。此外，各种酒类都含有不同浓度的酒精，酒精会使血管扩张，血液被大量送往皮脂腺，促使皮脂腺分泌过多，因喝酒使血管长期处于扩张状态，会引起面部泛红，皮脂过多，从而加重痤疮。

7. 生活或工作环境

生活或工作环境污染严重，环境过热或潮湿会加重痤疮病情。由温度和湿度相对较低的地方转到温度和湿度较高的地方，也容易出现痤疮，是皮肤油脂分泌增多后，新陈代谢仍维持原来的水平，皮脂出现堵塞，痤疮便出现了。所以，换季或者出差在外时容易长痤疮。

悬浮于空气中的尘埃容易附着在人的脸、手等部位，尘埃阻塞了皮肤毛孔，使皮肤无法正常呼吸，影响其新陈代谢，发生皮肤病，加之尘埃中含有诱发痤疮的细菌，这些细菌侵入毛孔会造成痤疮等皮肤疾病。

此外，过多的日晒不仅使油脂分泌增多，而且会造成角质增厚，也会引发痤疮。

8. 胃肠及肝脏功能障碍

胃是机体重要的消化器官，当胃酸分泌减少时，皮肤的酸度就会降低，油脂分泌增强，颜面皮肤倾向于油性。当胃肠功能减弱时，糖类分解不佳，鼻和脸颊的毛细血管扩张，易造成局部发红。此外，胃肠机能发生障碍容易引起便秘，使食物在肠道内腐败，产生的毒素被肠、胃吸收后，对身体、皮肤造成毒害，使皮肤新陈代谢缓慢，以至角质增加而引起发炎症状。

肝脏是人体最大的“化工厂”，它不仅与糖、蛋白质、脂类、维生素和激素的代谢有密切关系，在胆汁酸、胆色素代谢和生物转化中也发挥重要作用。肝脏具有贮存、化解毒素、调整激素平衡的功能。当肝脏功能发生障碍，如患慢性肝炎时，表现在皮肤方面就是容易发生日光过敏，出现皮肤干裂、痤疮、肝斑等现象。

9. 药物刺激

有些药物，如含溴化物、碘化物的药品本身有刺激性的物质，如果长期使用，会使这些物质积聚在皮肤组织内，促使痤疮情况恶化。

有些药物内含的性激素也会对痤疮的发生起到催化作用，使痤疮的症状更加严重。长期使用含有激素的化妆品，会使皮肤变薄、毛囊萎缩、毛细血管扩张、皮肤抵抗力下降。毛细血管扩张后，血管的通透性增强，血管内的大分子物质容易渗出，而容易引发过敏症状，发生感染和炎症。护肤品，特别是化妆品，往往造成毛孔堵塞，引发痤疮，有的清洁产品含刺激成分，也会引发痤疮。如牙膏中所含的氯化物会刺激皮肤，使皮肤增厚，增厚的死皮如不能及时脱落就会阻塞毛孔，产生痤疮。

此外，过度疲劳、睡眠不足时，皮肤易受细菌感染，可诱发痤疮或使症状加剧。

（二）痤疮与健康

痤疮最早损害为粉刺，粉刺有白头与黑头两种类型。黑头粉刺也称为开放性粉刺。因毛孔开放、皮脂栓塞、顶端干燥，皮脂容易被空气氧化和尘埃污染而呈黑色，如用手挤压，可挤出1mm左右的乳白色脂栓。白头粉刺也称封闭性粉刺，为灰白色小丘疹，约针头大小，毛囊口不开放，不易挤出脂栓，粉刺可继续发展为炎性丘疹、结节、脓包、囊肿、瘢痕等。炎性丘疹为米粒至绿豆大小，淡红至暗红，有的中心有黑头。炎性丘疹如炎症较重或化脓感染就会发展为脓包。结节呈紫红或暗红色，高出皮肤表面呈半球形或圆锥形，也可深及皮肤内部而仅能触及，以后可逐渐吸收或化脓溃破，最后产生疤痕。囊肿是由皮脂毛囊口阻塞、囊内组织坏死所致，呈暗红色或褐色。较大的囊肿挤压时有波动感，并能排出大量脓血。

从中医学理论来看，人体是一个有机整体，不同部位发生的痤疮是人体不同脏腑功能失调的外在表现。如果长期思虑过度，劳心伤神，常可引起心火旺盛、心火上炎，这时额头上常常会长出痤疮。如果痤疮长在鼻梁，代表脊椎骨可能出现问题；如果是长在鼻头处，可能是胃火大、消化系统异常。长在眉毛的上部或嘴角的痤疮一般是胃不堪重负或消化不良的表现。若长在鼻头两侧，就可能跟卵巢机能或生殖系统有关。而长在下巴的痤疮可能暗示肾功能受损或内分泌系统失调。女生容易在下巴周围长痤疮可能是月经失调所引起。此外，长在脸颊上的痤疮可能与肝、肺功能出现问题有关。如果平时压力较大又没有自我调节好，肝郁气滞的各种症状便会随着压力的增大而日益明显，使脸颊上长出痤疮。

二、有助于改善痤疮的功能性原料

1. 水分

皮肤的正常代谢需要水分。水有利于稀释血液，有助于血液循环，能洗净体内的毒素并加速将其排出体外，减少毒素的蓄积，而且足够的水分也有助于表皮废物的排出，使皮肤光洁有弹性。

2. 必需脂肪酸

人体皮肤的油质层中包含许多人体自身无法合成的必需脂肪酸，而这些必需脂肪酸又与皮肤角质层的正常代谢息息相关。当皮脂腺大量分泌或表面油脂受细菌分解而导致必需脂肪酸被稀释时，容易产生角化异常造成毛孔阻塞。

3. 维生素

机体健康离不开维生素，皮肤健美也离不开它。与皮肤健美有关的主要维生素有维生素 A、B 族维生素、维生素 C、维生素 E 等。

（1）维生素 A 及其衍生物　维生素 A 及其衍生物具有脂溶性，可以直接穿过真皮发挥作用，刺激成纤维细胞，促进纤维的合成。缺乏时，皮肤会出现上皮角化，即毛囊角化症，容易引发痤疮。

（2）B 族维生素　维生素 B_2能强化皮肤新陈代谢，改善毛细血管微循环，使眼、口唇变得光润、亮丽。缺乏时，易出现口角炎和脂溢性皮炎。

维生素 B_6具有抑制皮脂腺活动，减少皮脂分泌，治疗脂溢性皮炎和粉刺等功能。缺乏时，皮肤会出现湿疹和脂溢性皮炎等。

（3）维生素 C　维生素 C 是胶原蛋白形成过程中的必需成分，它能加速皮肤的自我修复。缺乏时，胶原单体无法实现羟基化而导致胶原生物合成失败，皮肤上的创伤口将难以愈合。

（4）维生素 E　维生素 E 具有促进毛细血管微循环、调节激素正常分泌的作用，从而减轻痤疮的发生。

4. 矿物质

锌在人体新陈代谢和伤口愈合中发挥极其重要的作用。锌缺乏时，皮肤创口难以愈合，还会出现脂溢性皮炎、痤疮和脱毛症。尤其青年人可以表现出严重的囊肿性痤疮。

5. 芦荟

可供药用和食用的芦荟，包括库拉索芦荟、木本芦荟、皂素芦荟、好望角芦荟、上农大叶芦、立木芦荟、珍珠芦荟。它的主要成分是蒽醌类和色酮类化合物。芦荟具有营养保湿、促进新陈代谢、消炎杀菌、防晒、防粉刺、祛斑、除青春痘、防皱、改善伤痕以及护发、防治脱发等作用。芦荟所含的创伤激素和聚糖肽甘露等物质具有抗病毒感染、促进伤口复合复原的作用。

芦荟因含大量可导致腹泻的芦荟大黄素（尤其是内皮，宜除去），所以成人一般以每天不超过 15g 为宜，儿童及老人宜酌减 20%~50%（便秘者可酌加）。过多可致腹部剧痛、上吐下泻，并可伴有呕血、便血。

6. 金银花

金银花自古以来就以它的药用价值广泛而著名，其功效主要是清热解毒。金银花含有绿原酸、木犀草苷等生理活性成分，能促进人体新陈代谢，加速体内毒素排除，因此能辅助调理皮肤。

第三节 ▸▸ 有助于改善皮肤水分状况功能性食品

「保健功能释义」 皮肤水分含量直接影响皮肤的表观状态。皮肤水分受日照、年龄、饮水、饮食等多种因素影响。有科学研究表明，补充适宜的物质有助于改善皮肤的含水量。

水是人体维持生命、健康、促进活力的源泉。人的老年化过程也是一种水分丢失的过程。皮肤是人体最大的器官之一，人体皮肤表层水分在 12%~15% 时，皮肤光滑而有弹性。一旦缺少水分引起干燥则严重影响肌肤的健康。短期而言，皮肤弹性、通透度和丰满度下降，皮肤会变得干燥和暗淡，细纹渐渐出现。长期来讲，皮肤的屏障功能和自我修复能力降低，会产生皱纹，变得脆弱、衰老。

研究表明，眼睛处于干燥状态 3h，会在一天内黯淡无光，没有神采；手部处于干燥状态 1d，需要 3d 恢复原有的弹性；脸部处于干燥状态 3d，皮肤会起皮、长皱纹、皮肤色素沉积加快，干燥时间超过 7d，会产生色斑，堆积毒素，需要 3 个月恢复；全身干燥状态超过 30d，生成各种顽固性色斑、皱纹，皮肤老化速度加快 3 年。

一、皮肤的水分及其影响因素

一般正常皮肤含水量为 10%~20%，如果水分含量降低到 10%以下，皮肤就会丧失光泽和弹性，变得干燥粗糙。皮肤干燥有两种类型的：一种是简单型，即皮肤缺乏油脂，使皮肤的水分容易蒸发，这经常发生在 35 岁以下的女性中；一种是复杂型，这发生在老年人中，既缺乏油脂又缺乏水分，特别是皮肤松皱、皮肤脱色或有色斑，主观感觉则为皮肤紧巴。皮肤干燥主要发生在面部和手部。原因是膳食中缺乏维生素 A 和 B 族维生素，以及皮肤受风吹日晒的缘故。

皮肤角质层中含有某种水溶性成分，使皮肤具有一定的吸湿性，这些成分被称为天然润湿因子。天然润湿因子包括糖类、有机酸、氨基酸、矿物元素（如钠、钾、钙、镁）等。适时给皮肤补充天然润湿因子，可以有效地改善和提高皮肤水分含量，维持皮肤的柔软和弹性。

皮肤角质层中还包括一些防止水分散失、控制水分转移的复合物，这些复合物由脂质、蛋白质和天然润湿因子等亲水物质组成。研究表明，当这些复合物处于正常生理状态，每小时从 $1m^2$ 皮肤上散失的水分为 2.9g，若复合物功能丧失，在同样情况下会散失 229g 的水分。

通过天然润湿因子、保湿性高的亲水性成分，以及能够防止这些成分散失、控制水分转移的脂质等成分的协同作用，能达到皮肤保湿的目的。

二、有助于改善皮肤水分状况的功能性原料

(一) 食物的营养成分与改善皮肤水分功能

在保持皮肤水油平衡功能中，最为迫切的是保证皮肤拥有充足的水分。不仅干性皮肤需要补水，油性皮肤由于油脂分泌过量，也需要补充水分加以平衡。给皮肤补水，一方面可以增加饮水量，另一方面则需要锁住水分，避免水分过度流失。

1. 水分

关于水分，无须多说。人体体重的 2/3 是水，皮肤的 70%是由水组成的，要想拥有水润的肌肤，水必不可少。

2. 蛋白质

蛋白质是两性分子，其亲水基团能与水分子结合，可以很好地锁住水分，防止流失。其中，胶原蛋白的多肽链中含有较多氨基、羧基和羟基等亲水基团，对皮肤具有良好的保湿作用，提供组织细胞储水功能，促进皮肤水分代谢。

3. 维生素

维生素 C 能促进胶原蛋白的合成。B 族维生素，如维生素 B_6，具有调理肌肤油脂分泌，滋养肌肤的作用。

(二) 改善皮肤水分状况功能的物质

传统的改善皮肤水分状况并且已被熟知的健康食品有牛乳、蜂蜜、苹果、猕猴桃、胡萝卜、玉米、黄瓜、芦荟、海藻等。牛乳是因为它含有醛素可促进皮肤表面角质的分解，蜂蜜、苹果、猕猴桃、胡萝卜、黄瓜、芦荟则是因为它们含有丰富的 B 族维生素和维生素 C、维生素 A 原、维生素 E，海藻能供应平衡的矿物质。而新型的改善皮肤水分功能因子有透明质酸、多肽、神经酰胺、葡聚糖胺、硫酸软骨素、大豆异黄酮等。

1. 透明质酸

透明质酸又名玻璃酸，是一种高相对分子质量的直链多糖，广泛存在于生物体结缔组织中，它是人皮肤表皮及真皮的主要基质成分之一，具有明显的亲水特性，可促进水合作用和提高皮肤塑性。存在于表皮中的透明质酸，在表皮

屏障功能和角质层水合作用中起一定作用。

透明质酸分子链之间相互缠绕成连续的网状结构，水分子通过极性键和氢键与透明质酸直接作用，使得透明质酸像分子海绵一样，可吸收和保持其自身重量上千倍的水分，是国际公认最好的保湿剂，有“天然保湿因子”之称。

2. 硫酸软骨素

硫酸软骨素原是存在于真皮和表皮之间的成分，埋藏于各种成分的间隙中，提高皮肤密度，抵御紫外线的侵袭，并通过促进皮肤细胞活性，加快皮肤色斑和沉积的色素排除于皮肤以外；同时因为它具有较多负离子基团，故而保湿性优良。在开发研究全年可用的美容食品时，可考虑这些互补特性，使得整个产品具有保湿、增白双重效果。硫酸软骨素存在于动物的骨头中，如鸡骨、牛骨、猪骨、鲨鱼骨，从牛骨、猪骨、鲨鱼骨中提取含量达 90%，从鸡胸骨中提取含量在 90%以上。

3. 神经酰胺

神经酰胺属糖脂类化合物，其基本结构为神经鞘氨醇，其中的氨基与某些脂肪酸以酰胺键形式相连接，1 位的羟基则与某种糖（主要有半乳糖、葡萄糖）以糖苷酯键的形式相结合。由于所接脂肪酸和糖基的不同，因此有多种多样的结构（至少有 20 种以上）。神经酰胺对皮肤有增白、保湿、缓解过敏性皮炎作用。神经酰胺基本上蓄积在角质层，为角质细胞间脂质的主要成分约 50%，在发挥角质层屏障功能中起着重要作用，抑制水分的蒸发或冻结。神经酰胺还可抑制黑色素生成，具有使皮肤增白的作用。

4. 葡聚糖胺

作为动物性糖蛋白质成分存在的葡聚糖胺，具代表性的是以蛋白多糖透明质酸为基轴，结合了硫酸软骨素、硫酸角蛋白、肝磷脂、硫酸肝磷脂和软骨素等成分的结合性内储蛋白质的集合体，同骨胶原纤维和水分等组合后是构成皮肤真皮基质的主要成分。葡聚糖胺在皮肤构成中，发挥了改善皮肤的作用，有效改善皮肤干燥。摄取葡聚糖胺盐酸盐可有效增加肌肤水分并提高皮肤滋润顺滑。

5. 多肽

多肽是处于氨基酸与蛋白质之间的一种物质，它能深入运输养分至皮肤深层组织，营养、滋润、修复、润泽、赋活细胞，调节内环境，增强肌体免疫力，净化血液，促进血液循环。与人体密切相关的多肽如清蛋白多肽、表皮生长因子（EGF）（53 肽）、转化生长因子 a（TGF-a）（50 肽）、胶原多肽等，它们调节着细胞的生长、分化及各种生理功能。另外，多肽类的生长因子可加速受损细胞的修复。胶原蛋白多肽，在体内被吸收，重新组成人体所需的胶原蛋白，补充人体皮肤胶原蛋白的不足，起到修补受损细胞作用。而且小分子肽吸收后，还可促进其他功能成分进入人的细胞，改善细胞的营养状况和微环境，从而令肌肤重新焕发青春。

6. 大豆异黄酮

大豆异黄酮主要存在大豆种子的子叶和胚轴中，目前发现的大豆异黄酮共有12 种，分为游离型的苷元和结合型的糖苷两类，其中染料木素和大豆苷元是大豆异黄酮的活性成分。大豆异黄酮是新型天然生理活性物质，具有多种生理作用，对妇女保健，心脏保健，免疫功能，预防癌症，骨质健康等方面具有重要作用，此外还有抗氧化、抗自由基、抑制酪氨酸蛋白激酶的活性。大豆异黄酮具有改善皮肤质量的作用，可使女性皮肤光润、细腻、柔滑、富有弹性保持皮肤水分。

知识拓展 ▶

精准营养

过去，我们总强调，身体缺什么，我们就补充什么，但效果却并不显著。实际上，因个体差异，每个人对营养素的吸收、合成、转运、代谢方面都存在一定的差异，这便使得个体对营养素的需求以及干预效果存在明显不同。

精准营养（precision nutrition）也称个体化营养，指人们在选择食物或进行营养干预时，应将自己视作人和微生物的超级共生体，通过基于个性化的营养支持来优化健康或预防、管理、治疗疾病。

精准营养的实现总体分为三个步骤：

第一步是精准化衡量与数据采集。通过精确的检测技术，包括基因组测序、分子标记物、血液指标测试（血浆、血清、红细胞等）、组织水平营养状态的监测，对个体的遗传代谢、生理状态、生活方式等指标进行精准化衡量，建立个体的“健康营养数字档案”。

第二步是数据分析与营养评价。通过云计算、大数据的应用开发，对上述数据结合现代营养组学进行系统分析、应用算法开发、建立评价标准模型，将人体的健康营养映射为“营养代谢数字模型”。

第三步是营养干预。在生理病理的数据分析结果基础上制定个体化的营养干预方案，包括功能性食品和膳食补充剂等。

精准营养这个新概念其实是在营养基因组的理论基础上衍生而来。精准营养的技术依据就是对人体的基因解码。每个人对同一种营养的吸收和利用因个体差异而有所不同，其主要原因是每个人体内编码基因序列都不一样。人的基因环境会造成肠道内的微生物群落的差异，进而使得个体营养策略也会有所不同。

随着营养基因组学、代谢组学等发展，传统营养正逐步向精准营养迈进和过渡。精准化、个性化的营养干预是现代营养学的发展方向，可真正做到防病治病的目的，使得人类变得更加健康长寿。

第十章　配套教学课件

复习思考题 ▶▶

1. 黄褐斑、痤疮发生的原因，防止或改善其发生的作用机理是什么？

2. 对于有助于改善皮肤水分状况功能性食品开发，应考虑哪些方面的功能因子？

3. 结合有助于改善痤疮、黄褐斑、皮肤水分状况，谈谈其相关功能性食品设计和开发思路。

实训项目十 ▶

改善皮肤健康功能性食品研制及改善皮肤水分人体试食

一、实训目的

（1）了解透明质酸胶原蛋白冰糖燕窝功能性食品的设计思路。

（2）熟悉改善皮肤水分功能性食品人体试食方法。

（3）掌握透明质酸胶原蛋白冰糖燕窝功能性食品的配方和制备工艺，能进行质量评价。

二、实训内容及操作步骤

（一）明确产品设计思路

以燕窝、透明质酸钠、胶原蛋白为主要原料，冰糖、琼脂、水为辅料制备一种燕窝功能性食品。透明质酸胶原蛋白冰糖燕窝规格为70g/瓶，根据透明质酸钠在功能性食品中限量要求及参考原食品药品监督管理总局相关改善皮肤水分功效保健食品中透明质酸钠起效量，确定每日食用透明质酸含量90mg，通过单因素试验和正交试验，确定燕窝、胶原蛋白、冰糖、琼脂添加量，优化获得产品最终配方。产品名称建议：透明质酸胶原蛋白冰糖燕窝。

改善皮肤健康功能性物质-维生素E

（二）产品制备及质量评价

1. 配方

燕窝2.0g，胶原蛋白1.5g，透明质酸钠9mg，琼脂150mg，冰糖粉7.0g，水至70.0g。

2. 制备工艺步骤

（1）原辅料验收　主要原料透明质酸钠、胶原蛋白、燕窝等按照行业、企业标准进行验收；冰糖、琼脂辅料按照国家标准进行验收。检验合格后，进入C级生产洁净区。

（2）燕窝泡发、挑选、清洗　将配方量的燕窝，以10倍量水泡发，挑选杂质，清洗，离心脱水，备用。

（3）透明质酸钠、胶原蛋白溶解　将配方量透明质酸钠加到约25倍量纯化水中，搅拌至溶解，经300目滤网过滤，备用；将配方量胶原蛋白加到约5倍量纯化水中，搅拌至溶解，经300目滤网过滤，备用；将配方量冰糖、琼脂加入到约5倍量纯化水中，加热至溶解，经300目滤网过滤，备用。

（4）混合、定量　将透明质酸钠溶液、胶原蛋白溶液与冰糖琼脂溶液混合均匀，冷却降温至30℃以下。将净燕窝与上述混合液加纯化水定量，混合20min。

（5）灌装　灌装至清洗过的70mL玻璃瓶中，控制每瓶净含量70g。

（6）灭菌、挑选　将瓶装产品置水浴灭菌柜中灭菌，121℃，20min。灭菌后挑选剔除鼓盖品、裂纹品，及炸裂品。

（7）外包装、成品入库　外包装后，按规定随机抽取每批产品，按照标准所述方法及要求进行检验，检验合格后成品入库。

3. 产品感官评价

分别对制得的产品进行色泽、气味、滋味、稳定性4个指标进行感官评价，制作感官评价记录表，完成评价结果记录。色泽应晶莹透亮，溶液透明；燕窝特有气味，腥味不明显；口感饱满，丝滑，甜味适当，具有燕窝特有的口感；均匀稳定，分散性好，燕窝悬浮状态良好，无分层现象。

（三）人体试食评价

1. 受试对象

纳入标准：经体验合格的自愿受试者。年龄在30~50岁，皮肤水分≤12%。

排除标准：年龄有30岁以下或者50岁以上者，妊娠或哺乳期妇女，过敏体质及对本品过敏者；合并有心、肝、肾和造血系统等严重疾病及内分泌疾病，精神病患者；短期内服用与受试功能有关的药品或保健食品，影响到对结果的判断者；未按规定服用受试样品，无法判断功效或安全性者。

2. 试验方法

采用组间对照和自身对照设计。将符合纳入标准并保证配合试验的自愿受试者，按受试者的皮肤水分情况随机分为受试组与对照组。并尽可能考虑影响结果的主要因素如年龄等，进行均衡性检验。试验采用双盲法，受试组与对照组均按每天1瓶服用透明质酸胶原蛋白冰糖燕窝或者安慰剂，连续30d。两组受试者在试验期间停止使用其他口服及外用有关保持皮肤水分的用品。试验期间不改变原来的饮食习惯，正常饮食。

3. 观察指标和结果的判定

各项观察指标于试食试验开始及结束时各测定1次。经仪器测定水分得到改善试验结果有效；水分没有得到显著改善试验结果无效。

（1）试食期间一般情况　试验前详细询问受试者健康状况，了解受试者的精神、睡眠、饮食、大小便等情况，并测量体质量、血压、心率等，对所有受试者进行常规体格检查及必要的实验室检查。试食期间，受试组未观察到明显过敏及其他不良反应，精神、睡眠、饮食、大小便情况良好。

（2）试食期间，体质量、血压、心率、尿常规、大便常规、血常规及生化指标　试食受试物 30d 后，试食组和对照组体质量、血压、心率未见明显异常改变，尿常规、大便常规、血常规及生化指标均在正常范围内，提示透明质酸胶原蛋白冰糖燕窝对人体健康无明显损害。

（3）心电图、腹部 B 超、胸透等检查　均在正常范围内。

（4）改善皮肤水分功效　在宽敞、通风良好、温度、湿度等空间环境稳定的检查室进行，在安静状态下，用洁净的棉球蘸蒸馏水清洁被测部位，擦干后 15min 进行水分的测定，试食前测定工作由同 1 台仪器、同 1 人操作。

试食组的皮肤水分在试食后明显提高，与试食前比较差异有显著性差异（$p<0.05$），与对照组相比也有显著性差异（$p<0.05$）。研制的透明质酸胶原蛋白冰糖燕窝产品对改善人体皮肤水分有显著作用，且对身体健康没有影响。试验组皮肤含水量平均值由试验前的 8.73±1.10 提高到 9.65±1.11。

第十一章

抵御外源性有害因子功能性食品

【知识目标】

1. 掌握缺氧的含义；化学性肝损伤的分类及作用机制；电离辐射的概念及分类；排铅物质及机制。

2. 熟悉缺氧的一般症状表现及生理健康影响；肝脏的生理功能及解毒机制；辐射对机体健康的影响；铅对人体健康的危害。

3. 了解常见具有辅助保护电离辐射危害、耐缺氧、辅助保护化学性肝损伤功能的功能因子及其作用原理。

【能力目标】

1. 能查找、整理具有辅助保护电离辐射危害、有助于排铅功能性食品功效成分的文献资料，并能编写产品技术要求文本。

2. 能进行提高耐缺氧、辅助保护化学性肝损伤的物质或原料的合理选择，进行基本的产品设计。

3. 能指导耐缺氧、辅助保护化学性肝损伤、辅助保护电离辐射和有助于排铅等功能性食品的食用。

【职业素养目标】

1. 树立正确的营养与健康理念，具备科学饮食与健康的生活方式，养成文明健康的行为习惯和生活方式。

2. 自觉实践功能性食品行业的职业精神和职业道德规范，能正确理解和评价工程实践中的环境污染防治和可持续发展影响，促进人与自然和谐共生。

3. 正确认识辐射的作用，提高辩证思维能力，能够辩证地认识问题、分析问题、解决问题。

案例导入▶

2009 年，由于湖南省郴州市桂阳县浩塘乡元山村的全村人都生活在一个废铅回收厂的废气烟雾笼罩之下，村里的小孩们纷纷被检查出“高铅血症”和“血铅中毒”。年仅 2 岁的女孩雷占，血铅含量高达 474mg/L，属于重度“血铅中毒”。“血铅超标”事件爆发后，郴州市环保局第 11 次出手，致函嘉禾县政府，才依法彻底关闭了嘉禾县腾达金属回收有限公司和嘉禾县金珠金属有限公司这两家粗铅冶炼企业。

2011 年 9 月初，康桥地区儿童在入园、入学前的例行体检中，陆续发现部分儿童血液含铅量超过正常指标。此后对当地 1306 名儿童进行血铅检测，发现 49 名儿童血铅超标，其中以 1~3 岁儿童为主。后经过治疗，病情逐步好转。

讨论：

2022 年 10 月，党的二十大报告中指出我们 10 年前“资源环境约束趋紧、环境污染等问题突出”，强调提出“加强土壤污染源头防控，开展新污染物治理”“提升环境基础设施建设水平，推进城乡人居环境整治”“全面实行排污许可制，健全现代环境治理体系”。

生活中我们如何抵御外源性有害因子的侵扰？还有多少环境污染影响着我们的身体健康?

为“推动绿色发展，促进人与自然和谐共生”，我们该如何有所作为?

第一节 ▸▸ 耐缺氧功能性食品

「保健功能释义」缺氧指在氧气含量和大气压力较低的环境中人体的反应，其原因和应对措施与疾病引起的缺氧反应不同。改善机体对低氧环境的适应和耐受能力，应注意调整饮食、运动和其他生活方式等因素。有科学研究表明，补充适宜的物质有助于人体耐受和适应低氧环境。

氧是人体生理代谢的基本物质，在生命活动中不可缺少。人体利用氧气要经过一系列的过程，包括从环境中摄取氧气、通过血液运输氧气和细胞代谢利用氧气等，其中任何一个环节的障碍都将导致缺氧的发生。不同类型的缺氧产生机制有所不同，但都可能使组织的代谢、器官的功能甚至形态结构发生异常，对机体健康产生影响。人们在日常生活中时常会遇到缺氧问题，除了病理因素（如某些疾病原因）、生理因素（如年纪增大导致身体功能下降）外，现代人的生活节奏加快、压力增大、活动范围变大，以及其他相关因素如大量或剧烈运动、繁重的脑力活动、高原活动、航空、潜水等，也使人们发生缺氧的概率大大增加。因此了解缺氧产生的机制和特点，学习、掌握增强缺氧耐受力的物质、功能性食品原料及耐缺氧保健食品，对相关人群的日常保健及缺氧症的防治具有很好的实用价值。

一、缺氧的概念

人或动物在生长、发育过程中，当组织细胞得不到代谢活动所必需的氧时，便会产生缺氧症，简称缺氧。这是由于氧气的摄入不足以供给机体所需，导致肺泡氧分压和血氧饱和度降低，组织细胞不能从血液获得所需的氧进行正常氧化代谢而出现的一系列症状。一般出现的症状有：心跳加快、口干、头晕、头痛，进一步可出现恶心、呕吐、食欲下降、腹胀、腹泻、心悸、呼吸短促甚至水肿以致全身乏力、失眠、昏迷等。缺氧是造成细胞损伤的最常见原因。

成人在静息状态下每分钟耗氧250mL，活动时耗氧量增加。人体内氧储量极少，依赖于空气中的氧通过呼吸进入血液，再经血液循环传输到全身组织，这种不断地摄取和运输氧的活动保证生命的需要。

临床上常用血氧指标来反映组织供氧和耗氧量的变化。血氧指标包括：①血氧分压：溶解于血液的氧所产生的张力；②血氧容量：100mL血液中血红蛋白被氧充分饱和时的最大带氧量，它反映血液携氧能力，取决于血液中血红蛋白的质和量；③血氧含量：100mL血液实际的带氧量，包括物理溶解和血红蛋白实际结合的氧量，它反映血液实际供氧水平，取决于氧分压和氧容量；④血氧饱和度：是血红蛋白与氧结合达到饱和的程度。

二、缺氧症状的一般表现与危害

1. 缺氧症状

引起缺氧的原因和发生的部位不同，其缺氧症状表现有一定的差别。

（1）心脏缺氧　表现为心悸、胸闷、气促、口干、嘴唇发紫，甚至出现恶心呕吐等。

（2）脑缺氧　表现为头晕、目眩、失眠、记忆障碍、神志不清等。

（3）躯体肌肉缺氧　表现为机体反应迟钝、酸痛乏力、手脚发麻等。

无论是哪一类缺氧症，都有其共同的基本特征：对机体的危害视缺氧程度而定，一般短暂而且程度轻的缺氧，可刺激机体从外界获得更多的氧气以满足体内氧气的不足；如果长时间或急剧的缺氧，则会由于机体氧化代谢受阻，能量产生不足甚至耗竭，引起严重的功能障碍或病理性改变，出现许多相关性的疾病，并可能最终导致生命活动的终止。

2. 缺氧对机体生理功能和健康的影响

（1）对神经系统的影响　在机体所有组织中，神经系统特别是大脑皮层对缺氧最为敏感。大脑正常功能的维持除与蛋白质、核酸及一些辅助营养物质是否充分供给外，还与氧气供应关系密切。每克脑组织在每分钟内需要氧0.09～0.10mL，几乎是肌肉组织需要量的20倍。脑部在缺氧初期即轻度缺氧时，最先出现的是感觉疲倦、注意力不集中、记忆力下降等症状。中枢神经系统高度依赖有氧代谢提供能量，因此在急性缺氧初期就有脑功能的改变。急性缺氧可引起头痛，情绪激动，思维能力、记忆力、判断力降低或丧失以及运动不协调。慢性缺氧则有易疲劳、嗜睡、注意力不集中及精神抑郁等症状。严重缺氧可导致烦躁不安、惊厥、昏迷、甚至死亡。缺氧引起脑组织的形态学变化主要是脑细胞肿胀、脑水肿、变形、坏死等。

（2）对循环系统的影响　心脏也是耗氧量大、代谢率高的器官，由于不能储备氧气，对于缺氧也最敏感并且容易受到损伤。缺氧时，首先出现心跳加快，其适应意义是力图增加心输出量以利于组织供氧；心脏轻度缺氧时，会导致心跳频率出现紊乱现象、心慌现象；中度缺氧时，心率增加但每搏输出量逐渐呈进行性下降；当缺氧加重或持续未改善，心肌因缺乏氧气收缩能力开始降低，心跳会变得缓慢。在心脏跳动减缓之后，血液输出量减少，时间久了会造成心肌坏死的后果。发生严重的全身性缺氧时，心脏可受到损伤如心脏病，甚至发生心力衰竭。而在急性缺氧时，脑的血流增加以提高血液运氧能力，但持续性增加可能导致脑水肿的发生、冠状血流增加或减少、肾血流不变或稍有增加、皮肤血流减少等。

（3）对呼吸系统的影响　缺氧开始时，呼吸系统改变明显，呼吸频率加快，肺活量加大，肺通气量增加，肺泡内氧分压增高，同时肺泡开放，肺表面积增大，肺泡表面活性物质增多，肺动脉压增高，这些改变有利于向组织供氧；而缺氧及迷走神经反射性兴奋会引起支气管平滑肌收缩，使肺非弹性阻力增加。中度缺氧时，肺表面活性物质减少，弹性回缩力下降。过度换气能使二氧化碳排出过多，血液 pH 升高出现碱血症；肺动脉高压又常导致右心室肥大和高原性心脏病的发生。

（4）对泌尿系统的影响　机体处于缺氧状态时，肾血流量、肾血浆流量均减少，而缺氧引起的大脑垂体后叶抗利尿素分泌增加，故出现少尿现象；时间越长，体力负荷越大，出现蛋白尿的概率越大。

（5）对消化系统的影响　缺氧状态下，动物或人对食物的摄取减少，出现食欲下降、恶心、呕吐，各类消化腺的分泌量均有所下降，消化功能减弱，胃的排空时间延长，肠的活动受到抑制、张力减弱、蠕动速度和幅度减小，多有消化不良。

（6）缺氧对机体物质代谢的影响

①对碳水化合物代谢的影响：缺氧时，消化功能下降，胃张力降低，排空时间长，消化液分泌量减少，食欲和口渴感下降，食物和水摄入量减少，不能满足机体生理上的需要。同时，葡萄糖吸收速度减慢，血糖降低，糖原分解加强，合成酶活力下降，糖原异生受阻，糖原储备量减少。此外，有氧代谢下降，无氧酵解加强，血液乳酸含量升高并在体内积留。

②对蛋白质代谢的影响：缺氧时，蛋白质和氨基酸分解代谢加强，氮的排出量增加；蛋白质合成率下降；血清中必需氨基酸/非必需氨基酸的比值下降。

③对脂类代谢的影响：机体在缺氧条件下，血浆游离脂肪酸、甘油三酯胆固醇、磷脂等的含量均增高。由于脂蛋白脂肪酶活力减弱和激素敏感脂肪酶活力增强，脂肪分解的速度大于合成的速度。脂肪储量减少而对急性缺氧的适应不力，可能由于脂肪覆盖红细胞表面，影响血红蛋白与氧的结合和携带，导致动脉血氧含量和血氧浓度的下降。

④对水和电解质代谢的影响：急性缺氧时，水代谢呈现负平衡，电解质代谢出现紊乱，体液从细胞外进入细胞内，细胞外液减少而细胞内液增加导致细胞水

肿同时血液氧分压和二氧化碳分压的降低，导致血液浓度上升和碱储备减少。

⑤对微量元素代谢的影响：在缺氧的条件下，微量元素在体内的分布有明显的改变，可动用的微量元素被释放进入血液，形成恢复组织呼吸及消除代谢紊乱产物所必需的酶分子或其他金属蛋白化合物。所以血液、脑、肾、肝脏和心肌中铜、锌、铁等微量元素的含量增加，细胞色素氧化酶、过氧化氢酶等金属酶的活性升高。但在机体微量元素不断消耗而供给量不足的情况下，代谢负平衡将导致血液及组织中这些元素含量减少，发生“习惯性微量元素缺乏”。

另外，缺氧对维生素和核苷酸的代谢也会有一些影响。

三、具有提高耐缺氧功能的功能性成分和原料

食用具有提高缺氧耐受力作用的功能性食品对预防缺氧带给人体的损伤可以起到很好的防护作用。目前，我国原卫生部批准具有耐缺氧功能的部分成分和原料包括：银杏叶、角鲨烯、拟黑多刺蚁、冬虫夏草、螺旋藻绞股蓝、茶多酚、西洋参、灵芝、山楂、红景天、海藻多糖硫酸酯、珍珠粉、1，6-二磷酸果糖、丹参、牛初乳、人参、黄芪等。与此同时，人们仍在继续逐步地发现和研究各种不同来源的具有耐缺氧功能的功能性成分和原料。

（1）鲨烯　在自然界中，鲨烯只存在于生物体中，其中以深海尖鳍鲨鲛肝脏中的含量最多，所以也被称为“角鲨烯”或“鲛鲨烯”；植物则以橄榄、玉米中的量较为丰富。人体内也含有相同成分的鲨烯。鲨烯在人体各个组织中有着不同比例，在皮肤和脂肪组织中含量最高。鲨烯具有类似红细胞蛋白的带氧和释放的能力，其进入人体内可逐步被还原而释放出氧气，并且可增加组织细胞对氧的利用率。

（2）维生素类　维生素 B_6、维生素 B_{12}、叶酸、泛酸等能增加血红蛋白的携氧能力，提高血氧饱和度，对耐氧有明显的增强作用。抗氧化剂由于能有效清除机体在缺氧环境下产生的自由基，对提高缺氧耐受性有很好的作用。

（3）人参皂苷　人参皂苷是人参的主要功效成分，几乎可以重现人参粗制剂的全部生理活性，是人参的精华。人参皂苷类是天然耐缺氧功能因子。人参皂苷在抗氧化、改善人的记忆和认知能力方面效果尤为明显。

（4）冬虫夏草　冬虫夏草是一种常用中藏药，具有益精髓、补虚损、保肺、益肾、止血、化痰等功效，该植物及同属植物含有核苷类、多糖、糖醇和甾醇类、脂肪酸类、氨基酸类、微量元素及维生素类等化合物。冬虫夏草可以明显减轻缺氧再给氧时细胞内脂质过氧化作用，其水提液对心肌缺氧再给氧损伤有减轻作用。

（5）红景天　红景天属植物中大多数都具有显著的抗疲劳抗缺氧等作用；其醇提取物对心脑缺氧及组织中毒性缺氧具有明显的保护作用。红景天的抗氧化能力优于人参，全球医药界称其为“黄金植物”，目前市场上很多抗缺氧保健品中都有红景天成分。

（6）沙棘　果实中含有多种维生素和微量元素、氨基酸及其他生物活性物质。药理研究结果表明，沙棘能增加受试小鼠心肌微循环、降低心肌氧耗并在减压缺氧实验中明显提高小鼠存活率，具有显著的抗缺氧能力。

（7）蜂产品　蜂花粉中有机酸等物质能改善心肌代谢、增加冠心病患者的运动耐量，有明显的增强心肌耐缺氧、缺血的作用。蜂胶中有抗氧化、清除超氧阴离子自由基和其他多种自由基等功能，长期服用蜂胶的人能增强体质，延缓衰老。

（8）蕨麻　蕨麻具有显著抗缺氧能力。有研究结果表明：蕨麻能提高小鼠在减压缺氧和窒息性缺氧状态下的存活率和存活时间，显著提高小鼠对氧的多种药理作用。

第二节 ▸▸ 对化学性肝损伤有辅助保护作用功能性食品

「**保健功能释义**」该功能不涉及与饮酒相关的增加酒量和解酒等作用。化学性肝损伤是指具有肝毒性的化学物质造成的肝损伤，包括内源性和外源性化学物质引起的肝功能异常。

一、肝损伤概述

肝脏是人体内以代谢功能为主的重要消化器官，在身体里面起着去氧化，贮存肝糖，分泌性蛋白质的合成等作用。作为人体新陈代谢最活跃的器官之一，肝脏的特殊构造为发挥包括解毒、凝血、免疫、胆汁代谢、产生热量、调节人体水盐平衡等在内的重要生理功能提供了保障。

肝脏表面是一层致密的结缔组织组成的被膜。被膜深入肝内形成庞大的网状支架，从而将肝分隔成一个个肝小叶。肝小叶呈 1mm×2mm 大小的多边棱柱体状，它们形态相似、功能相同，是肝脏的基本组织单元。肝脏中存在一条中央静脉将单行排列的肝细胞（即肝板）以中心对称的方式分开，从而形成了肝细胞索。多个彼此邻近的肝细胞索又相互契合形成网状结构，其中便是结构微细的窦状隙和血窦，它们与肝动脉和门静脉构成的双重肝内血液供应系统一起为肝细胞在与身体其他各个部分进行物质交换提供了极大的便利。此外，在肝脏物质代谢中心占重要地位的肝细胞中有丰富的线粒体结构，它为保证以肝细胞为最小能量代谢单位的活跃肝代谢提供了动力工厂。同时，肝细胞中丰富的内质网、核蛋白体、溶酶体、过氧化氢酶体等细胞亚结构为肝脏的物质代谢功能、解毒功能、胆汁生成及排泄功能、免疫功能、调节能量及电解质平衡功能奠定了基本物质基础。

然而肝脏及其细胞在生理过程中也容易受到各种因素的影响，有害因子造成肝细胞炎症、纤维化、坏死等病理变化，引起肝脏损伤，包括病理性肝损伤和化学性肝损伤。其中化学性肝损伤是与生活过程相关、容易产生而又影响较大的一类肝损伤。了解及掌握化学性肝损伤发生的机理，寻找合适的功能性原料，开发出对化学性肝损伤有辅助保护功能的功能性食品，可以预防或改善化学性肝损伤。

二、化学性肝损伤的种类及作用机理

1. 乙醇性肝损伤

乙醇性肝损伤是由长期大量饮酒而导致的中毒性肝脏组织病理性变化，根据病情，乙醇性肝损伤又可分为三个阶段：乙醇性脂肪肝、乙醇性肝炎和乙醇性肝硬化。根据乙醇的代谢研究显示，在人饮酒后，90%以上的乙醇要进入肝脏中完成代谢。在肝脏代谢单元——肝细胞中肝微粒体酶系将乙醇氧化为乙醛的过程中，未完成转化的乙醇和转化中间产物乙醛对肝细胞直接造成细胞损伤，从而使肝细胞发生变性或坏死。当乙醇摄入量较小时，乙醇及其氧化产物乙醛可通过肝细胞内的Ⅱ相代谢解毒酶代谢为无毒物质，一般不会引起肝损伤。但是，当人体一次性摄入大量乙醇或者长期饮酒时，乙醇和乙醛不能被代谢，从而导致肝细胞受损，影响肝脏对碳水化合物、蛋白质、脂肪等的正常代谢解毒功能，造成整个机体能量及物质代谢系统的紊乱。

2. 药物性肝损伤

药物性肝损伤是由药物及其代谢产物引起的肝脏损伤，简称药肝。易引起肝损伤的常见药物包括抗生素类、解热镇痛药物、中枢神经系统用药、抗癌药物等。另外，降血糖、降血脂、抗结核、抗甲状腺类药物及许多被认为对人体有益的中草药也会不同程度地造成肝损伤。

肝脏是大多数药物的代谢中心。口服药物在经过肠上皮细胞膜后被人体Ⅲ相代谢转运体转运至肝脏中。肝脏中丰富的Ⅰ相和Ⅱ相代谢酶将其转变为高极性、水溶性化合物，以助其通过尿液或胆汁排出体外。在此药物代谢过程中，肝损伤的发生通常经过以下两个机制。

（1）药物及其代谢物直接对肝细胞造成损伤　此类药物造成的肝损伤称为预测性肝损伤。因此类药物造成的肝毒性具有剂量效应关系，在给药后，肝脏的损伤病变在短期内可见，并且当再次施用同一肝损伤药物时显示出相似的临床表现。

（2）药物或其中间产物引起机体的异常免疫反应所致肝损伤　这类肝损伤称为非预测性肝损伤，典型药物代表有异烟肼、红霉素等。这类药物造成的肝损伤临床表现与服药期有数天到数周的潜伏期，且药物的剂量效应关系不明确，再次给药时常发生肝损伤病变之外的其他组织的病理反应。

3. 环境化学毒物性肝损伤

环境化学毒物性肝损伤系指工业和环境中存在的除药物外的化学品引起的

各种急性、慢性肝损伤。由于工业和环境化学毒物的种类繁多、人体暴露模式多样、毒物肝损伤作用机制复杂等，这类化学品引起的肝损伤常常具有普遍易感、潜伏期短、病变程度差异明显、危险毒物源难以识别等特点，对人体健康造成的现行及潜在影响更大。工业和环境化学毒物可通过呼吸道、消化道、皮肤黏膜等多种途径诱发肝损伤，其作用机制也呈现多样复杂性，主要有以下几种。

（1）脂质过氧化反应　这是中毒性肝损伤的特殊表现形式，典型药物代表为四氯化碳。它在进入人体内后经细胞色素 P450 作用产生三氯甲烷自由基，从而对肝细胞进行直接攻击。此外，四氯化碳产生的中间自由基产物还可使线粒体膜和细胞膜的结构发生变化，导致其功能紊乱。过量的自由基还能造成脂质过氧化，影响肝脏的正常代谢和能量转化，最终造成肝细胞膜受损、肝微粒体内酶外泄、肝组织病变。

（2）脂肪变性　环境化学毒物可以以不同的机制干扰脂蛋白的合成及转运，促进肝组织中脂肪的积累，最终导致脂肪肝的形成。

（3）胆汁淤积反应　有些化合物可以影响胆汁的排泄，从而导致肝细胞及机体出现损伤。

目前，根据毒性的强弱，可将工业和环境化学毒物分为以下三类。

（1）低毒类　如二硝基酚、乙醛、铅、丙烯腈、有机磷等；

（2）高毒类　如砷、汞、锑、苯胺、氯仿、砷化氢、二甲基甲酰胺等；

（3）剧毒类　如无机磷、三硝基甲苯、四氯化碳、丙烯醛等。

一些具有肝毒性的化合物还能通过与其他非肝毒性物质结合的方式增大其毒性作用，如卤代烃类（如四氯化碳、氯仿等）可同脂肪醇类（如甲醇、乙醇、异丙醇等）协同作用，显示出更加剧烈的肝毒性作用。

三、对化学性肝损伤有辅助保护作用功能性食品开发思路

（一）肝脏解毒机制

通常情况下，肝脏对外来化学毒物具有强劲的生物转化即解毒功能。解毒机制绝大多数　遵循以下四种方式：①氧化解毒：如乙醇是酒中的主要有害化学物，它在肝中经乙醇脱氢酶顺次氧化成醛和酸，其他醇类、醛类也按这个模式转化成酸。酸类极性强、水溶性大，而且易与其他物质结合成盐类从而毒性消失，排出体外。②还原解毒：例如工业毒物硝基苯，其苯环上的硝基可在肝内还原为氨基（成为苯胺）；有催眠作用的三氯乙醛，在肝内被还原为三氯乙醇而失去催眠作用，也意味着解毒；临床上惯用的氯霉素、残留有机氯农药也都是在肝中经脱氧还原实现解毒的。③水解解毒：许多有害化学物质在肝中经水解酶的作用发生分解而改变了物质结构，失去或破坏有毒化学基团而消除或减

轻了毒性。例如体内过氧化物（如 H_2O_2、自由基、过氧化脂质）溶解后均可失去其有害作用。④结合解毒：是肝脏中毒物解毒最主要的方式，往往是结合一些极性基团，形成水溶性较大的物质，减轻或消除了毒性而排出体外。例如有机物与羧基（-COOH）、硫酸根（SO_4^{2-}）、磺酸基（HSO_3）、葡萄糖醛酸、甘氨酸、谷胱甘肽等相结合，都是肝脏解毒性生物转化的重要形式。

（二）对化学性肝损伤有辅助保护作用功能性食品开发

功能性食品是以调节机体功能、提高机体防御能力、预防疾病和促进机体向健康态转变的食品，它不以治疗疾病为目的。因此，对化学性肝损伤有辅助保护作用的功能性食品的开发以减轻毒害因素对肝脏造成的负担，促进肝组织和肝细胞向无病变正常态转变，修复受损肝组织中细胞器，调节肝组织中物质代谢及能量代谢稳态为原则。

化学性肝损伤保护需要更多的热量才能维持机体的正常代谢，并促进肝病的恢复。此外，肝细胞的修复还需要补充蛋白质、维生素及脂肪等。同时，脂肪中脂肪酸的种类和含量对肝损伤也有影响。富含饱和脂肪酸的饮食可减缓或阻止脂肪肝和肝纤维化的发生，而富含不饱和脂肪酸的饮食则可诱发和加剧脂肪肝和肝纤维化。目前应用和研究中的对化学性肝损伤有辅助保护作用的功能因子种类较多，主要有：磷脂酰胆碱、活性多糖、氨基酸及活性肽、维生素、微量元素、植物活性成分等，其他如总黄酮、葛根素、总皂苷、牛磺酸、丹参酮、五味子甲素、原花青素等也常被提及。

（三）对化学性肝损伤有辅助保护作用的物质

（1）磷脂酰胆碱　可阻碍脂肪肝的形成，改善化学性肝损伤，抑制肝细胞凋亡，减少肝内纤维沉积。它对肝细胞的保护作用主要包括：保护及修复受损的肝细胞，降低脂质过氧化损伤；减轻肝细胞脂肪变性和坏死；促进肝细胞再生；保持细胞膜的稳定性，抑制炎症浸润和纤维组织的增生；改善血液和肝脏的脂质代谢。

（2）活性多糖　具有极好的保护肝脏的功效。研究证实，灵芝多糖、枸杞多糖、壳聚糖、猪苓多糖、云芝多糖、香菇多糖等都有一定的保肝护肝作用。

（3）氨基酸及活性肽　膳食中应优先选用植物蛋白。植物蛋白中含丰富的纤维素，能调节肠道菌群，促进肠蠕动；植物蛋白中的某些氨基酸还有降低氨生成的潜在作用。除了补充优质蛋白质外，摄入高 F 值低聚肽、还原型谷胱甘肽、S-腺苷甲硫氨酸、半胱氨酸、牛磺酸等特种氨基酸，对预防和治疗各种肝损伤疾病都很有益处。此外一些免疫球蛋白、活性多肽也被作为功能因子的选择。

（4）维生素　在预防肝损伤，尤其在预防脂肪肝上起着极为重要的作用。B

族维生素有防止肝脂肪变性及保护肝脏的作用。维生素能促进肝糖原合成，防止有毒物质对肝脏的损害，保护肝脏中的酶系统，增强肝细胞的抵抗力，并促进肝细胞再生。维生素 E 可增加肝细胞抵抗力，促进肝细胞再生，改善肝脏代谢功能增加肝脏解毒能力，防止脂肪肝和肝硬化。维生素 B_{12}有助于从肝脏中移去脂肪，有防止脂肪肝形成的作用。维生素 K 对超量对乙酰氨基酚致小鼠肝损伤有一定的保护作用，它可用于急慢性肝炎等肝病的辅助治疗。

（5）微量元素　硒有“抗肝坏死保护因子”之称，其保肝、护肝作用日益引起人们的重视。肝脏中含硒量丰富，但肝病患者普遍缺硒，并且病情越严重，血硒水平越低。适量补硒可以改善肝病患者的免疫和抗氧化功能。动物实验提示补硒能抑制肝纤维化和肝损伤，动物和人体试验均显示补硒可以预防肝癌。

（6）植物活性成分　甘草酸及甘草类黄酮甘草酸，又名甘草甜素，是从甘草中提取的三萜类皂苷。甘草酸通过抗炎、抗脂质过氧化、调节免疫和稳定溶酶体等作用，抗肝脏毒物、抗肝纤维化，可有效防治各种肝损伤。

水飞蓟素是从菊科植物水飞蓟果实中提取的水难溶性黄酮类化合物。它对乙醇性肝损伤、药物性肝损伤、急慢性肝炎、肝硬化等都有明显的保护作用。

第三节 ▸▸ 对电离辐射危害有辅助保护作用功能性食品

「**保健功能释义**」电离辐射指可以使物质发生电离现象的辐射，如 *X* 线、γ-射线。日常接触较多的紫外线、微波等是非电离辐射。降低电离辐射危害，应采取有效的物理防护措施、减少和避免不必要的电离辐射暴露。有科学研究表明，补充适宜的物质有助于降低电离辐射引起的健康危害。

人类处于一个充满辐射的环境中，辐射主要来源有宇宙、空气、地表、水等的天然辐射。在 20 世纪因为原子能这一重大的发现人们对辐射的应用更为广泛，如医学造影、放射治疗，农产品新品种培育，蔬菜水果保鲜，粮食贮存；放射性材料也广泛用于人们日常的消费，如夜光手表，釉料陶瓷，人造假牙，检测器等，这样又不可避免产生了新的辐射来源，这类辐射称为人造辐射。辐射会对人体有一定潜在的、慢性的副作用或急性伤害。人们在日常生活中受到各种射线辐照的概率越来越大，辐射安全也逐渐成为人们关注的热点。研究开发对辐射危害有辅助保护功能的功能性食品就显得尤为重要。对辐射危害有辅助保护功能性食品就是通过药食同源的原理，利用其中天然活性成分尽可能减少辐射给我们带来的损伤。

一、辐射的概念

辐射是指能量以电磁波或是粒子的形式向四周传播的过程。一般可依其能量的高低及电离物质的能力分类为电离辐射和非电离辐射。

非电离辐射之能量较电离辐射弱。非电离辐射被其穿过不会使物质发生电离作用，包括紫外线、热辐射、无线电波和微波，例如紫外线、手机、电脑等设备产生的辐射。电离辐射具有足够的能量可以将原子或分子电离化，即高能辐射，例如 α 、β 、γ 辐射及中子辐射。导致机体损伤的主要是电离辐射，当然非电离辐射的损伤也不可小觑。

二、电离辐射对机体健康的危害

电离辐射损伤是指生物组织被电离辐射穿透后，辐射的能量转移到组织并与组织发生相互作用，使组织结构发生改变，进而影响生物活性。这种相互作用分为三个水平，即物理效应、物理化学和化学效应、生物效应。前几种效应用时极短，物理效应仅仅用时 10^{-16} s，物理化学和化学效应用时分别为 10^{-13} s 和 10^{-10} s，而生物效应要相对长些，可能是几秒甚至是几年。

1. 电离辐射对机体健康影响的作用机理

造成损伤的机理可大致分为两类。一类是直接作用，是指辐射直接作用于生物靶分子。在细胞中与细胞的正常生理功能直接相关的特殊区域称为靶。当靶被击中时，就会导致细胞的生理功能紊乱甚至死亡。

另一类是间接作用，这种理论认为电离辐射损伤是电离辐射产生的自由基所导致的。水是生物体组成必不可少的要素之一，生物体内 70%～80% 为水。当水受到辐射作用时，会发生电离，继而产生自由基。自由基含有未成对的电子，化学性质极其活泼，它会趋向于从外界夺得电子使自身稳定，因此它易与其他物质发生作用，并产生新的自由基，导致一系列的辐射损伤。此外，在氧气存在下，新产生的自由基可以与氧生成氧化物自由基，继而加重辐射损伤。

这个过程表示如下。

（1）H_2O → 电离辐射 → $H\cdot + OH\cdot + e^- + H_3O^+ + H_2 + H_2O_2 + O_2$

（2）$RH + OH\cdot \rightarrow R\cdot + H_2O$，$RH + H\cdot \rightarrow R\cdot + H_2$

（3）$R\cdot + O_2 \rightarrow RO_2\cdot$

RH 为生物分子，R 为生物分子自由基。

2. 电离辐射对细胞的损伤

电离辐射对细胞的损伤主要是通过改变生物大分子活性及其代谢途径，严重可导致细胞死亡和突变。因为失去增殖功能而导致的细胞死亡称为“增殖性死亡”。相对应的就是“非增殖性死亡”，是指细胞受到大剂量辐射（几十戈瑞）后立即停止代谢活动，结构发生崩溃溶解。这是因为大剂量辐射可使细胞膜结构发生崩溃溶解。细胞突变就是指细胞的活性发生改变，如细胞不发生凋亡而无限增殖，这就是癌变。细胞突变还包括基因突变和畸变。不同的细胞对电离辐射的敏感性也不同，处于分裂期的细胞更易受到电离辐射的损伤，据实验发现，细胞的敏感性与增殖能力成正比。

DNA是遗传的基本单位，它携带重要的遗传信息。DNA通过复制把遗传信息传递给下一代，它就像细胞的工程蓝图，对指导细胞的增殖分化和维持正常生理功能有重要意义。电离辐射对DNA损伤尤为严重，辐射会分解DNA的碱基，使DNA链发生断裂，形成DNA分子间的交联，改变DNA的氢键。

除了对结构的影响外，电离辐射还会改变细胞周期，影响DNA的代谢。辐射会抑制DNA的合成代谢，促进DNA的分解代谢。细胞周期是指细胞从一次分裂完成开始到下一次分裂结束所经历的全过程，分为分裂间期与分裂期两个阶段。DNA的合成处于分裂间期，分裂间期又分为三期，即DNA合成前期（G_1期）、DNA合成期（S期）与DNA合成后期（G_2期），G_1期主要是为合成DNA做准备，合成DNA复制过程中所需要的酶，如DNA合成酶、DNA聚合酶。DNA是由四种三磷酸脱氧核苷合成的，其中的三种是由相应的三磷酸核苷脱氧再经磷酸化形成的，而这一过程需要相应酶的催化。而辐射会抑制这些酶的活性，因此DNA的合成受阻。DNA的合成主要是在S期，这一时期的细胞对辐射极为敏感，会导致S期延长，出现大量的S期细胞堆积，就不能及时进行下一次的有丝分裂。辐射可提高脱氧核糖核酸的活性，加快DNA的分解。DNA分子结构和代谢紊乱都将导致细胞不能增殖及死亡。

染色体受到辐射后也会发生断裂，断裂可分为完全断裂和部分断裂，前者若断裂距离小于0.1μm，则99%的染色体可以自我修复，未修复的染色体会随机拼接到其他染色体上形成畸形染色体，这就是染色体畸变。辐射还会改变细胞通透性，通透性受阻则细胞废物无法正常排泄出去，毒素积累造成细胞死亡；通透性增大，会造成酶脱离正常位置，释放到细胞膜外，无法起到正常功能。

3. 电离辐射对机体健康的危害

电离辐射对机体造成的健康影响概括为以下几方面。

（1）引起造血功能障碍　电离辐射使红骨髓造血功能受到损伤。骨髓中的细胞种类繁多，对电离辐射的敏感性各不相同，淋巴细胞最敏感，其次是红细胞、粒细胞、单核细胞、巨核细胞、浆细胞和网状细胞。当骨髓受到辐射损伤后，必然引起末梢血浆中白细胞和血小板的减少，临床上便发生感染和出血，由于红细胞的减少而出现贫血。

（2）电离辐射可引起机体出血　辐射引起出血的原因一是血小板减少，质量变差；二是辐射引起毛细血管壁肿胀、内皮细胞坏死，细胞间隙加大，使毛细血管的通透性增加。而血小板的数量和质量下降又引起毛细血管脆性增加，从而引起出血。

（3）电离辐射使消化系统功能发生变化　胃肠道对于辐射的敏感性很强。急性放射损伤时，很快就会出现胃肠道反应，初期表现为恶心、呕吐，随后加重，并伴有腹痛、腹泻、食欲不振甚至完全拒食等情况，随着剂量不同反应不同。整个胃肠道的变化以小肠最为突出，其次是大肠和胃部。

（4）免疫力下降　主要原因可能是由于白细胞数量减少、免疫能力下降，机体免疫系统受到抑制。使皮肤、黏膜的屏障功能降低，使组织通透性提高，还能使机体网状内皮细胞的吞噬、消化、增殖功能受到抑制。高剂量作用后，使三方面功能受到影响，是发生败血症的重要原因。体液内的免疫因子的数量减少，抗体生成及作用能力降低。这些都加大了微生物的入侵及感染能力。

（5）引发白内障　对晶体的损伤是其直接作用的结果。进而继发于睫状体的改变。潜伏期平均为 2~3 年，辐射剂量越大，潜伏期越短。

（6）电离辐射有致癌作用　电离辐射导致人体细胞突变，基因突变和畸变，引起癌变。不同组织对辐射致癌的敏感性不同，造血组织和甲状腺组织属于高敏感性组织，乳腺、肺、唾液腺属于中敏感性组织。白血病、甲状腺癌、乳腺癌和肺癌发病率与辐射剂量呈线性关系。

三、对电离辐射有辅助保护作用的物质

非电离辐射与电离辐射的主要区别在于量子能量水平的不同，非电离辐射量子能量水平低，对机体的影响远不如电离辐射严重。一般能够抗电离辐射的功能性食品对非电离辐射一定有作用。而对非电离辐射有抵抗作用的功能性食品对电离辐射不一定有作用，另外非电离辐射损伤的动物模型也不易制造。因此，在研究抗辐射功能性成分及食品时，功能学评价试验应选用电离辐射方式作为造成辐照损伤的动物模型，抗辐射功能性食品所预防或抵抗的对象也是以电离辐射为主。

1. 多糖类

多糖是由 10 个以上单糖分子以糖苷键结合而成的高分子聚合物。由相同单糖分子组成的多糖称为同多糖，由不同单糖分子组成的多糖称为杂多糖。多糖在自然界中存在极其广泛，具有能量贮存、结构支持等多方面的生理功能，同时还参与多种重要的生命活动。

多糖作为一大类天然产物，具有免疫调节、抗肿瘤、抗病毒、抗菌消炎、降血糖、降血脂等多种生物学活性。研究表明多糖具有明显的辐射防护作用，其机制主要与增强机体免疫功能、保护造血系统、清除自由基等作用有关。多糖通过对体液免疫、细胞免疫、单核-巨噬细胞、细胞调节因子的调节，增加机体的免疫功能。多糖能促进造血细胞的增殖与分化，刺激造血系统功能。部分

糖类能使辐射所引起的迟发型超敏性反应低下和 SOD 活性下降明显，多糖类化合物具有对电离辐射危害有辅助保护作用。

2. 茶多酚

茶多酚是植物提取物，主要成分是儿茶素类，包括表儿茶素、表没食子儿茶素、表儿茶素没食子酸酯和表没食子儿茶素没食子酸酯四类。茶多酚具有明显的抗氧化、抗脂质过氧化、清除自由基等生物活性，可减轻$^{60}Co-\gamma$ 射线辐射诱发体外细胞转化程度，提高细胞存活率，增强细胞增殖能力。

3. 黄酮类

黄酮类化合物又称黄碱素或黄酮体，广泛存在于植物中，是一类天然有机化合物，其在植物的生长发育、开花结果及抵御异物的侵入方面都有一定作用，属于植物次级代谢产物。在植物的叶子和果实中少部分以游离形式存在，大部分以与糖结合成苷的形式存在于植物活的组织中。许多研究已表明黄酮类化合物具有显著的生理、药理活性，除具有抗菌、消炎、抗突变、降压、清热解毒、镇静、利尿等作用外，其在抗氧化、抗癌、防癌、抑制脂肪酶等方面也有显著效果。

黄酮类物质具有抗氧化的生物学功能。黄芪总黄酮可以明显延长受致死剂量射线照射的小鼠的存活率，还可以降低辐射对小鼠外周血的损伤程度。鱼腥草总黄酮对辐照小鼠体重的恢复有一定的促进作用。大豆异黄酮可对机体的免疫系统和抗氧化能力起到辐射防护作用。红景天黄酮也具有理想的抗辐射作用。

4. 天然营养素

预防辐射可以采取综合措施，如食用天然食物中含有的具有此类功能的营养素或食物成分。这些营养素可以是从天然食物中得到的，也可以是人工合成的。目前，已知的具有防辐射作用的营养素或食物成分有：生物抗氧化剂（如 β - 胡萝卜素、维生素 C）、氧化还原酶的辅因子（如硒、镁等）。β -胡萝卜素能与辐射诱发的自由基结合，减轻自由基产生的损害；维生素 C 能稳定食物中 β -胡萝卜素；硒能提高谷胱甘肽过氧化物酶的活性；镁是细胞某些呼吸反应所必需的，能增加内源性辐射致敏剂（氧）的消耗。

四、对电离辐射危害有辅助保护作用功能物质的提取与分离

1. 多糖类的提取与分离

多糖在提取之前需要进行清洗、粉碎等预处理，预处理过程中，根据需要有时需对原料进行脱色、脱脂处理。目前，大多采用酶法、超声波或微波等方法破碎细胞。采用活性炭吸附法、氧化脱色法或离子交换法等进行脱色。脱脂主要是通过加入乙醇等有机溶剂来除去材料中的脂类物质。预处理后再进行多糖的提取，一般采用热水、酸、碱、乙醇等作为溶剂浸提多糖。

2. 多酚类化合物的提取与分离

多酚类化合物含有酚羟基，有些还含有羧基，属极性有机物。常用甲醇、乙醇、乙酸乙酯、丙酮、水及这些溶剂组成的复合溶剂来提取多酚类化合物。柱色谱法也是分离多酚类化合物最常用的方法。

3. 黄酮类化合物的提取与分离

游离的黄酮类化合物可用极性较小的溶剂如乙醚、三氯甲烷、乙酸乙酯及苯进行提取。黄酮苷及极性较大的游离黄酮类化合物可用乙酸乙酯、丙酮、乙醇、甲醇及水进行提取。由于黄酮类成分大多具有酚羟基，还可以用碱水（如碳酸钠、氢氧化钠、氢氧化钙水溶液）或碱性稀醇提取，提取液酸化使黄酮类化合物游离，再采用有机溶剂萃取。此外还可以采用铅盐沉淀法、聚酰胺柱色谱法、超声法、微波萃取法及大孔树脂法等进行提取与分离。

第四节 ▸▸ 有助于排铅功能性食品

「保健功能释义」 铅是一种对人体健康有严重危害的重金属元素。铅普遍存在于日常环境中，一些特殊职业和地区人群可以接触到过量的铅。有科学研究表明，补充适宜的物质有助于机体排出随食物和饮水摄入的铅。

金属铅因具有熔点低、易加工、耐腐蚀、化学性质较稳定等特点，被广泛应用于生产、生活的各个方面。但是铅是人体非必需成分，对人体有害，对机体健康、特别是对少年儿童的生长发育具有十分负面的影响。

铅是一种不可降解的环境污染物，在环境中可长期蓄积，随着经济、社会的发展，环境铅污染程度不断加大。在生活中，应从各方面注意避免污染铅、减少铅进入人体的机会。另一方面，应寻找合适的方法驱除人体已经污染的铅。寻找合适的具有排铅作用的功能因子，结合医学上治疗铅污染、驱铅的方法，研制有助于排铅功能性食品，可以对铅污染起到预防作用。

一、铅对机体健康的危害

铅在人体中至今尚未发现具有生理功能，属于有害金属，理想血铅浓度应为零。铅及其化合物进入机体后，可以产生人体内积累，并将对神经、造血、消化、肾脏、心血管和内分泌等多个系统造成危害，若含量过高则会引起铅中毒。在 2017 年世界卫生组织国际癌症研究机构公布的致癌物清单初步整理参考中，铅被归入 2B 类致癌物。

铅在自然界中难以降解，可通过食物、土壤、水和空气，经呼吸道、消化道和皮肤三种途径进入人体，随血液循环而被全身各组织迅速吸收。一般每人每日通过食物摄入铅约 300~400μg，其中仅有 5%~10%可被胃肠道吸收，进入血液中铅形成可溶性磷酸氢铅（$PbHPO_4$）或甘油磷酸铅。铅一旦进入血液，就会分布到大脑、肾脏、肝脏和骨骼等各个器官。骨中铅含量约为人体总铅量90%以上（儿童仅占64%）；血铅量约占体内总量2%以下，其中绝大部分与红细胞结合，其余血铅在血浆中；头发和指甲含铅量较高。当铅通过呼吸道吸入时，成人肺中沉积率达30%~50%。

铅在体内半衰期长，身体将铅贮存在牙齿和骨骼中，并随着时间推移而不断积累，对人体各个系统器官造成影响。

铅进入机体以后，通过抑制磷酸化而影响能量代谢，抑制三磷酸腺苷酶而影响细胞膜功能，因血红蛋白生物合成障碍而影响组织呼吸，及因血管痉挛而使局部供血不良。对神经细胞产生直接影响，引起神经功能紊乱，出现神经衰弱综合征，也可引起心动过速和心电图改变。可使神经细胞发生慢性、弥漫性病变及功能衰退。还可引起多发性神经炎、肢端痛觉和触觉减退或消失，还可出现铅中毒性麻痹。如严重铅中毒时可致铅毒性脑病，引发智商下降和身体生长障碍。

在急性和慢性铅中毒时，肾脏排泄机制受到影响，使肾组织出现进行性变性，伴随肾功能不全。慢性低水平接触可抑制抗体产生，并对巨噬细胞产生毒性而影响免疫功能，大量铅进入人体后会出现高血压。还有不少资料报道，铅可抑制着床过程，引起孕妇胚胎停育和流产，对胎儿有致癌、致畸致突变作用。

二、血铅与儿童健康的影响

血铅是反映人体铅暴露水平及铅对人体健康影响的良好指标。儿童血铅与生活在同一大环境中成年女人或母亲的血铅相比可高出一倍，这可能与环境铅污染日趋严重，儿童代谢快、活动量大、铅吸收率高、易感性强、接触途径多，以及不良卫生习惯等有关。

儿童血铅含量过高，对健康极为不利，除了前述几点对各系统的危害之外，铅对婴儿、幼儿的健康发生一些特别的负面影响：

（1）对婴儿、儿童的生长发育有负面的影响　有研究发现3~15月龄婴儿身高的增长速度与同期的血铅水平呈负相关。铅会造成碘摄入率下降。铅中毒导致儿童生长迟缓、个子矮小、智力受损的症状，可能部分是由于铅造成的甲状腺素下降、垂体肾上腺功能低下所致。

（2）对婴儿、儿童的智力有负面的影响　儿童大脑处于发育时期，血脑屏障不及成人健全，铅易进入大脑。而且儿童脑部铅蓄积所引起的毒性比成人敏感。所以儿童铅中毒会影响智力发育，血铅与儿童智力呈显著负相关，与儿童神经心理发育呈高度负相关。以前认为是完全“安全”的铅吸收量也可引起儿童智力行为的障碍，儿童血铅大于10μg/dL即可对智力发育产生不可逆转的损害。

（3）对儿童免疫功能的影响　调查研究发现，铅能削弱机体对病菌（如细菌、病毒等）的抵抗力，使易感性增高。

（4）对听力的影响　儿童听阈与血铅浓度成正相关关系，血铅水平对儿童低频和高频听阈影响较大，对儿童期间的听力损失影响深远，并有可能对儿童的智力发育带来进一步负面影响。

三、有助于排铅功能性物质及作用机制

（一）有助于排铅机制

（1）络合机制　通过广谱性药物或蛋白质、氨基酸、果胶等天然大高分子络合或吸附体内的铅，与血液、肝、肾、脑等靶器官中的铅结合排出体外。

（2）拮抗机制　可通过增加锌、铁、钙等与铅同属二价金属元素，在小肠中竞争同一运载结合蛋白，通过与铅的取代和拮抗等相互作用，降低铅的吸收作用和毒性。或摄入维生素 B_1、维生素 C 等维生素在体内拮抗铅的作用或减少铅吸收。此外，还可通过摄入还原型谷胱甘肽等自由基清除剂，除自由基和其他活性代谢产物而增强机体免疫力，保护和减轻细胞损害。

（二）有助于排铅的物质

1. 多糖类及低聚糖类

摄入膳食纤维对无机盐和微量元素吸收利用多有不利影响，其原因主要是膳食纤维丰富，游离-OH 和-COOH 基团可与许多金属离子发生特异性结合和非特异性吸附作用，从而降低其消化道吸收率。魔芋精粉主要成分葡甘聚糖，可与铅特异性结合并促使其排出，能降低消化道铅吸收和体内铅潴留，且摄入魔芋精粉还不影响钙、铁、锌、铜等必需元素的吸收。具有氨基和羟基独特分子结构的壳聚糖能有效吸附或螯合体内铅而减少铅潴留，具有排铅功能。木耳是一种营养价值极高的药食两用大型真菌，研究发现从富硒木耳中分离得到的木耳硒多糖可以降低各组织铅和汞含量，木耳对铅具有一定吸附作用，可以作为排铅产品的原材料。

功能性低聚糖能促进肠道内有益菌——双歧杆菌大量增殖，抑制有害菌，增强机体免疫力，降低铅毒对机体损伤。水苏糖对小鼠血铅有促排作用，效果与传统驱铅剂乙二胺四乙酸（ethylene diamine tetraacetic acid，EDTA）相当。

2. 低甲氧基果胶系天然高分子物质

低甲氧基果胶与铅（重金属）形成不溶解、不能吸收复合物沉淀，对铅有强大亲和力，它对铅选择性络合亲和力均大于其他元素，而对人体代谢所必需元素作用极小。蓄积在骨和组织中的铅，随着血液循环不断带到肝脏，经胆汁

排到肠道，由于肝-肠循环，排出铅大部分又被重吸收。但若在肠内与果胶相遇，则可成为不溶物而随粪便排出体外。

3. 金属硫蛋白（metallothionein，MT）

MT是广泛存在于生物体内一类富含巯基与金属的内源性蛋白，目前经生物诱导合成主要有两种：镉金属硫蛋白（CdMT）和锌金属硫蛋白（ZnMT）。MT与铅（重金属）离子配位形成低毒或无毒络合物，起到消除重金属毒害作用。ZnMT富含微量元素锌和巯基，对细胞具有保护作用，ZnMT可释放出锌离子、巯基与铅络合，形成低毒物，经肾脏排出体外，对肾脏具有很好的保护作用。

4. 维生素C和B族维生素

维生素C和B族维生素能在体内拮抗铅作用或减少铅吸收，有利于降低血铅和其他靶器官如肝、肾、脑等含铅量。B族维生素有阻止铅蓄积作用，对体内蓄积铅有明显排出作用。维生素C结构中含有一烯二醇基团还可在肠道与铅结合成溶解度较低的抗坏血酸铅盐，降低对铅的吸收，同时维生素C还直接或间接参与解毒过程，促进铅排出。

5. EDTA

EDTA是一种重要的络合剂，铅作用于全身系统和器官。进入体内络合剂，主要存在于血浆及软组织细胞外部体液中，当体液中铅离子浓度降低后，细胞及其他组织中难以络合到铅。如骨骼及红细胞中铅，可释放出来维持某种程度平衡，若络合剂再度络合之而后排出，从而释放出与铅结合的蛋白质巯基和细胞器，使其恢复活性，从而达到解毒、排毒作用。

6. 钙、铁、锌、硒等元素

与铅同属二价金属元素，在体内代谢过程中有竞争作用，在小肠中竞争同一运载结合蛋白，钙、铁、锌补给能抑制铅吸收。硒是人体红细胞谷胱甘肽过氧化物酶和磷脂过氧化氢谷胱甘肽过氧化物酶组成成分，其主要作用是参与酶合成，保护细胞膜结构与功能免遭过度氧化和干扰。

7. 其他特殊物质

如一些无机阴离子或酸根，如碘离子、磷酸根离子、钼酸根离子等都能与铅结合，促使其从体内排出；植酸、磷酸、柠檬酸、苹果酸、琥珀酸和多聚氨基酸也能与铅形成螯合物，可阻止铅吸收、降低铅毒性。除以上功能性成分外，牛乳也是很好的排铅物质。牛乳蛋白质可与铅结合为一种不溶性化合物从而能阻止铅吸收；同时，牛乳中所含钙可促使已在骨骼上吸着的铅减少，而由尿排出。

大蒜排铅机制：①大蒜本身含有能直接与铅反应的物质，如果胶、半胱氨酸等；②某些含硫化合物如硫醚、硫肽等进入人体后，可释放出活性巯基物质，这些巯基物质再与铅反应生成配合物，配合物通过尿液或粪便排出体外，从而达到排铅目的。

四、有助于排铅功能性食品的设计与应用

1. 产品设计

本产品为一款可用于排铅的果味奶饮，规格 250mL/瓶，常温保存，保质期 6 个月。设计为以具有功效成分的 L-半胱氨酸、维生素 C、维生素 B_6、维生素 B_1、维生素 B_2、牛磺酸、葡萄糖酸锌、菊花枸杞水提物、黑木耳提取物为主料，辅以牛乳、果味香精、甜味剂、增稠剂、柠檬酸等辅料。

适宜人群：接触铅污染环境者

产品功效成分/标志性成分含量：每 250mL 约含 L-半胱氨酸 3.1g、维生素 C 3.1g、维生素 B_6 15.3mg、维生素 B_1 15.3mg、维生素 B_2 92.1mg、牛磺酸 0.77g、葡萄糖酸锌 3.8g、菊花枸杞水提物 2.5g、黑木耳提取物 2.1g。

2. 生产工艺

工艺流程

原辅料→[预处理（清洗，筛选或过滤；提取，干燥）]→[溶解]→[混合调配]→[均质]→[灌装]→[杀菌]→[冷却]→[检查]→[贴标包装]→成品

操作规程：

（1）原辅料　采购原料、辅料配料、包装（瓶子、盖子），由合格供方购入，卫生质量经过抽检合格使用。

（2）预处理　采购入厂的果奶瓶子和瓶盖经清洗，经高温水蒸气杀菌消毒后晾干待用。原辅料在使用前有必要经过筛选，或过滤。采购的菊花和枸杞取等量并加入 10 倍量的水浸泡过夜，加热煮沸后保温 1h，过滤后对于滤渣再加 10 倍量的水煮沸保温 1h 过滤，两次滤液离心取上清液进行浓缩，然后喷雾干燥得到菊花枸杞水提物。采购的黑木耳依次用石油醚、乙酸乙酯、乙醇、水进行反复多次提取，提取体积为黑木耳的 10 倍，提取时间为 12h；对各种提取液进行过滤及合并、提纯，对粗提取液进行纯化并干燥。

（3）溶解　主料按照设计量，加入牛乳，在 55℃下搅拌溶解。

（4）混合调配　按工艺设计比例进行调配，加入辅料调香调酸；pH3.9，可溶性固形物 12.8°Bx。

（5）均质　将调配液加热到 50~60℃进行均质。

（6）罐装　将均质好的溶液灌装入 250mL 的瓶中，并加盖密封。

（7）杀菌　在 87℃下，杀菌 20min。

（8）冷却　迅速水冷，分段冷却，至产品温度为常温。

（9）检查　将充填密封冷却后的果奶，经过检漏，灯检等，剔除装量不足，密封不严，破损，有异物的不合格品。

（10）包装　检查后的产品，打印生产日期，经过品质检验合格后，贴标、包装。

知识拓展▶

生命如何承受低氧之轻

18世纪70年代，英国化学家普里斯特利、瑞典化学家舍勒和法国化学家拉瓦锡几乎同时发现氧，特别是拉瓦锡还阐述了氧的重要性，提出燃烧本质是物质与氧反应，并认为机体吸收的营养物质（如葡萄糖、脂肪酸等）在体内的利用与燃烧在本质上类似，该过程称为生物燃烧或生物氧化，其主要价值在于提供能量。

氧的重要性意味着生命无法完全离开氧，但机体也有不如意之时，特殊情况下如高原和短时期窒息等会面临氧供应不足（低氧）状况，怎么办？研究发现低氧可增加促红细胞生成素（erythropoietin，EPO）含量，导致低氧时红细胞数量增加，而红细胞作用是携带和运输氧，因此缓解机体缺氧。那低氧又是如何增加EPO含量的呢？

20世纪90年代，西门扎从低氧处理细胞中分离到一种蛋白质，该蛋白质可与EPO基因调控区存在的一段保守DNA序列特异结合；且该蛋白质低氧时稳定，常氧时消失，因此西门扎将其命名为低氧诱导因子1（HIF-1）。西门扎的工作证明低氧可稳定HIF，HIF进一步增加低氧基因表达增加机应性。

冯·希佩尔-林道疾病［von Hippel-Lindau（VHL）disease］是一种遗传病，患者发生血管瘤、血管网状细胞瘤和肾癌等概率增加，体内存在大量VEGF和EPO，预示VHL与低氧有一定关联。1996年，凯林与同事比较VHL突变细胞和VHL正常细胞，意外发现前者即使氧含量正常也会诱导如VEGF等低氧基因大量表达；当纠正VHL突变后这种现象消失。原来，VHL突变造成正常情况不应存在的HIF-1α保留下来，说明VHL是一种控制HIF-1α生死的蛋白。

在HIF-1α和VHL先后发现之后，拉特克利夫对二者之间的关系产生浓厚兴趣，最终发现VHL蛋白是一种泛素连接酶，可为HIF-1α添加泛素。而泛素被称为“死亡标签”，因此添加了泛素的HIF-1α就会被降解；VHL突变后丧失这种能力，从而HIF-1α正常情况下也保留了下来。2001年，凯林和拉特克利夫两个小组同时发现机体内存在一类酶，它们可在氧参与情况下将HIF-1α进行羟基化修饰，羟基化的HIF-1α被VHL进一步泛素化修饰，最终被降解。至此，机体氧感知和低氧适应的框架被基本确定：氧充足时，HIF-α会被羟基化修饰，随后被VHL泛素化而降解，无法诱导低氧基因表达；低氧时，HIF-α不会被降解，从而促进低氧靶基因表达，增加细胞适应性。

为了表彰美国哈佛医学院分子生物学家凯林（William Kaelin Jr），英国牛津大学分子生物学家拉特克利夫爵士（Sir Peter John Ratcliffe）和美国约翰霍普金斯大学遗传学家西门扎（Gregg L. Semenza）在“氧感知和适应性”方面的奠基性贡献，2019年的诺贝尔生理学或医学奖授予了这三位科学家。

第十一章　配套教学课件

复习思考题 ▶▶

1. 什么是人体缺氧？缺氧有哪些危害？请举例说明常见的耐缺氧功能性食品的作用。

2. 化学性肝损伤的概念和化学性损伤肝脏的机理是什么？

3. 电离辐射对人体健康有何影响？对电离辐射危害有辅助保护作用的物质有哪些？

4. 铅对人体健康有什么影响？有助于人体排铅的功能因子和物质有哪些？

5. 请列出至少 5 种对化学性肝损伤有辅助保护作用的物质，并简述理由。

6. 结合对化学性肝损伤有辅助保护作用、有助于排铅功能作用机理，谈谈其相关功能性食品设计和开发思路。

实训项目十一 ▶

编写功能性食品的“产品技术要求研究报告”

一、实训目的

（1）掌握功能性食品产品技术要求研究报告的基本要求及其内容。

（2）熟悉撰写产品技术要求的流程，了解鉴别方法、指标及其检测方法、原辅料质量要求、稳定性试验方法等内容。

（3）学会收集和整理报告需要的各种技术资料，能够编制功能性食品“产品技术要求文本”。

二、实训内容及操作步骤

1. 选取产品

走入超市、药店或保健食品生产企业选取一款保健食品/功能性食品。根据产品标签和说明书的内容，分析与构建产品的配方、生产工艺、产品质量控制指标及控制范围等信息。

2. 查找资料

通过网络搜索引擎，或国家市场监督管理总局及其相关网站，查看该产品的有关公告、质量和技术信息等，了解注册或备案的有关情况。

3. 收集并整理以下资料，编写“产品技术要求研究报告”内容清单

（1）鉴别方法的研究材料；

（2）各项理化指标及其检测方法的选择依据；

（3）功效成分或标志性成分指标及其检测方法的研究材料；

（4）装量差异或重量差异（净含量及允许负偏差）指标的制订依据；

（5）全部原辅料质量要求制定的依据；

（6）产品稳定性试验方法、检测项目及检测方法等，以及注册申请人对稳定性试验结果进行的系统分析和判断。

4. 编制“产品技术要求文本”

按照国家市场监督管理总局发布的“保健食品产品技术要求（范本）”，制订《×××产品技术要求》。“产品技术要求”内容应包括产品名称、配方、生产工艺、感官要求、鉴别、理化指标、微生物指标、功效或标志性成分含量测定、保健功能、适宜人群、不适宜人群、食用量及食用方法、规格、贮藏、保质期等几个方面。

第十二章

其他功能性食品

【知识目标】

1. 掌握营养素补充剂开发遵循的原辅料和剂型要求；低能量功能性食品概念、开发的原理；运动营养食品的概念与分类。

2. 熟悉营养素补充剂涉及的法规制度；低能量食品配料特点与要求；运动营养食品开发的要求和基本配料。

3. 了解营养素补充剂对人体的生理功能维持的重要性；低能量食品、运动营养食品对特定人群维持身体健康的意义。

【能力目标】

1. 能查找、整理低能量功能性食品、运用营养食品所需功效因子的文献、资料。

2. 能够进行营养素补充剂原料、辅料品种和计量的选择，进行基本的产品设计。

3. 能够正确指导营养补充剂、低能量功能性食品、运动营养食品的食用。

【职业素养目标】

1. 全面了解科学营养与合理膳食，投入到用知识指导生活、用专业服务大众的伟大实践中，提高责任担当意识。

2. 科学合理地运动，增强体质，加深对促进个人综合素质与国民体质整体水平提高意义的认识。

3. 关注国计民生需求，激发发现和提出问题、解决问题的兴趣和热情。

第一节 ▸▸ 营养素补充剂

一、营养学及营养素发展概述

自古以来，人类在不断追求长寿和健康，营养是最主要和最基础的方式，它是从饮食养生的研究开始，从食物种类、组成成分、理化性质分析、细胞动物等研究扩展到临床营养、流行病调查、饮食行为干预等逐步发展起来，营养科学是研究食物膳食与人体健康关系，既属于自然科学，又具社会科学的特征，有很强的实践性。

营养学把食物成分区分为营养素和其他成分两大类，而营养素是指需要从外界环境中摄取，维持机体繁殖、生长发育和生存的一切生命活动过程的需要的物质总称。

2005 年国际营养科学联盟（International Union of Nutritional Sciences，IUNS）专家组发表了吉森宣言（Giessen Declaration），把营养科学重新定义为：是研究食物供应体系、食品和饮料、食物营养素和其他成分，以及它们在人体、其他生物体、社会和环境系统之间的相互作用的科学。《中国营养科学全书》中阐述营养学是“研究人体健康和食物之间关系的科学”，因此营养科学研究的核心是食物营养素和人体健康之间的关系，主要包括以下 4 个方面：一是食物营养素及其功能的研究；二是探讨营养缺乏和疾病预防；三是营养相关性疾病的预防和营养支持治疗；四是相关公共营养、健康生活方式的改善等。

早期营养学的研究都是集中在蛋白质或者能量上面，到了 19 世纪中叶后随着维生素的发现和命名，并提出必需营养素的概念；到 20 世纪 50 年代，识别和定义了与营养相关的 40 多种维生素和微量元素等营养素，对它们在体内的消化、吸收、代谢和生理功能、需要量等进行探讨和系统性研究。

二、营养素及其参考摄入量

人体从外界环境摄取食物，经过消化、吸收和代谢，用以供给能量，构成和修补机体组织以及调节生理功能的整个过程。在这个过程中核心的地位始终是营养素，对营养素的研究形成了营养学的基础。

食品中含有多种成分，包括蛋白质、脂类、碳水化合物、矿物质、维生素等，这些成分被统称为营养素或必需营养素，见表 12-1。

表 12-1　人体的必需营养素

氨基酸	脂肪酸	碳水化合物	常量元素	微量元素	维生素	水
异亮氨酸	亚油酸		钾	碘	维生素 A	

续表

氨基酸	脂肪酸	碳水化合物	常量元素	微量元素	维生素	水
亮氨酸	α-亚麻酸		钠	硒	维生素 D	
赖氨酸			钙	铜	维生素 E	
甲硫氨酸			镁	钼	维生素 K	
苯丙氨酸			硫	铬	维生素 B_1	
苏氨酸			磷	钴	维生素 B_2	
色氨酸			氯	铁	维生素 B_6	
缬氨酸				锌	维生素 B_{12}	
组氨酸					生物素	
					烟酸	
					叶酸	
					胆碱	
					泛酸	
					维生素 C	

资料来源：杨月欣，葛可佑．中国营养科学全书（第2版）上册．北京：人民卫生出版社．

对营养素摄入量评价的常用中国居民膳食营养素参考摄入量（dietary reference intakes，DRIs）来评价膳食营养素供给量能否满足人体需要、是否存在过量摄入风险以及是否有利于预防某些慢性非传染性疾病的一组参考值。DRIs 包括下列一组数据：平均需要量（EAR）、推荐摄入量（RNI）、适宜摄入量（AI）、可耐受最高摄入量（UL）等。

1. 平均需要量（estimated average requirement，EAR）

平均需要量是指某一特定性别、年龄及生理状况群体中个体对某种营养素需要量的平均值。个体的营养素需要量存在差异，因此群体的需要量是个体需要量分布状态的表达，不可能提出一个适合于一个群体中所有个体的需要量，只能用群体中个体需要量分布状态的概率曲线来表达。按照 EAR 水平摄入营养素，根据某些指标判断，可以满足某一特定性别、年龄及生理状况的人群中 50%个体需要量的摄入水平，EAR 是制定膳食营养素摄入量的基础，常用于判断个体营养素摄入量不足的可能性。

2. 推荐摄入量（recommended nutrient intake，RNI）

推荐摄入量一般指在研究确定的群体 EAR 基础上，再加上两个标准差计算所得，可以满足某一特定性别、年龄及生理状况的群体中绝大多数个体（97%~98%）需要量的营养素摄入水平，RNI 的主要用途是作为个体每日摄入该营养素的目标值。

3. 适宜摄入量（adequate intake，AI）

适宜摄入量是指当某种营养素的个体需要量研究资料不足，而不能得到EAR，无法推断RNI，可以通过研究提出“适宜摄入量”作为个体膳食营养素目标的摄入量，AI是通过观察或者实验得到的健康群体某种营养素的摄入量。

AI和RNI相似之处是两者都可以作为目标群体中个体营养素摄入量的目标，可以满足该群体中几乎所有个体的需要，但AI的准确性远不如RNI且可能高于RNI，因此将AI作为膳食摄入目标时，应当慎重使用。

4. 可耐受最高摄入量（tolerable upper intake level，UL）

可耐受最高摄入量是指随着生活水平的提高，营养素摄入过量也会导致机体损害的毒副作用能增加，引入毒理学的理念而提出的新指标。UL是指平均每日摄入营养素的最高限量，一般群体来说，UL并不是一个建议的摄入水平，摄入量达到UL水平时，对几乎所有个体均不至损害健康，但不表示达到此摄入水平对健康有益，摄入量超过UL水平时，表示损害健康的危险性随之增大。

三、营养素补充剂的定义及要求

维生素和矿物质元素对人体具有重要的生理作用（参见本书第二章第四节），单独以一种或数种天然或化学合成的营养素为主要原料制造而成的食品，称为营养素补充剂（dietary supplements）。营养素补充剂是以补充维生素、矿物质但不以提供能量为目的的产品，其作用是补充膳食供给不足，预防营养缺乏和降低发生某些慢性退行性疾病的危险性。营养素补充剂属于保健食品范畴，应在市场监督管理部门备案管理，符合《保健食品注册与备案管理办法》等相关法规条例。

营养素补充剂必须符合以下要求。

（1）仅限于补充维生素和矿物质。维生素和矿物质的种类应当符合《维生素、矿物质种类和用量》的规定。

（2）《维生素、矿物质化合物名单》中的物品可作为营养素补充剂的原料来源；从食物的可食部分提取的维生素和矿物质，不得含有达到作用剂量的其他生物活性物质。

（3）辅料应当仅以满足产品工艺需要或改善产品色、香、味为目的，并且应符合相应的国家标准。

（4）营养素补充剂标示值以及产品质量标准中营养素含量范围值：适宜人群为成人的，其维生素、矿物质的每日推荐摄入量应当符合《维生素、矿物质种类和用量》的规定；适宜人群为孕妇、乳母以及18岁以下人群的，其维生素、矿物质每日推荐摄入量应控制在我国该人群该种营养素推荐摄入量（RNIs或AIs）的1/3～2/3水平。

（5）产品每日推荐摄入的总量应当较小，其主要形式为片剂、胶囊、颗粒剂或口服液。颗粒剂每日食用量不得超过20g，口服液每日食用量不超过30mL。

四、营养素补充剂的原辅料及产品剂型

维生素、矿物质等营养素在不同食品类别中有不同的要求，在普通食品中属于营养强化剂的范畴，而在保健食品中则属于保健食品原料规范的内容。

（一）营养素补充剂的原辅料使用规范要求

1. 按备案管理的保健食品原料的选择及用量范围

根据《中华人民共和国食品安全法》《保健食品原料目录与保健功能目录管理办法》等规定，2020 年 12 月 1 日国家市场监督管理总局会同卫健委、国家中医药管理局关于发布《保健食品原料目录　营养素补充剂（2020 年版）》《允许保健食品声称的保健功能目录　营养素补充剂（2020 年版）》的公告，该公告规定了作为保健食品的营养素补充剂的原料及使用剂量范围；并在 2023 年 6 月 14 日，发布了两目录的 2023 年版。

2021 年 1 月 29 日，国家市场监管总局发布《保健食品备案产品可用辅料及其使用规定（2021 年版）》和《保健食品备案产品剂型及技术要求（2021 年版）》的公告（2021 年第 7 号）。

上述两个公告的发布，标志着在现阶段，我国有关营养素补充剂的保健食品备案或注册申请必须遵循这两个公告的要求，对选用的维生素或（和）矿物质等营养素化合物来源、适用人群、用量范围、质量标准等必须满足其规定。

2. 按备案管理的保健食品辅料的选择及用量范围

对于营养素补充剂的保健食品在备案时，对辅料选择必须符合保健食品备案产品辅料的使用要求，并必须遵循以下原则：对人体不产生任何健康危害；不以掩盖产品腐败变质为目的；不以掩盖产品本身或加工过程中的质量缺陷或掺杂、掺假、伪造为目的；不降低产品本身的保健功能和营养价值；在达到预期效果的前提下尽可能降低在产品中的使用量；加工助剂的使用应符合 GB 2760—2014《食品安全国家标准　食品添加剂使用标准》及有关规定。

（二）营养素补充剂产品剂型要求

按照《保健食品备案产品可用辅料及其使用规定（2021 年版）》的说明，目前营养素补充剂可以备案的产品有口服固体制剂和口服液体制剂两大类：

（1）口服固体制剂是指每日最大食用量为 20g 的固体制剂，其剂型包括：片剂（含咀嚼片、含片）、胶囊、软胶囊、颗粒剂、丸剂、凝胶糖果、粉剂。

（2）口服液体制剂是指每日最大食用量为 30mL 的口服溶液（目前为口服液和滴剂，超过 30mL 的液体制剂其辅料的使用按饮料类管理。）

营养素补充剂相应的剂型研究和产品技术要求详见第三章第四节、第五节的内容。

第二节 ▸▸ 低能量功能性食品

随着逐渐意识到了肥胖等疾病对于健康的危害，人们对于食品的营养和保健要求逐渐提高，在要求食品营养美味的同时，更注重于摄入食品的热量是否对其自身的健康及身材产生不利的影响。因此，越来越多的人开始推崇“限糖限脂”饮食来取代高能量饮食，同时一些替代高热量、高脂肪正餐的食物也应运而生，低能量食品是21世纪食品工业的重要发展方向。

一、低能量食品概念

含低脂肪和/或低碳水化合物、高纤维素的食物称为低能量食品。美国在对低能量功能性食品的要求中明确规定低能量的能量密度低于1.7kJ/g，且每份食品或饮料的能量不高于167kJ。

低能量功能性食品作为一类加工食品，虽然在外表、口味上类似于某些传统食品，但其所提供的能量与糖分、油脂等远小于相对应的传统食品。低能量食品不仅包括传统意义上的低脂低糖食品，也包括通过运用食品科学加工技术改进，实现较普通同类食品而言其油脂、糖分等含量更低的一类食品。

低能量食品的品种繁多，如低能量谷物食品、低能量焙烤食品、低能量乳制品、低能量糖果、低能量饮料、低能量涂抹食品、低能量肉制品、低钠食品、低胆固醇食品等。近年来，低能量食品的研究与开发受到西方国家及其政府的高度重视，同时也受到医学界、营养学界、食品工业界的重视和深入地研究，这也是人类为提高自身健康而采取的重要措施。

二、低能量食品开发原理与方法

低能量功能性食品开发的基本原理是降低食品的能量值。提供食品能量的成分共有三种：蛋白质、碳水化合物和脂肪。蛋白质是构成生命有机体的重要成分，其数量和质量都要得到保证。因此要降低食品的能量值，就要适当减少碳水化合物（淀粉、蔗糖）和脂肪的含量，尤其是高能量的脂肪含量要大幅度降低。通过减少淀粉、蔗糖和脂肪用量，合理使用低（无）能量填充剂、蔗糖替代品和脂肪替代品，有效调整产品配方，可以使产品的能量降低到所希望的水平。

开发低能量食品、减少食品中能量摄入的方法，主要有如下三种。

1. 减少蔗糖使用量

通过调整产品配方，使用高甜度甜味剂如阿斯巴甜、三氯蔗糖等取代蔗糖，从而减少蔗糖的使用量。但由于减少蔗糖使用量会引起产品的口感、质构等发生变化，这就需要使用无（低）能量填充剂如糖醇、可溶性膳食纤维来弥补，以增加液体食品可溶性固形物的含量，减弱因减少蔗糖的添加量造成口感与质构的评分降低。

2. 减少脂肪使用量

脂肪的产能系数为37.62kJ/g，比蛋白质和淀粉的产能系数16.73kJ/g要高出很多，是食物能量的主要来源之一。某些小吃食品的脂肪含量很高，如油炸土豆片、膨化食品、饼干或甜点（蛋糕、冰淇淋等），而这些高脂肪食品往往深受很多人的喜爱。因此，如何降低食品中的脂肪含量是开发低能量功能性食品中的一项重要的研究课题。

3. 减少食品消耗的份数以减少能量的摄入

为了不使产品因降低能量的摄入而影响质量，可通过控制每份产品的分量使产品获得较高的质量，即单位产品所含的营养成分或功效物质增加，能量不变，从而减少食品消耗的份数以减少能量的摄入量。这种方法比较简单，消费者可通过减少食物的总摄入量来减少能量的摄取水平。

三、具有降低食品能量的功能性配料

开发低能量食品，主要添加一些功能性配料取代高能量成分，以降低能量摄入。具有能降低食品能量的功能性配料，主要包括蔗糖替代品和脂肪替代品两大类。

（一）蔗糖替代品

分为高甜度的非糖类甜味剂和低甜度的糖类甜味剂两种。非糖类甜味剂的甜度很高，通常为蔗糖的50倍以上；糖类甜味剂的甜度较低，一般为蔗糖的0.2~2.0倍，兼有营养与甜味剂作用。两种甜味剂都能降低食品的能量，更适合肥胖症和糖尿病等人群食用。

1. 非糖类甜味剂

非糖类甜味剂是赋予食品甜味的物质。在没有发现非糖类甜味剂之前，具有营养价值的糖类甜味剂一直是人们获取甜味的主要方式，但由于肥胖症和糖尿病等疾病的发病者越来越多，人们减糖、忌糖的意识也越来越强，食品也更加趋于向低热量、低糖分的方向发展，低能量食品甜味剂的需求和应用就越来越广泛。非糖类甜味剂甜度高，用量小，能量值为0或几乎为0；不会引起血糖波动，不会致龋齿；一些甜味剂还有明显的风味增强效果。非糖类甜味剂主要包括天然甜味剂与人工合成甜味剂两大类。

（1）天然甜味剂

①甜菊糖苷：从甜叶菊中提取的天然甜味剂，甜度约为蔗糖的200倍，味道非常接近蔗糖。甜菊糖苷常用于饮料（调味水、果汁、茶、汽水等）、烘焙食品（糕点、谷物棒、饼干等）、酸奶、调味酱（沙拉酱、果酱/果冻等）、甜点和糖果（冰淇淋、巧克力、硬糖等）中，它也常用于餐桌代糖。甜菊糖苷的热量约为蔗糖的1/3000，且不参与人体代谢，因而可供糖尿病、肥胖症、心血管病患者食用。

②罗汉果甜苷：罗汉果甜苷是从罗汉果果实中提取的天然甜味剂，甜度约为蔗糖的240倍。罗汉果甜苷已经广泛应用于饮料（加味水、果汁、茶、苏打水等）、烘焙食品（糕点、谷物棒、饼干等）、酸奶、调味酱（沙拉酱、果酱或凝胶剂等）、甜点及糖果（冰淇淋、巧克力、硬糖等）中，以降低能量摄入。

③甘草素：又称甘草酸铵，是将甘草干燥后萃取获得。甘草素的甜度为蔗糖的200~500倍，具有特殊风味，若添加适量的柠檬酸可使甜味更佳。与蔗糖相比，其甜味刺激出现时间缓慢，持续时间较长。

（2）人工合成甜味剂

①糖精钠：糖精钠是最早的合成甜味剂，又称可溶性或水溶性糖精。甜度为蔗糖的200~700倍，稀释1000倍的水溶液仍有甜味，甜味阈值约为0.00048%。糖精钠在水中离解出的阴离子有极强的甜味，但分子状态却无甜味反有苦味，故高浓度的水溶液也有苦味，因此糖精钠在使用时浓度应低于0.02%。糖精钠的稳定性比糖精更好，摄食后在体内不分解，随尿排出，不供给热能，无营养价值。作为一个传统的甜味剂，其安全性曾受到质疑。我国食品添加剂使用标准规定婴幼儿食品中不得使用糖精钠，绿色食品的行业标准规定禁止糖精钠在绿色食品中使用。

②甜蜜素：甜蜜素又称环乙基氨基磺酸钠，通常是指环乙基氨基磺酸的钠盐或钾盐。甜味比蔗糖大40~50倍，稳定性高，无吸湿性，易溶于水。1970年，因用糖精-甜蜜素喂养的白鼠发现膀胱癌，故美国、日本、东南亚等国和地区相继禁用。随后的研究没有发现本品有致癌作用；1982年，FAO/WHO食品添加剂专家委员会再次评价，规定每日允许摄入量（allowable daily intake，ADI）为0~11mg/kg；此后，许多国家开始许可使用，目前，中国、欧盟、澳大利亚、新西兰等80多个国家和地区已批准使用。现已证实甜蜜素无致癌作用，目前已有40多个国家承认它是安全的。

③阿斯巴甜：阿斯巴甜又称甜味素，化学名称为天冬氨酸苯丙氨酸甲酯。阿斯巴甜的甜度为蔗糖的200倍，味感接近于蔗糖，由于甜度较高，使用量低，所以是低热能甜味剂，可用于糖尿病、肥胖症等的专用食品中，也可用于防龋齿食品中。阿斯巴甜可作为甜味剂和风味增效剂应用于各种食品、饮料或医用食品。由于阿斯巴甜含苯丙氨酸，对于有苯丙酮酸尿症的患者有一定的毒性，因此添加阿斯巴甜的食品应标明“阿斯巴甜（含苯丙氨酸）”，苯丙酮酸尿症患者不能食用。此外由于阿斯巴甜的热稳定性差，不宜直接用于焙烤食品或高温烹制的食品中。

④安赛蜜：安赛蜜又称乙酰磺胺酸钾，为白色、无味的结晶性物质，易溶于水，热稳定性好，在室温下可长期保持稳定，甜度约为蔗糖的200倍，与阿斯巴甜大致相同，味道类似蔗糖。安赛蜜的安全性高，应用广泛，可应用于饮料、冷冻食品、水果罐头、糕点、果酱、酱菜、盐渍的蔬菜、蜜饯类、加工食用

菌类和藻类、果冻、八宝粥罐头及面包中。安赛蜜在人体中不参与代谢，且很快被排出，因此常被用来生产糖尿病患者食用的甜食。

⑤三氯蔗糖：三氯蔗糖属于蔗糖的衍生物，以蔗糖为原料经氯化作用而制得，通常为白色粉末状产品。它的甜度大约是蔗糖的600倍，甜味纯正，是所有非糖类甜味剂中口感最接近蔗糖的甜味剂，无任何苦味，是目前世界上公认的强力甜味剂。三氯蔗糖无热量、无致龋齿性，具有耐高温、耐酸碱的特性，可经食品加工中的高温灭菌、喷雾干燥、焙烤、挤压等工艺，可以在很多食品中代替蔗糖。

2. 糖类甜味剂

（1）低聚糖　低聚糖又名寡糖或少糖类，是替代蔗糖的新型功能性糖源，包括低聚果糖、低聚半乳糖、低聚麦芽糖、低聚异麦芽糖、低聚木糖等，是一种具有广泛适用范围和应用前景的新原料。近年来国际上颇为流行，广泛应用于食品、功能性食品等领域。它们拥有一定甜味口感，不会影响血糖的升高，进而减少食用者对热量的摄入。功能性低聚糖为可溶性膳食纤维，作为一种绿色添加剂，对动物机体肠道菌群调节作用效果显著。低聚糖能量低，作为食品甜味剂应用到减肥、降血糖等功能性食品中，通过减少人体能量摄入，促进脂肪代谢释放能量，以供人体正常工作活动所需，进而达到减肥、控制血糖的效果。

（2）多元糖醇　多元糖醇是由相应的糖经镍催化加氢制得，也有植物深加工制成的，目前主要有：赤藓糖醇、木糖醇、麦芽糖醇、山梨糖醇、甘露醇、异麦芽糖醇等。

①赤藓糖醇：赤藓糖醇甜度为蔗糖的60%~70%，甜味纯正，口感清凉，与蔗糖的甜味特性十分接近且无不良后味；还能调理肠胃，增强人体免疫力，预防龋齿。在饮料中使用赤藓糖醇，可以增强果味和清凉的口感。

②木糖醇：由玉米芯、甘蔗渣等农业作物进行深加工制得。甜度为蔗糖的1.2倍（低温效果更佳，伴有微清凉感），防龋齿特性在所有的甜味剂中效果最好，摄入过多会导致腹泻。代谢不受胰岛素调节，在人体内代谢完全，可作为糖尿病人的热能源。木糖醇在实际生产中可作甜味剂和湿润剂使用。木糖醇能抑制酵母的生长和发酵活性，故不宜用于发酵食品。

③麦芽糖醇：又称氢化麦芽糖，甜度约为蔗糖的80%~90%，风味柔和。可促进钙的吸收，不易引起龋齿病，适于糖尿病、肥胖病患者食用。麦芽糖醇还具有极好的护色作用，可用于加工果脯、果冻、腌渍食品等。

④山梨糖醇：以食用葡萄糖为原料，在镍催化剂存在下，经加氢反应而得。在梨、桃、苹果中广泛分布，有清凉的甜味，甜度约为蔗糖的60%，给人以浓厚感，热量比蔗糖低35%。食品工业中的山梨糖醇，作为营养型甜味剂、湿润剂、螯合剂和稳定剂使用。山梨糖醇可被人体缓慢吸收利用，血糖值不增加，因此可供糖尿病、肝病及胆囊炎患者食用。

（二）脂肪替代品

在降低蔗糖使用量的同时，减少脂肪的摄入量，对降低能量的总摄取水平意义重大。由于单纯减少食品配料中的脂肪含量，会给产品风味、质构和口感特性等带来一系列的变化，故可通过合理使用脂肪替代品来解决这一问题。这就使得脂肪替代品受到了人们的普遍关注。

1. 代脂肪

代脂肪是以脂肪酸为基础成分的酯化产品，其酯键能抵抗脂肪酶的催化水解，因此能量较低或完全没有。代脂肪是一类新的化学合成物质，其审批方式按照新食品添加剂或新食品原料的手续进行。它的最大优点是具备类似油脂的物化特性。

2. 模拟脂肪

模拟脂肪是以碳水化合物或蛋白质为基础成分，以水状液体系来模拟被替代油脂的油状液体系。碳水化合物或蛋白质原料经物理或化学处理后，能以水状液体系的物化特性，模拟出油脂润滑细腻的口感特性，其部分品种作为公认的安全物质，已经批准可应用于生产功能性低能量食品。

（1）以蛋白质为基础成分的模拟脂肪　天然高分子蛋白质为原料，通过新技术处理制得的模拟脂肪，它们的共同特点是：从天然原料中分离制得，呈水分散体系、未聚集状的蛋白质微粒分子，可代替那些以水包油乳化系统存在的食品配料中的油脂。但由于蛋白质的热不稳定性，这类化合物不能应用于需经高温处理的产品。

（2）以碳水化合物为基础成分的模拟脂肪　模拟脂肪通过形成凝胶并增加水相的黏度来改善水相的结构特性，产生奶油状润滑的黏稠度，以增强脂肪的口感特性。这类脂肪已成功地应用于生产各种低脂肪食品即低能量食品，包括焙烤食品，其对油脂的替代率限制在50%~75%范围内。由于大多数模拟脂肪会被人体消化吸收，因此不会给人体造成不良的生理作用。

3. 改性脂肪

改性脂肪是以天然油脂为原料，通过化学法或酶法，对甘油三酯分子中的部分组成（如脂肪酸链）进行改造或更换，以阻止脂肪酶接近酯键产生水解作用，从而降低其能量。改性脂肪能被部分代谢，且不易出现渗透性腹泻。同时，改性脂肪接近天然属性，更容易被消费者所接受。

（1）短长链甘油三酯　其分子中至少含有一个短链脂肪酸和一个长链脂肪酸。它是用特定比例的短链脂肪酸（2~4 碳）替代氢化植物油中的部分长链脂肪酸而制得。它的特点：①单位质量的短链脂肪酸（6 个碳以下）的能量，比长链脂肪酸小。②硬脂酸仅部分被人体消化吸收。与普通脂肪一样，短长链甘油三酯在消化过程中被水解成脂肪酸和甘油，但能量值仅为普通脂肪的一半

(20.9kJ/g)。

(2) 中、长、超长链甘油三酯　分子中含有3个脂肪酸，分别为中等链长脂肪酸（8个或10个碳）、长链脂肪酸（16个或18个碳）和超长链脂肪酸（22个碳）。由于二十二碳脂肪酸只能少量地被人体吸收，大部分通过肠胃不产生能量，且中等链长的脂肪酸辛酸或癸酸的代谢与碳水化合物相似，不如长链脂肪酸有效，因此，中、长、超长链甘油三酯的能量只有普通脂肪的一半，约20.9kJ/g。

四、低能量功能性食品应用实例——低能量绿茶饼干

1. 产品配方

低筋面粉100.00g为基准，绿茶粉6.00g，山梨糖醇26.00g，膨松剂0.80g，大豆油15.00mL，食用盐0.50g，鸡蛋清20.00g，焦亚硫酸钠0.01g。

传统饼干如酥性饼干、夹心饼干、曲奇饼干等，均属于高糖、高油、高能量食品。该产品通过添加山梨糖醇作为蔗糖替代物、控制油脂用量制备低能量饼干的同时，同时添加具有保健作用的绿茶粉作为配料，以期赋予低能量饼干良好的风味，并满足人们健康需求。

2. 生产工艺

(1) 绿茶粉碎、过筛　将绿茶粉在超细粉碎机中粉碎，过200目筛。

(2) 混料　将低筋面粉、绿茶粉及膳食纤维进行混合，过200目筛，得混合粉料。

(3) 在容器中依次加入山梨糖醇、食用盐、水搅拌均匀，得辅料液。在和面机中少量多次加入辅料液、大豆油、鸡蛋清、水，和面10~15min，在面团初步形成后，加入膨松剂和焦亚硫酸钠，再继续和面，直到面团达到组织松软，软硬、弹性适中且不粘手的程度，室温静置松弛25~30min。

(4) 辊扎压片　待面团内部结构稳定后进行压片处理，将和好的面团用擀面杖向同一方向辊压成约2~3mm的面片，要注意面片应厚薄一致，表面平整有光泽。

(5) 成型　将辊轧好的面片用饼干模具压制成型，使每块饼干形状完好、统一。

(6) 焙烤　先预热电热烤箱10~15min，将烤盘放入调好温度的烤箱中，再将所述饼干放入烤盘中，烤箱烘烤温度底火190℃/面火210℃ 。烘烤10~12min。烘烤完成后，将饼干从烤箱中取出，刚取出的饼干温度很高且容易变形，所以应进行冷却处理，使饼干保持其原有的形状，冷却后的饼干更细腻酥脆。

第三节 ▸▸ 运动营养食品

国务院发布的《全民健身计划（2016—2020）》中倡导全民参与体育运动，

我国不断提高对运动营养食品的重视程度，随着相关制度的完善和科研水平的提升，我国的运动食品行业已逐步走向规范化、国际化。运动营养食品的开发，可提高运动健身人群的营养水平和促进国民体质整体提高。

运动营养食品，你 get 了吗？

一、运动营养食品概念与分类

（一）运动营养食品概念

2015 年国家卫计委发布的 GB 24154—2015《食品安全国家标准 运动营养食品通则》，对运动营养食品做出如下定义：为满足运动人群（指每周参加体育锻炼 3 次及以上、每次持续时间 30min 及以上、每次运动强度达到中等及以上的人群）的生理代谢状态、运动能力及对某些营养成分的特殊需求而专门加工的食品。

运动营养食品是与运动相关的一类功能性食品，是能够为运动员提供特殊营养需求、调整代谢状态，并有助于提高体能的食品。运动营养食品对改善运动员体质、提高运动能力、保持体能与活力、促进疲劳恢复具有明显的效果。

在食品生产许可（SC）分类类目中，运动营养品划归在 3003 其他特殊膳食食品-其他特殊膳食食品（运动营养食品、辅助营养补充品、其他）。

（二）运动营养食品分类

不同国家和地区对运动食品的分类方法各有不同，大多数是以产品类别或受众人群来分类的。欧盟按产品类别将运动营养食品分为 3 类：运动饮料；以蛋白质为基础的增肌、加速运动后恢复的产品；持续补充能量、提高运动能力的产品。美国运动食品的分类较为详细，运动饮料或能量饮料占比较大，其次是运动营养补充剂、减重代餐、营养棒等产品。加拿大运动营养食品的分类方法是按照消费人群来分：以运动员和业余体育爱好者组成的运动人群和非专业运动人群。

2016 年 11 月 13 日，我国实施的 GB 24154—2015《食品安全国家标准 运动营养食品通则》将运动食品进行了划分。

1. 按特征营养素分类

针对能量和蛋白质等的不同需求而设计的运动营养食品，分为三类。

（1）补充能量类　补充能量类运动营养食品以碳水化合物为主要成分，能够快速或持续提供能量的运动营养食品。该类食品主要是在运动前和运动间隙为运动员短时间补充能量，其产品形式多为能量饮料或能量棒，主要的功能因子包括葡萄糖、肌酸和肉碱等。

（2）控制能量类　控制能量类运动营养食品能够满足运动控制体重需求的运动营养食品，含促进能量消耗和能量替代两种。主要产品类型有代餐粉、蛋白奶昔、谷物等。

（3）补充蛋白质类　以蛋白质和/或蛋白质水解物为主要成分，能够满足机体组织生长和修复需求的运动营养食品。主要产品类型有蛋白粉、支链氨基酸肽、谷氨酸胺肽等。

2. 按运动项目分类

针对不同运动项目的特殊需求而设计的运动营养食品，分为三类。

（1）速度力量类　速度力量类运动营养食品以肌酸为特征成分，适用于短跑、跳高、球类、举重、摔跤、柔道、跆拳道、健美及力量器械练习等人群使用的运动营养食品。主要产品类型有一水肌酸、谷氨酰胺等。

速度型运动一般指极限运动以及接近极限运动的项目，在极短时间内使酸代谢产物在体内堆积，会对运动员肌肉、血液以及神经系统造成极大影响。运动员必须摄入充足的能量才能保证体内有充足的糖原储备，速度型运动员的能量摄入应在赛前 2h 进行，在比赛过程中也可以适当补充一些易消化的营养物质，以保证运动员的体能状态。在赛后补充富含糖类的低脂肪、高蛋白食物，有利于速度型运动员快速恢复身体机能。

（2）耐力类　耐力类运动营养食品以维生素 B_1 和维生素 B_2 为特征成分，适用于中长跑、慢跑、快走、自行车、游泳、划船、有氧健身操、舞蹈、户外运动等人群使用的运动营养食品。主要产品类型有运动（固体）饮料等。

耐力型运动持续的时间相对较长，对运动员的体能消耗非常大。这类运动一般是先依靠糖的代谢供能，后以脂肪的代谢为主，随着运动的继续，运动员体内糖的水平持续下降，脂肪不断分解。耐力型运动需要大量糖原的有氧氧化供能，因此运动员需摄入大量的糖类物质保证体内有充足的糖原储备，同时也可以适当摄入一定量的脂肪，以满足机体能量的需要。运动员赛前补充足量的碳水化合物、蛋白质、B 族维生素、维生素 C 与磷，可以使运动中机体的血红蛋白和呼吸酶处于较高水平。钙以及其他微量元素的补充有利于强健骨骼，促进血红蛋白的合成。此外，及时补充体液可以有效防止运动员在耐力型运动过程中出现虚脱症状，维持运动员体内环境的平衡。

（3）运动后恢复类　运动后恢复类运动营养食品以肽类为特征成分，适用于中、高强度或长时间运动后恢复的人群使用的运动营养食品。主要产品类型有支链氨基酸肽、谷氨酸胺肽等。

二、运动营养食品开发的基本要求

运动营养食品中所使用的原料应符合相应的标准和/或相关规定，不得添加世界反兴奋剂机构禁用物质。

1. 感官要求

运动营养食品的色泽、滋味、气味、组织状态、冲调性应符合相应产品的特性，不应有正常视力可见的外来异物。

2. 运动营养食品可添加的营养素与含量

按特征营养素分类的各类产品需满足的技术指标应符合表 12-2 的要求。其中补充蛋白质类产品中优质蛋白质所占比例应不低于 50%。

表 12-2　各类产品的特征营养素技术要求

项目	补充能量类		控制能量类				补充蛋白质类		
			促进能量消耗		能量代替				
	固态	半固态或液态	固态	半固态或液态	部分代餐	完全代餐	固态	半固态或液态	粉状（需冲调后食用）
能量	≥1500kJ/100g	≥150kJ/100g	≤300kJ/100g	≤80kJ/100g	835 kJ/餐～1670kJ/餐	3350kJ/d～5020kJ/d	—	—	—
碳水化合物提供的能量占产品总能量的比例/%	≥60	≥60	—	—	—	—	—	—	—
蛋白质*/（g/100g）	—	—	—	—	—	—	≥15	≥4	≥50
蛋白质提供的能量占产品总能量的比例/%	—	—	—	—	25～50	25～50	—	—	—
脂肪/（g/100 g）	—	—	—	—	—	—	≤15	≤1.5	≤6
脂肪提供的能量占产品总能量的比例/%	—	—	≤25	≤25	≤25	≤25	—	—	—

注：*蛋白质含量的计算，应以氮（N）×6.25。

按运动项目分类的各类产品中必须添加成分和建议添加成分应符合表 12-3 的要求。

表 12-3　产品必须添加成分和建议添加成分

成分	产品分类		
	速度力量类	耐力类	运动后恢复类
必需添加成分	肌酸	维生素 B_1、维生素 B_2	肽类
建议添加成分	谷氨酰胺、β-羟基-β-甲基丁酸钙、1，6-二磷酸果糖	肽类、左旋肉碱、咖啡因、维生素 B_6	谷氨酰胺、L-亮氨酸、L-异亮氨酸、L-缬氨酸

三、运动营养食品主要功能性成分

1. 肌酸

肌酸是一种天然存在于肉类和鱼类食品中的物质，由精氨酸、甘氨酸、甲硫氨酸 3 种氨基酸构成，是三磷酸腺苷（ATP）合成的原料物质，可为肌肉的快速动作提供能量保证。肌酸从 1993 年进入竞技体育，随后便成为最流行的能量补充剂。研究发现，补充肌酸可以增强运动员短时间、高强度的反复运动的运动能力。也有研究指出，肌酸可减轻长跑运动员在更高强度训练时的疲劳感。补充肌酸可促使磷酸肌酸贮存量增加，从而确保机体维持高强度运动下的 ATP 水平，能够提高运动能力，同时可促进训练后恢复。由肌酸和磷酸共同合成的磷酸肌酸是人体内主要的能量物质之一。每天服用肌酸 20g（或 0.3g/d/kg 体重），连续补充 4~7d，肌肉内肌酸和磷酸肌酸的浓度可增加 10%~30%。

2. 葡萄糖

葡萄糖是机体的能量来源，是细胞新陈代谢的中间产物。1mol 葡萄糖被机体完全氧化后可以产生 2870 kJ 的能量，部分能量转化成 32 mol ATP，另一部分能量以热量的形式散出以维持机体体温。血液中的葡萄糖也可通过肝脏或肌肉转化成糖原或脂肪贮存在体内。葡萄糖能够不断被人体吸收并提供能量，可在较短时间内提高机体耐力，有效缓解机体能源贮存的大量消耗。摄入葡萄糖可及时为运动员提供充足的能量，有效提高机体的血糖水平。

3. 乳清蛋白

乳清蛋白是利用现代化生产工艺由牛乳中提取的蛋白质，它容易消化，有效利用率高，并可以提供大量的必需氨基酸。

4. 谷氨酰胺

谷氨酰胺能够增加肌肉细胞体积、刺激肌肉蛋白和糖原的合成，因此运动前或运动后补充谷氨酰胺（6~10g）可以促进蛋白质合成，从而获得更大的肌肉体积和力量。

5. 左旋肉碱

在机体长时间、高强度的运动下，L-肉碱可以加速体内脂肪的氧化分解，给予机体相应的营养补给。L-肉碱促进了脂肪酸进入线粒体的氧化分解，是脂肪酸转运的载体。L-肉碱可减少机体的糖原消耗，有效缓解机体疲劳。在竞技运动中，运动员常以 L-肉碱进行减脂抗疲劳。L-肉碱可缓解运动员的神经紧张，提高机体免疫力，同时有助于机体在短时间内合成蛋白质，保护机体细胞膜的稳定。

四、运动营养食品开发

常见运动营养食品，可以通过补充不同的营养成分达到功能，主要有：

①蛋白质的补充：健身运动会引起肌肉蛋白的分解，为促进蛋白的全合成，并使肌肉得到增长，人体对蛋白质的需求量增加，所以健身人群对优质蛋白的要求要高于普通人群。②维生素的补充：维生素是人体代谢中不可少的有机化合物。人体缺乏维生素，会引起代谢紊乱，以致出现维生素缺乏症。尤其是运动人群，必须及时补充各种维生素，才能提高运动能力，预防维生素缺乏引起的疲劳、体力及抵抗力下降等症状。③微量元素的补充：全国营养调查显示，人体微量元素中以钙的缺乏最为严重，平均每人日摄入量为390mg，仅占膳食营养委员会推荐量的39%，对于运动人体来说，这个摄入量就更显不足。

（一）增重粉和增肌粉

一类高热量的营养补充品，主要成分包括碳水化合物、蛋白质、各种维生素和微量元素，有的还加入肌酸、谷酸酰胺、支链氨基酸、肉碱等，可最大限度地补充运动时所需的各种营养元素。目前行业内把蛋白质含量在33%以上的称为增肌粉，33%以下的是增重粉。

（二）能量棒

一种棒状的运动营养食品，可用于专业运动员、军队、野外生存、自然灾害等短期食品供给的需求，在体育、军事、旅游、航海等领域应用广泛。能量棒能够为机体迅速补充能量、优质的蛋白质、汗液中损失的维生素和电解质等营养成分，同时提高运动者的运动耐力，缓解和消除运动疲劳，满足运动员、健身爱好者、户外爱好者等人群的能量需求。因此，能量棒是深受消费者喜爱的运动营养食品之一，具有广阔的发展前景。

1. 能量棒配方设计依据

能量棒作为一种快速补充人体能量的产品，不仅要满足运动者对充足的热量、优质的碳水化合物和蛋白质、全面的维生素和矿物质等的需求，还要具备缓解机体疲劳、肌肉酸痛、提高运动耐力等作用。其配方大多是以谷物、坚果、植物为原料，辅以油脂、蛋白粉、维生素、矿物质、膳食纤维、营养因子、功能因子等，采用糖浆、麦芽糊精、食用胶等作为黏合剂制备而得。

2. 不同分类能量棒案例

根据配方的主要原料不同，将其分为谷物、坚果、植物三大类。

（1）谷物类能量棒　谷物含有丰富的蛋白质和碳水化合物，满足能量棒提供高热量的需求，同时富含维生素和微量元素，是生产运动食品能量棒的首选原料。

小麦胚芽能量棒配方：80.0%小麦胚芽、16.0%大豆蛋白、4.0%低聚果糖，通过该配方可开发出一款营养丰富的新型健康代餐能量棒。

全营养谷物能量棒配方：谷物粉20%~40%、蛋白质粉10%~30%、粉葛

5%～10%、胡萝卜粉3.0%～10%、桂花粉1.0%～4.0%、黑芝麻1.0%～3.0%、坚果或干果2.0%～10%、黏合剂25%～35%，得到的能量棒营养价值高、食用方便、功效好。

（2）坚果类能量棒　能量棒以坚果为原料，添加核桃、花生、巴旦木、腰果、榛子等坚果，不但可以改善其口感，增加风味，还可提高营养价值。一种核桃花生能量棒由核桃仁、花生仁为原料，将其与果糖、蔗糖、低聚糖、海藻糖、$\omega-3$不饱和脂肪酸、$\omega-6$不饱和脂肪酸、椰子油、大豆磷脂、蛋白粉、复合维生素和矿物质等混合制备而成，此配方优化了能量棒的口感。

（3）植物类能量棒　植物中富含多种营养物质和活性成分，许多植物活性物质如人参皂苷、大枣多糖、葡萄籽原花青素、茶多酚、鱼腥草黄酮等都具有抗运动性疲劳的作用，可广泛应用到运动营养食品能量棒中。以南瓜籽为干果原料，单糖、二糖、低聚糖为糖源，制作得到的南瓜籽能量棒：在每条能量棒中南瓜籽添加量固定为25g，以南瓜籽为参照，糖液120%、乳清蛋白4%、燕麦片100%、葡萄干40%、食盐0.2%；此配方开发的能量棒是一款快速补充能量的运动营养食品。

（4）其他类　海带能量棒，其组成有大豆粉、橄榄油或花生油、海带粉、葡萄糖或低聚果糖、鸡蛋，得到的产品不仅具有海带鲜美的味道，且营养丰富。干酪能量棒，以干酪为主要原料，加入乳清蛋白粉、膳食纤维、维生素、大豆磷脂、橄榄油、氯化钠等，得到口感柔软、营养丰富、能够充分调动体内能源物质储备，持续均衡地为机体提供能量的能量棒。

知识拓展▶

特殊医学用途配方食品

人体在生病状态和健康状态所需要的营养是有区别的，甚至有些时候患者会出现进食受限或无法充分获取营养的情况。特殊医学用途配方食品（“特医食品”）就是为了满足进食受限、消化吸收障碍、代谢紊乱或特定疾病状态人群对营养素或膳食的特殊需要，专门加工配制而成的配方食品。它适用于0～12月龄婴儿的特殊医学用途婴儿配方食品和适用1岁以上人群的特殊医学用途配方食品，两者都必须在医生或临床营养师指导下，单独食用或与其他食品配合食用。

其中，适用于1岁以上人群的特殊医学用途配方食品，又包括全营养配方食品、特定全营养配方食品、非全营养配方食品三大类。全营养配方食品，是指可作为单一营养来源满足目标人群营养需求的特殊医学用途配方食品。特定全营养配方食品是指可作为单一营养来源能够满足目标人群，在特定疾病或医学状况下营养需求的特殊医学用途配方食品。非全营养配方食品是指可满足目标人群部分营养需求的特殊医学用途配方食品，不适用于作为单一营养来源。

2010年我国发布了GB 25596—2010《特殊医学用途婴儿配方食品通则》，接着在2013年又出台了GB 29922—2013《特殊医学用途配方食品通则》和GB 29923—2013《特殊医学用途配方食品良好生产规范》。《特殊医学用途配方食品注册管理办法》于2016年发布实施。

2022年国家市场监管总局制定发布《特殊医学用途配方食品标识指南》，首次提出特医食品最小销售包装应标注特医食品专属标志“小蓝花”。

第十二章　配套教学课件

复习思考题 ▶▶

1. 什么是营养素补充剂？营养素补充剂包括哪些类别？请分别给少年儿童、孕妇人群设计一款营养素补充剂。

2. 阐述低能量功能性食品的开发原理，尝试开发一款具有减肥功能的低能量功能性食品。

3. 什么叫运动营养食品？按特征营养素分类运动营养食品包含哪几种？分别阐述速度力量类、耐力类、运动后恢复类运动营养食品必须添加的营养成分、建议添加的营养成分。

实训项目十二

功能性食品的包装标签设计制作和产品说明书编制

一、实训目的

（1）掌握功能性食品/保健食品的产品标签管理规范内容，及产品说明书相关要求。

（2）熟悉预包装食品标签、食品营养标签的内容、相关标准和法律法规知识。

（3）能够进行功能性食品标签的设计与制作，产品说明书的编写。

二、实训内容及操作步骤

食品标签是指食品包装容器上或附于食品包装上的一切附签、吊牌、文字、图形、符号及其他说明物，其基本要求应符合《预包装食品标签通则》《预包装食品营养标签通则》。

功能性食品/保健食品的标签、产品说明书应同时符合《保健食品注册与管理办法》之基本规定：申请保健食品注册或者备案的，产品标签、说明书样稿应当包括产品名称、原料、辅料、功效成分或者标志性成分及含量、适宜人群、不适宜人群、保健功能、食用量及食用方法、规格、贮藏方法、保质期、注意事项等内容及相关制订依据和说明等；保健食品的标签、说明书主要内容不得涉及疾病预防、治疗功能，并声明“本品不能代替药物”。

1. 功能性食品包装及标签调研

（1）食品包装设计调研　采用市场调查的方法，对现有一款或一系列功能性食品包装设计进行评价分析，结合产品特性、品牌及市场定位，从产品包装设计中的色彩、图案、结构或系列化等多角度结合所学知识对产品的包装及其设计进行剖析，写出调查结果分析报告。

（2）食品标签标示规范性调查　采用市场调查的方法，按类型调查市场现有功能性食品和食品营养标签的标示情况，每个类型产品调查 5 个以上标签，对照保健食品食品标签、食品营养标签的标示规范，及现行相关法律法规等进行评价，写出调查结果分析报告。

2. 功能性食品产品包装标签设计制作

自主选择一款或者一类功能性食品，对其食品特性及包装要求分析，结合包装产品及其技术，产品贮运的基本要求以及消费对象和品牌定位等模拟其包装设计的基本思路，根据国家规定的相关法律法规和标准，设计制作一份合规性功能性食品包装标签。

3. 功能性食品产品说明书编制

对已经确立开发的功能性食品，通过国家市场监督管理总局保健食品信息网站，查询注册或备案产品的产品说明书，根据保健食品“标签、说明书”的基本要求，编制一份功能性食品的合规性产品说明书。

实训项目十三 ▶

营养素补充剂的产品说明书、标签制订

一、实训目的

（1）熟悉掌握营养素补充剂的标签、产品说明书相关要求。

（2）熟悉保健食品标签编制基本要求（书写内容和格式要求）。

（3）能够制订营养素补充剂产品说明书，设计制作营养素补充剂合法合规包装标签。

二、实训内容及操作步骤

1. 明确产品信息

（1）产品名品：幸福牌多种维生素咀嚼片（草莓味）。

（2）保健食品注册号：国食健注 J20300036。

（3）配方：醋酸视黄酯，维生素 D_3，盐酸硫胺素，核黄素，叶酸，L-抗坏

血酸，食用葡萄糖，白砂糖，糊精，D-甘露糖醇，微晶纤维素，硬脂酸镁，dl-酒石酸，甜菊糖苷，草莓香精。

（4）功效成分：每片含维生素 A 300.0μg、维生素 D_3 5.0μg、维生素 B_1 0.8mg、维生素 B_2 0.8mg、叶酸 84.0μg、维生素 C 40.0mg。

（5）该营养补充剂适宜于需要补充多种维生素的 11 岁以上的少年儿童及成人。1g/片，每日 1 次，每次 1 片。密封、置常温干燥处保存，保质期为 24 个月。

2. 制订产品说明书

按照以下“范本”格式和要求，制订一份幸福牌多种维生素咀嚼片产品说明书。说明书内容包括原料、辅料、功效成分或标志性成分含量、适宜人群、不适宜人群、保健功能、食用量及食用方法、规格、贮藏方法、保质期、注意事项等。

国家食品药品监督管理总局

保健食品产品说明书（范本）

国食健注

××××牌××××（中文名）

【原料】

【辅料】

【功效成分或标志性成分含量】

【适宜人群】

【不适宜人群】

【保健功能】

【食用量及食用方法】

【规格】

【贮藏方法】

【保质期】

【注意事项】

3. 设计制作产品包装标签

按照《预包装食品标签通则》《预包装食品营养标签通则》，以及现行相关法律法规、标准等等的规范要求，制作一份幸福牌多种维生素咀嚼片包装标签。

注意：标签主要内容应与产品说明书内容一致。标注产品的生产日期、生产单位（虚拟）。

附录

功能性食品相关技术资料

保健食品原料目录与
保健功能目录管理办法

国家市场监督管理
总局保健食品产品
技术要求（范本）

食品安全国家标准
保健食品

保健食品命名指南
（2019 年版）

保健食品注册与
备案管理办法

保健食品备案产品
剂型及技术要求（2021 年版）

允许保健食品声称的
保健功能目录　非
营养素补充剂（2023 年版）

保健功能释义
（2022 年版）

可用于食品的
菌种名单

保健食品及其原料安全性
毒理学检验与评价技术
指导原则（2020 年版）

保健食品原料用菌种安全
性检验与评价技术
指导原则（2020 年版）

保健食品功能检验与
评价技术指导原则
（2023 年版）

保健食品功能检验与
评价方法（2023 年版）

保健食品人群试食试验
伦理审查工作指导
原则（2023 年版）

保健食品原料目录
营养素补充剂
（2023 年版）

允许保健食品声称的
保健功能目录　营
养素补充剂（2023 年版）

保健食品备案产品可用
辅料及其使用规定
（2021 年版）

保健食品注册申请服务
指南（2016 年版）

保健食品生产许可
审查细则

参考文献

［1］刘景圣，孟宪军．功能性食品（第二版）［M］．北京：中国农业出版社，2021

［2］党毅，刘勇．保健食品研制与开发（第二版）［M］．北京：人民卫生出版社，2019.

［3］钟耀广．功能性食品（第二版）［M］．北京：化学工业出版社，2020.

［4］车云波 贾强．功能性食品开发与应用［M］．北京：中国医药科技出版社，2019.

［5］孔祥臣，崔世成．保健食品（第二版）［M］．武汉：武汉理工大学出版社，2017.

［6］孙金才．保健食品 GMP 实施与管理［M］．北京：中国轻工业出版社，2021.

［7］张广燕，蔡智军．功能性食品及开发［M］．北京：化学工业出版社，2013.

［8］张艺、贡济宇．保健食品研发与应用．北京：人民卫生出版社，2016.

［9］张小莺，孙建国，陈启和．功能性食品学［M］．北京：科学出版社，2017.

［10］郑建仙．功能性食品学（第三版）［M］．北京：中国轻工业出版社，2019.

［11］杨月欣，葛可佑．中国营养科学全书［M］．北京：人民卫生出版社，2019.

［12］范青生，胡居吾．保健食品注册申报实用指南［M］．北京：中国轻工业出版社，2006.

［13］常锋，顾宗珠．功能食品［M］．北京：化学工业出版社，2017

［14］吴谋成．功能食品研究与开发［M］．北京：化学工业出版社，2004.

［15］唐传核．植物功能性食品［M］．北京：化学工业出版社，2004.

［16］杨月欣，李宁．营养功能成分应用指南［M］．北京：北京大学医学出版社，2011.

［17］杨月欣．中国功能食品原料基本成分数据表［M］．北京：中国轻工业出版社，2013.

［18］赵立春，廖夏云．保健食品的研发与应用［M］．成都：四川大学出版社，2018.

［19］于长青，王颖．功能性食品科学［M］．哈尔滨：哈尔滨工程大学出版社，2013.

［20］肖志刚，杨国强，杨舒，等．功能性磷脂的酶法合成及其生理功能研究进展［J］．沈阳师范大学学报：自然科学版，2020，38（3）：238-244.

［21］胡雪，段国霞，刘丽君，等．乳及乳制品中磷脂的含量、功能、分离及检测技术研究进展［J］．食品科学，2021（19）：350-361.

［22］杨国强．亚麻酸磷脂的酶法制备、结构表征及抗氧化性研究［D］．沈阳：沈阳师范大学，2020.

［23］张釜诚．乳铁蛋白的分离制备研究［D］．长春：吉林大学，2019.

［24］王楠楠，蔡婷婷，朱婉萍．乳铁蛋白抗菌作用研究进展［J］．食品科技，2020，45（8）：233-237.

［25］张雷，王文利，程智美，等．乳铁蛋白生理活性及作用机理研究进展［J］．食品工业科技，2021，42（9）：388-395.

［26］张棚，张海霞，田晓静，等．乳铁蛋白生物活性及应用进展［J］．食品工业科技，2021，42（13）：404-411.

［27］赵少杰．柑橘皮渣中多糖基资源的高值化利用［D］．北京：中国农业科学院，2020.

［28］刘贺，赵亚凡，杨立娜，等．膳食纤维的结构特性及其调控肠道菌群改善糖尿病的研究进展［J］．渤海大学学报：自然科学版，2019，40（4）：289-297.

［29］王津，刘爽，邹妍，等．膳食纤维和肠道微生物及相关疾病的研究进展［J］．食品研究与开发，2020，41（11）：201-207.

［30］伍芳芳．猴头菇多糖的结构表征、免疫调节活性及其机理研究［D］．广州：华南理工大学，2018.

［31］池江涛．L-谷氨酰胺的合成工艺研究［D］．杭州：浙江大学，2003.

［32］韩淑芬．L-谷氨酰胺结晶过程［D］．呼和浩特：内蒙古工业大学，2009.

［33］张连慧，贺寅，刘新旗．大豆肽的研究进展及其发展前景［J］．食品工业科技，2012，33（22）：406-413.

［34］富校轶，高永欣，张佰荣，等．大豆肽的制备、提取与结构鉴定研究进展［J］．吉林医药学院学报，2014，35（1）：51-54.

［35］贾芳，陈复生，徐卫河．大豆肽的制备方法及其生理活性研究进展［J］．粮食与油脂，2015，28（4）：12-14.

［36］李红胜．大豆肽的制备及其对小鼠免疫功能的影响［D］．湛江：广东海洋大学，2012..

［37］李文，陈复生，丁长河，等．大豆肽生理功能的研究进展［J］．食品工业科技，2013，34（4）：360-363.

［38］李硕．大豆小分子肽对机体保健功能作用的研究［D］．昆明：昆明理工大学，2013.

［39］王玉莹，陈锡威，冯凤琴，等．酪蛋白磷酸肽的研究进展［J］．食品工业，2014，35（5）：204-208.

［40］张黎明，袁永俊，徐梦虬．酪蛋白磷酸肽的研究进展［J］．生命科学仪器，2009，7（1）：38-41.

［41］丁琬莹．酪蛋白磷酸肽的制备及其性质研究［D］．哈尔滨：哈尔滨商业大学，2014.

［42］刘果．酪蛋白磷酸肽制备、鉴定、促钙吸收活性及机理研究［D］．广州：华南农业大学，2018.

［43］谢博，傅红，杨方．生物活性肽的制备、分离纯化、鉴定以及构效关系研究进展［J］．食品工业科技，2021，42（5）：383-391.

［44］张鸣镝，詹妮，李圣桡，等．牛磺酸的加工与检测技术及其应用研究进展［J］．农产品加工，2019（19）：68-74.

［45］陈淦铭，超临界流体萃取技术的研究与应用［J］．辽宁化工，2021，50（1）：55-57.

［46］张恺容，解铁民．超临界流体萃取技术及其在食品中的应用［J］．农业科技与装备，2020，6（11）：48-50.

［47］罗世龙，张中，等．膜分离技术在食品工业中的应用研究进展［J］．安徽农业科学，2021，49（6）：43-45.

［48］王磊，袁芳，等．分子蒸馏技术及其在食品工业中的应用［J］．安徽农业科学，2013，41（14）：6477-6479.

［49］王波．一种具有增强免疫功能的功能食品开发研究［D］．西安：西北大学，2019.

［50］萨翼，陈广耀，王进博，等．已批准增强免疫力功能的中药类保健食品现状及监管建议［J］．中国中药杂志，2019，44（5）：885-890.

［51］中国成人血脂异常防治指南修订联合委员会．中国成人血脂异常防治指南（2016年修订版）［J］．中华健康管理学杂志，2017，11（1）：7-28.

［52］白婷，强小林，等．青稞银杏胶囊保健品配方及生产工艺研究［J］．粮食与食品工业，2017（6）：53-55.

［53］中国2型糖尿病防治指南（2020年版）［J］．中华糖尿病杂志，2021，13（4）：317-409.

［54］周潇恬，罗非君．苦瓜的功能成分和生物活性研究进展［J］．现代食品，2020（10）：66-71.

［55］何涛，段剑锋，高培均，等．一种辅助降血糖的保健食品及其制备方法：201911371316.0［P］.2021-07-02.

［56］《中国高血压防治指南》修订委员会．中国高血压防治指南2018年修订版［M］．北京：人民卫生出版社，2018.

［57］宁波甬鸿优尚餐饮有限公司．一种降血压降血脂复方荷叶中草药保健茶及其制备方法：201710727723.5［P］.2019-03-05.

［58］尹文辉，梁增澜，张睿等．银耳多糖分离提取工艺的优化研究［J］．食品研究与开发，2020，（41）9：93-97.

［59］左蕾蕾，刘文洁，曾凡骏．增加骨密度葛根氨糖胶囊保健食品的研发［J］．食品科技，2011，36（3）：3.

［60］李科，俞兰秀，刘小雨，等．γ-氨基丁酸改善睡眠作用机制的研究进展［J］．食品工业科技，2019，40（14）：6.

［61］张素文，张佳红，张一舒，等．酸枣仁胶原蛋白肽果汁饮品的助眠及美容功效研究［J］．现代食品，2020（14）：6.

［62］查圣华，王俊亮，廉翠翠，等．透明质酸胶原蛋白冰糖燕窝研制及其改善皮肤水分功效［J］．食品工业，2020，41（2）：129-134.

［63］艾思洁，韦嘉璐．甜点生产中糖替代品和脂肪替代品的研究进展［J］．轻工科技，2021，37（4）：8-12.

［64］陆婉瑶，赵芸．食糖与代糖的博弈及发展趋势分析［J］．甘蔗糖业，2021，50（3）：80-93.

［65］傅小红，李婷，张傲雪，等．一种低能量绿茶饼干的制备研究［J］．四川旅游学院学报，2021，6：14-17.

［66］艾华，常翠青．运动营养食品中营养成分和功能因子研究进展［J］．食品科学技术学报，2017，35（3）：16-24.

［67］刘文斌，王炎．运动食品能量棒的研究进展［J］．食品安全质量检测学报，2019，10（19）：6592-6597.

［68］王思．能量补充类运动食品的研究现状［J］．食品安全质量检测学报，2020，11（14）：4568-4573.